CAMBRIDGE LIBRARY COLLECTION

Books of enduring scholarly value

Mathematics

From its pre-historic roots in simple counting to the algorithms powering modern desktop computers, from the genius of Archimedes to the genius of Einstein, advances in mathematical understanding and numerical techniques have been directly responsible for creating the modern world as we know it. This series will provide a library of the most influential publications and writers on mathematics in its broadest sense. As such, it will show not only the deep roots from which modern science and technology have grown, but also the astonishing breadth of application of mathematical techniques in the humanities and social sciences, and in everyday life.

Die lineale Ausdehnungslehre ein neuer Zweig der Mathematik

The Prussian schoolmaster Hermann Grassmann (1809–77) taught a range of subjects including mathematics, science and Latin and wrote several secondary-school textbooks. Although he was never appointed to a university post, he devoted much energy to mathematical research and developed revolutionary new insights. *Die Lineale Ausdehnungslehre*, published in 1844, is an astonishing work which was not understood by the mathematicians of its time but which anticipated developments that took a century to come to fruition – vector spaces, dimension, exterior products and many other ideas. Admired rather than read by the next generation, it was only fully appreciated by mathematicians such as Peano and Whitehead.

Cambridge University Press has long been a pioneer in the reissuing of out-of-print titles from its own backlist, producing digital reprints of books that are still sought after by scholars and students but could not be reprinted economically using traditional technology. The Cambridge Library Collection extends this activity to a wider range of books which are still of importance to researchers and professionals, either for the source material they contain, or as landmarks in the history of their academic discipline.

Drawing from the world-renowned collections in the Cambridge University Library and other partner libraries, and guided by the advice of experts in each subject area, Cambridge University Press is using state-of-the-art scanning machines in its own Printing House to capture the content of each book selected for inclusion. The files are processed to give a consistently clear, crisp image, and the books finished to the high quality standard for which the Press is recognised around the world. The latest print-on-demand technology ensures that the books will remain available indefinitely, and that orders for single or multiple copies can quickly be supplied.

The Cambridge Library Collection brings back to life books of enduring scholarly value (including out-of-copyright works originally issued by other publishers) across a wide range of disciplines in the humanities and social sciences and in science and technology.

Die lineale Ausdehnungslehre ein neuer Zweig der Mathematik

Hermann Grassmann

CAMBRIDGE UNIVERSITY PRESS

Cambridge, New York, Melbourne, Madrid, Cape Town,
Singapore, São Paolo, Delhi, Mexico City

Published in the United States of America by Cambridge University Press, New York

www.cambridge.org
Information on this title: www.cambridge.org/9781108050432

This edition first published 1844
This digitally printed version 2013

ISBN 978-1-108-05043-2 Paperback

Die

lineale Ausdehnungslehre

ein

neuer Zweig der Mathematik

dargestellt

und

durch Anwendungen auf die übrigen Zweige der Mathematik,

wie auch

auf die Statik, Mechanik, die Lehre vom Magnetismus und die Krystallonomie erläutert

von

Hermann Grassmann

Lehrer an der Friedrich-Wilhelms-Schule zu Stettin.

Mit 1 Tafel.

Leipzig, 1844.

Verlag von Otto Wigand.

Vorrede.

Wenn ich das Werk, dessen ersten Theil ich hiermit dem Publikum übergebe, als Bearbeitung einer neuen mathematischen Disciplin bezeichne, so kann die Rechtfertigung einer solchen Behauptung nur durch das Werk selbst gegeben werden. Indem ich mich daher jeder anderweitigen Rechtfertigung entschlage, gehe ich sogleich dazu über, den Weg zu bezeichnen, auf welchem ich Schritt für Schritt zu den hier niedergelegten Resultaten gelangt bin, um damit zugleich den Umfang dieser neuen Disciplin, so weit es hier thunlich ist, zur Anschauung zu bringen. Den ersten Anstoss gab mir die Betrachtung des Negativen in der Geometrie; ich gewöhnte mich, die Strecken AB und BA als entgegengesetzte Grössen aufzufassen; woraus denn hervorging, dass, wenn A, B, C Punkte einer geraden Linie sind, dann auch allemal $AB + BC = AC$ sei, sowohl wenn AB und BC gleichbezeichnet sind, als auch wenn entgegengesetzt bezeichnet, d. h. wenn C zwischen A und B liegt. In dem letzteren Falle waren nun AB und BC nicht als blosse Längen aufgefasst, sondern an ihnen zugleich ihre Richtung festgehalten, vermöge deren sie eben einander entgegengesetzt waren. So drängte sich der Unterschied auf zwischen der Summe der Längen und zwischen der Summe solcher Strecken, in denen zugleich die Richtung mit festgehalten war. Hieraus ergab sich die Forderung, den letzten Begriff der Summe nicht bloss für den Fall, dass die Strecken gleich- oder entgegengesetzt-gerichtet waren, sondern auch für jeden andern Fall festzustellen. Dies konnte auf's einfachste geschehen, indem das Gesetz, dass $AB + BC = AC$ sei, auch dann noch festgehalten wurde, wenn A, B, C nicht in einer geraden Linie lagen. — Hiermit war denn der erste Schritt zu einer Analyse gethan, welche in der Folge zu dem neuen Zweige der Mathematik führte, der hier vorliegt. Aber keinesweges ahnte ich, auf welch' ein fruchtbares und reiches Gebiet ich hier gelangt war; vielmehr schien mir jenes Ergebniss wenig beachtungswerth, bis sich dasselbe mit einer verwandten Idee kombinirte. Indem ich nämlich den Begriff des Produktes in der Geometrie verfolgte, wie er von meinem Vater*) aufgefasst wurde, so ergab sich mir, dass nicht nur das Rechteck, sondern auch das Parallelogram überhaupt als Produkt zweier an einander stossender Seiten desselben zu betrachten sei, wenn man nämlich wiederum nicht das Produkt der Längen, sondern der beiden Strecken mit Festhaltung ihrer Richtungen auffasste. Indem ich nun diesen Begriff des Produktes mit dem vorheraufgestellten der Summe in Kombination brachte, so ergab sich die auffallendste Harmonie; wenn ich nämlich statt die in dem vorher angegebenen Sinne genommene Summe zweier Strecken mit einer dritten in derselben Ebene liegenden Strecke in dem eben aufgestellten Sinne zu multipliciren, die Stücke einzeln mit derselben Strecke multiplicirte, und die Produkte mit gehöriger Beobachtung ihrer positiven oder negativen Geltung addirte, so zeigte sich, dass in beiden Fällen jedesmal dasselbe Resultat hervorging und hervorgehen musste. Diese Harmonie liess mich nun allerdings ahnen, dass sich hiermit ein ganz neues Gebiet der Analyse aufschliessen würde, was zu wichtigen Resultaten führen könnte. Doch blieb diese Idee, da

---

*) Vergleiche: J. G. Grassmanns Raumlehre Theil II. pag. 194. und dessen Trigonometrie p. 10.

mich mein Beruf in andere Kreise der Beschäftigung hineinzog, wieder eine ganze Zeit lang ruhen; auch machte mich das merkwürdige Resultat anfangs betroffen, dass für diese neue Art des Produktes zwar die übrigen Gesetze der gewöhnlichen Multiplikation und namentlich ihre Beziehung zur Addition bestehen blieb, dass man aber die Faktoren nur vertauschen konnte, wenn man zugleich die Vorzeichen umkehrte (+ in — verwandelte und umgekehrt). Eine Arbeit über die Theorie der Ebbe und Fluth, welche ich späterhin vornahm, führte mich zu der Mécanique analytique des La Grange und dadurch wieder auf jene Ideen der Analyse zurück. Alle Entwickelungen in jenem Werke gestalteten sich nun durch die Principien dieser neuen Analyse auf eine so einfache Weise um, dass oft die Rechnung mehr als zehnmal kürzer ausfiel, als sie in jenem Werke geführt war. Dies ermuthigte mich, auch auf die schwierige Theorie der Ebbe und Fluth die neue Analyse anzuwenden; es waren dazu mannigfache neue Begriffe zu entwickeln, und in die Analyse zn kleiden; namentlich führte mich der Begriff der Schwenkung zur geometrischen Exponentialgrösse, zu der Analyse der Winkel und der trigonometrischen Funktionen u. s. w.*) Und ich hatte die Freude zu sehen, wie durch die so gestaltete und erweiterte Analyse nicht nur die oft sehr verwickelten und unsymmetrischen Formeln, welche dieser Theorie zu Grunde liegen**), sich in höchst einfache und symmetrische Formeln umsetzten, sondern auch die Art ihrer Entwickelung stets dem Begriffe zur Seite ging. In der That konnte nicht nur j e d e Formel, welche im Gange der Entwickelung sich ergab, aufs leichteste in Worte gekleidet werden, und drückte dann jedesmal ein besonderes Gesetz aus; sondern auch jeder Fortschritt von einer Formel zur andern erschien unmittelbar nur als der symbolische Ausdruck einer parallel gehenden

*) Die nähere Nachweisung s. unten.

**) Vergl. La Place Méc. céleste. liv. IV.

begrifflichen Beweisführung. Bei der sonst üblichen Methode zeigte sich durch die Einführung willkührlicher Koordinaten, die mit der Sache nichts zu schaffen haben, die Idee gänzlich verdunkelt, und die Rechnung bestand in einer mechanischen, dem Geiste nichts darbietenden und darum Geist tödtenden Formelentwickelung. Hingegen hier, wo die Idee, durch nichts fremdartiges getrübt, überall durch die Formeln in voller Klarheit hindurchstrahlte, war auch bei jeder Formelentwickelung der Geist in der Fortentwickelung der Idee begriffen. — Durch diesen Erfolg nun hielt ich mich zu der Hoffnung berechtigt, in dieser neuen Analyse die einzig naturgemässe Methode gefunden zu haben, nach welcher jede Anwendung der Mathematik auf die Natur fortschreiten müsse, und nach welcher gleichfalls die Geometrie zu behandeln sei, wenn sie zu allgemeinen und fruchtreichen Ergebnissen führen solle *). Es reifte daher in mir der Entschluss, aus der Darstellung, Erweiterung und Anwendung dieser Analyse eine Aufgabe meines Lebens zu machen. Indem ich nun meine freie Zeit diesem Gegenstande ungetheilt zuwandte, so füllten sich allmälig die Lücken aus, welche die frühere gelegentliche Bearbeitung gelassen hatte. Namentlich ergab sich auf die Weise und mit den Modifikationen, wie ich in dem Werke selbst dargestellt habe, dass als Summe mehrerer Punkte ihr Schwerpunkt, als Produkt zweier Punkte ihre Verbindungsstrecke, als das dreier der zwischen ihnen liegende Flächenraum und als das Produkt von vier Punkten der zwischen ihnen liegende Körperraum (die Pyramide) aufgefasst werden konnte. Die Auffassung des Schwerpunktes als Summe veranlasste mich, den barycentrischen Kalkül von Möbius zu vergleichen, ein Werk, das ich bis dahin nur dem Titel nach kannte;

---

*) In der That zeigte sich bald, wie durch diese Analyse die Differenz zwischen der analytischen und synthetischen Behandlung der Geometrie gänzlich verschwand.

und zu meiner nicht geringen Freude fand ich hier denselben Begriff der Summation der Punkte vor, zu dem mich der Gang der Entwickelung geführt hatte, und war somit zu dem ersten, aber wie die Folge lehrte, auch zu dem einzigen Berührungspunkte gelangt, welchen die neue Analyse mit dem schon anderweitig bekannten darbot. Da indessen der Begriff eines Produktes von Punkten in jenem Werke gar nicht vorkommt, mit diesem Begriffe aber, indem er mit dem der Summe in Kombination tritt, erst die Entfaltung der neuen Analyse beginnt, so konnte ich auch von dorther keine weitere Förderung meiner Aufgabe erwarten. Indem ich daher nun daran ging, die so gefundenen Resultate zusammenhängend und von Anfang an zu bearbeiten, so dass ich mich auch auf keinen in irgend einem Zweige der Mathematik bewiesenen Satz zu berufen gedachte, so ergab sich, dass die von mir aufgefundene Analyse nicht, wie mir Anfangs schien, bloss auf dem Gebiete der Geometrie sich bewegte; sondern ich gewahrte bald, dass ich hier auf das Gebiet einer neuen Wissenschaft gelangt sei, von der die Geometrie selbst nur eine specielle Anwendung sei. Schon lange war es mir nämlich einleuchtend geworden, dass die Geometrie keineswegs in dem Sinne wie die Arithmetik oder die Kombinationslehre als ein Zweig der Mathematik anzusehen sei, vielmehr die Geometrie schon auf ein in der Natur gegebenes (nämlich den Raum) sich beziehe, und dass es daher einen Zweig der Mathematik geben müsse, der in rein abstrakter Weise ähnliche Gesetze aus sich erzeuge, wie sie in der Geometrie an den Raum gebunden erscheinen. Durch die neue Analyse war die Möglichkeit, einen solchen rein abstrakten Zweig der Mathematik auszubilden, gegeben; ja diese Analyse, sobald sie, ohne irgend einen schon anderweitig erwiesenen Satz vorauszusetzen, entwickelt wurde, und sich rein in der Abstraktion bewegte, war diese Wissenschaft selbst. Der wesentliche Vortheil, welcher durch diese Auffassung erreicht wurde, war der Form nach der, dass nun alle Grundsätze, welche Raumesanschauungen ausdrückten, gänzlich wegfielen, und somit der Anfange in eben so unmittelbarer wurde, wie der der Arithmetik, dem Inhalte nach aber der, dass die Beschränkung auf drei Dimensionen wegfiel. Erst hierdurch traten die Gesetze in ihrer Unmittelbarkeit und Allgemeinheit ans Licht und stellten sich in ihrem wesentlichen Zusammenhange dar, und manche Gesetzmässigkeit, die bei drei Dimensionen entweder noch gar nicht, oder nur verdeckt vorhanden war, entfaltete sich nun bei dieser Verallgemeinerung in ihrer ganzen Klarheit. — Uebrigens ergab sich im Verlauf, dass mit den gehörigen Bestimmungen, wie sie im Werke selbst zu finden sind, der Durchschnittspunkt zweier Linien, die Durchschnittslinie zweier Ebenen und der Durchschnittspunkt dreier Ebenen als Produkte jener Linien oder dieser Ebenen aufgefasst werden konnten *), woraus sich dann zugleich eine höchst einfache und allgemeine Kurventheorie ergab **). Darauf ging ich nun zur Erweiterung und Begründung dessen über, was ich für den zweiten Theil dieses Werkes bestimmt habe, wohin ich nämlich alles dasjenige verwiesen habe, was irgend wie den Begriff der Schwenkung oder des Winkels voraussetzt. Da dieser zweite Theil, welcher das Werk schliessen wird, erst später im Druck erscheinen soll, so scheint es mir für die Uebersicht des Ganzen nöthig, die hierher gehörigen Ergebnisse etwas genauer zu bezeichnen. Zu diesem Ende habe ich zuerst die Resultate anzugeben, welche sich schon vor der zusammenhängenden Bearbeitung ergeben hatten. Ich habe eben gezeigt, wie als Produkt zweier Strecken das Parellelogramm aufgefasst werden kann, wenn nämlich, wie hier überall geschieht, die Richtung der Srecken mit festgehalten wird; wie aber dies Produkt dadurch ausgezeichnet ist, dass die Faktoren nur mit Zeichenwechsel vertauscht werden können, während zugleich das zweier gleichgerichteter Strecken offenbar

*) Vergl. Kap. 3 des zweiten Abschnitts.

**) Vergl. dasselbe Kapitel.

null ist. Diesem Begriffe stellte sich ein anderer zur Seite, der sich gleichfalls auf Strecken mit festgehaltener Richtung bezieht. Nämlich wenn ich die eine Strecke senkrecht auf die andere projicirte, so stellte sich das arithmetische Produkt dieser Projektion in die Strecke, worauf projicirt war, gleichfalls als Produkt jener Strecken dar, sofern auch hierfür die multiplikative Beziehung zur Addition galt. Aber das Produkt war von ganz anderer Art, wie jenes erstere, insofern die Faktoren desselben ohne Zeichenwechsel vertauschbar waren, und das Produkt zweier gegen einander senkrechter Strecken als null erschien. Ich nannte jenes erstere Produkt das äussere, dies letztere das innere Produkt, sofern jenes nur bei auseinander tretenden Richtungen, dieses nur bei Annäherung derselben d. h. bei theilweisem Ineinandersein einen geltenden Werth hatte. Dieser Begriff des inneren Produktes, welcher sich mir schon bei der Durcharbeitung der Mécanique analytique als nothwendig herausgestellt hatte, führte zugleich zu dem Begriffe der absoluten Länge*). — Eben so hatte sich mir schon bei der Bearbeitung der Theorie der Ebbe und Fluth die geometrische Exponentialgrösse ergeben; nämlich wenn a eine Strecke (mit festgehaltener Richtung) und a einen Winkel (mit festgehaltener Schwenkungsebene) darstellt, so ergab sich aus rein inneren Gründen, deren Angabe mich jedoch zu weit führen würde, dass $a \,.\, e^{\alpha}$, wo e als die Grundzahl des natürlichen Logarithmensystems aufgefasst werden kann, die Strecke bedeutet, welche aus a durch eine Schwenkung hervorgeht, die den Winkel α erzeugt; d. h. es bedeutet $a \,.\, e^{\alpha}$ die Strecke a geschwenkt um den Winkel α. Wenn ferner $\operatorname{Cos} \alpha$, wo α einen Winkel ausdrückt im geometrischen Sinne, dieselbe Zahl vorstellt wie $\cos \bar{\alpha}$, wo $\bar{\alpha}$ den zu dem Winkel gehörigen, durch den Halbmesser gemessenen Bogen bedeuten soll: so folgt aus jenem

---

*) Auch dieser Begriff, da er die Schwenkung voraussetzt, gehört dem zweiten Theile an.

Begriffe der Exponentialgrösse sogleich, dass

$$\operatorname{Cos}\alpha = \frac{e^{\alpha} + e^{-\alpha}}{2}$$

sei *). Eben so wenn Sin α die Grösse vorstellt, welche die Strecke, mit der sie multiplicirt ist, nach der Schwenkungsseite des Winkels α um 90^0 in ihrer Richtung ändert, und zugleich ihre absolute Länge auf gleiche Weise ändert wie $\sin\bar{\alpha}$, so ist

$$\operatorname{Sin}\alpha = \frac{e^{\alpha} - e^{-\alpha}}{2},$$

und es ergiebt sich daraus die Gleichung

$$\operatorname{Cos}\alpha + \operatorname{Sin}\alpha = e^{\alpha},$$

alles Gleichungen, welche die auffallendste Analogie mit den bekannten imaginären Ausdrücken verrathen.

Soweit hatten sich diese Begriffe schon früher ergeben. Als ich nun auch diese Begriffe zu verallgemeinern trachtete, so erweiterte sich zuerst der Begriff des inneren Produktes auf entsprechende Weise, wie ich dies für das äussere Produkt in Bezug auf das Durchschneiden der Linien und Ebenen oben angedeutet habe; sodann kam ich zunächst auf den Begriff des Quotienten verschieden gerichteter Strecken, und verstand unter $\frac{a}{b}$ wo a und b verschieden gerichtete Strecken von gleicher Länge vorstellen, die Grösse, welche jede in derselben Ebene liegende Strecke um den Winkel ba (von b nach a gerechnet) ändert, so dass in der That, wie es sein muss, $\frac{a}{b}b = a$ ist; und hieraus ergab sich dann der Begriff für den Fall, dass a und b von ungleicher Länge sind, unmittelbar. Jener einfache Begriff wurde nun aber die Quelle für eine Reihe der interessantesten Beziehungen. Zuerst ergab sich

*) In der That wenn AB (Figur 1) die ursprüngliche Strecke ist, und dieselbe um den Winkel α in die Lage AC, um den Winkel $-\alpha$ aber in die Lage AD geschwenkt wird, und man das Parallelogramm ACDE vollendet, so ist AE die Summe der Strecken AC + AD, und die Hälfte AF dieser Summe der Cosinus des Winkels α.

hieraus sogleich eine neue Art der Multiplikation, welche dieser Division entsprach, und sich von allen früheren dadurch unterschied, dass das Produkt dieser neuen Art nur 0 werden konnte, wenn einer der Faktoren 0 wurde, während die Faktoren vertauschbar blieben, kurz eine Multiplikation, welche in allen ihren Gesetzen der gewöhnlichen arithmetischen analog blieb; und der Begriff derselben ging leicht hervor, wenn ich eine Strecke fortschreitend mit verschiedenen solchen Quotienten multiplicirte, und dann den einen Quotienten auffasste, welcher statt dieser fortschreitenden Faktoren gesetzt werden konnte. Da nun nach der Definition, wenn ab den Winkel beider Strecken, welche von gleicher Länge sind, bedeutet

$$e^{ab} = \frac{b}{a} \text{ ist, so hat man auch}$$

$$\log \frac{b}{a} = ab$$

Ferner, wenn der Winkel ab der mte Theil von ac ist, so hat man

$$\left(\frac{c}{a}\right)^m = \frac{c}{a},$$

weil nämlich, wenn eine Strecke m mal fortschreitend die Schwenkung $\frac{b}{a}$ erleidet, sie dann im Ganzen die Schwenkung $\frac{c}{a}$ vollendet. Also auch, wenn der Winkel ab halb so gross ist als ac, so ist

$$\left(\frac{b}{a}\right)^2 = \frac{c}{a} \text{ also } \frac{b}{a} = \sqrt{\frac{c}{a}}$$

Ist namentlich $\frac{b}{a}$ der Schwenkung um einen Rechten, also $\frac{c}{a}$ der um 2 Rechte gleich, so ist, da c = -a, also $\frac{c}{a} = -1$ ist, $\frac{b}{a} = \sqrt{-1}$, d. h. der Ausdruck $\sqrt{-1}$ mit einer Strecke multiplcirt ändert ihre Richtung um 90° nach irgend einer, dann aber allemal nach derselben Seite hin. Diese schöne Bedeutung der imaginären Grösse vervollständigte sich noch dadurch, dass sich ergab, dass

$$e^{\alpha} \text{ und } e^{(\alpha)\sqrt{-1}}$$

denselben Werth bezeichnen, wenn α den Winkel, (α) aber den dazu gehörigen Bogen dividirt durch den Halbmesser bedeutet; in der That fand sich dann

$$\cos x = \frac{e^{x\sqrt{-1}} + e^{-x\sqrt{-1}}}{2},$$

wie gehörig, und eben so

$$\sqrt{-1}\,\sin x = \frac{e^{x\sqrt{-1}} - e^{-x\sqrt{-1}}}{2},$$

Formeln, welche also eine rein geometrische Bedeutung haben, indem $e^{x\sqrt{-1}}$ die Schwenkung um einen Winkel, bedeutet dessen Bogen durch den Halbmesser gemessen x gibt. Hiernach nun gewannen alle imaginären Ausdrücke eine rein geometrische Bedeutung, und lassen sich durch geometrische Konstruktionen darstellen. Zugleich war der Winkel als Logarithmus des Quotienten $\frac{b}{a}$ bestimmt, daher auch die unendliche Menge seiner Werthe bei derselben Schenkellage. Eben so nun zeigte sich auch umgekehrt, wie man vermittelst der so gefundenen Bedeutung des Imaginären auch die Gesetze der Analyse innerhalb der Ebene ableiten kann, hingegen ist es nicht mehr möglich, vermittelst des Imaginären auch die Gesetze für den Raum abzuleiten. Auch stellen sich überhaupt der Betrachtung der Winkel im Raume Schwierigkeiten entgegen, zu deren allseitiger Lösung mir noch nicht hinreichende Musse geworden ist.

Dies etwa sind die Gegenstände, welche ich mir für den zweiten und letzten Theil vorbehalten habe, wenigstens so weit sie bis jetzt von mir bearbeitet sind, mit ihm wird das Werk geschlossen sein. Die Zeit, wann dieser zweite Theil erscheinen wird, kann ich noch nicht bestimmen, indem es mir bei den mannigfachen Arbeiten, in welche mich mein jetziges Amt verwickelt, unmöglich wird, diejenige Ruhe zu finden, welche für die Bearbeitung desselben nothwendig ist. Doch bildet auch dieser erste Theil ein für sich bestehendes, in sich abgeschlossenes Ganze, und ich hielt es für zweckmässiger, diesen ersten Theil mit den zugehörigen Anwendungen zusammen erscheinen zu lassen, als beide Theile zusammen und von den Anwendungen gesondert.

In der That ist es bei der Darstellung einer neuen Wissenschaft, damit ihre Stellung und ihre Bedeutung recht erkannt werde, unumgänglich nothwendig, sogleich ihre Anwendung und ihre Beziehung zu verwandten Gegenständen zu zeigen. Hierzu soll auch zugleich die Einleitung dienen. Diese ist der Natur der Sache nach mehr philosophischer Natur, und, wenn ich diesselbe aus dem Zusammenhange des ganzen Werkes heraussonderte, so geschah dies, um die Mathematiker nicht sogleich durch die philosophische Form zurückzuschrecken. Es herrscht nämlich noch immer unter den Mathematikern und zum Theil nicht mit Unrecht eine gewisse Scheu vor philosophischen Erörterungen mathematischer und physikalischer Gegenstände; und in der That leiden die meisten Untersuchungen dieser Art, wie sie namentlich von Hegel und seiner Schule geführt sind, an einer Unklarheit und Willkühr, welche alle Frucht solcher Untersuchungen vernichtet. Dessen ungeachtet glaubte ich es der Sache schuldig zu sein, der neuen Wissenschaft ihre Stelle im Gebiete des Wissens anweisen zu müssen, und stellte daher, um beiden Forderungen zu genügen, eine Einleitung voran, welche ohne dem Verständniss des Ganzen wesentlich zu schaden, überschlagen werden kann. Auch bemerke ich, dass unter den Anwendungen gleichfalls die, welche sich auf Gegenstände der Natur (Physik, Krystallonomie) beziehen, überschlagen werden können, ohne dass dadurch der Gang der ganzen Entwickelung gestört wird. Durch diese Anwendungen auf die Physik glaubte ich besonders die Wichtigkeit, ja die Unentbehrlichkeit der neuen Wissenschaft und der in ihr gebotenen Analyse dargethan zu haben. Dass dieselbe in ihrer konkreten Gestalt, d. h. in ihrer Uebertragung auf die Geometrie, einen vortrefflichen Unterrichtsgegenstand liefern würde, welcher einer durchaus elementaren Behandlung fähig ist, hoffe ich gelegentlich einmal nachweisen zu können, indem zu einer solchen Nachweisung in dem Werke selbst, seiner Bestimmung gemäss, kein Platz gefunden werden konnte. Namentlich ist es bei einer elementaren Behandlung der Statik, wenn in derselben anschauliche und allgemeine (auch durch Konstruktion darstellbare) Resultate hervorgehen sollen, unumgänglich nothwendig, den Begriff der Summe und des Produktes von Strecken aufzunehmen, und die Hauptgesetze dafür zu entwickeln, und ich bin gewiss, dass, wer das Aufnehmen dieser Begriffe einmal versucht hat, es nie wieder aufgeben wird.

Wenn ich so der neuen Wissenschaft, deren Bearbeitung hier wenigstens theilweise vorliegt, ganz ihr Recht zuerkannt habe, und ihr die Ansprüche, die sie im Gebiete des Wissens machen kann, auf keine Weise verkürzen will, so glaube ich dadurch mir nicht den Vorwurf der Anmassung zuzuziehen; denn die Wahrheit verlangt ihr Recht; sie ist nicht das Werk dessen, der sie zum Bewusstsein oder zur Anerkennung bringt; sie hat ihr Wesen und Dasein in sich selbst; und ihr aus falscher Bescheidenheit ihr Recht verkürzen ist ein Verrath an der Wahrheit. Aber desto mehr Nachsicht muss ich in Anspruch nehmen für alles das, was mein Werk an der Wissenschaft ist. Denn ich bin mir, ungeachtet aller auf die Form verwandten Mühe, dennoch der grossen Unvollkommenheit derselben bewusst. Zwar habe ich das Ganze mehrere male durchgearbeitet in verschiedenen Formen, bald in Euklidischer Form von Erklärungen und Lehrsätzen in möglichster Strenge, bald in Form einer zusammenhängenden Entwickelung mit möglichster Uebersichtlichkeit, bald beides mit einander verflechtend, indem ich die Uebersicht-gebende Darstellung vorangehen, und dann die Entwickelung nach Euklidischer Form folgen liess. Zwar bin ich mir dessen wohl bewusst, dass bei abermaliger Umarbeitung manches in besserer, d. h. theils strengerer, theils übersichtlicherer Form hervortreten würde. Aber von der Ueberzeugung durchdrungen, dass ich doch keine volle Befriedigung hoffen könne, und der Einfachheit, der Wahrheit gegenüber, die Darstellung doch immer nur dürftig bleiben müsse, entschloss ich mich, mit der Form hervorzutreten, welche mir zur Zeit als die beste erschien. Einen besonderen Grund der

Nachsicht hoffe ich auch darin zu finden, dass mir die Zeit für die Bearbeitung vermöge meiner amtlichen Thätigkeit nur äusserst kärglich und stückenweise zugemessen war, auch mir mein Amt keine Gelegenheit darbot, durch Mittheilungen aus dem Gebiete dieser Wissenschaft, oder auch nur verwandter Gegenstände, die lebendige Frische zu gewinnen, welche wie ein lebendiger Hauch das Ganze durchwehen muss, wenn es als ein lebendiges Glied an dem Organismus des Wissens erscheinen soll. Doch wenn auch eine Berufsthätigkeit, in welcher solche Mittheilungen aus dem Gebieto der Wissenschaft meine eigentliche Aufgabe sein würden, als das Ziel meiner Wünsche und Bestrebungen mir vor Augen steht, so glaubte ich doch die Bearbeitung dieser Wissenschaft nicht bis zur Erreichung dieses Zieles aufschieben zu dürfen, zumal da ich hoffen konnte, durch die Bearbeitung dieses Theiles selbst mir den Weg zu jenem Ziele bahnen zu können.

Stettin den 28. Juni 1844.

Einleitung.

A. Ableitung des Begriffs der reinen Mathematik.

1. Die oberste Theilung aller Wissenschaften ist die in reale und formale, von denen die ersteren das Sein, als das dem Denken selbstständig gegenübertretende, im Denken abbilden, und ihre Wahrheit haben in der Uebereinstimmung des Denkens mit jenem Sein; die letzteren hingegen das durch das Denken selbst gesetzte zum Gegenstande haben, und ihre Wahrheit haben in der Uebereinstimmung der Denkprocesse unter sich.

Denken ist nur in Bezug auf ein Sein, was ihm gegenübertritt und durch das Denken abgebildet wird; aber dies Sein ist bei den realen Wissenschaften ein selbstständiges, ausserhalb des Denkens für sich bestehendes, bei den formalen hingegen ein durch das Denken selbst gesetztes, was nun wieder einem zweiten Denkakte als Sein sich gegenüberstellt. Wenn nun die Wahrheit überhaupt in der Uebereinstimmung des Denkens mit dem Sein beruht, so beruht sie insbesondere bei den formalen Wissenschaften in der Uebereinstimmung des zweiten Denkaktes mit dem durch den ersten gesetzten Sein, also in der Uebereinstimmung beider Denkakte. Der Beweis in den formalen Wissenschaften geht daher nicht über das Denken selbst hinaus in eine andere Sphäre über, sondern verharrt rein in der Kombination der verschiedenen Denkakte. Daher dürfen auch die formalen Wissenschaften nicht von Grundsätzen aus gehen, wie die realen; sondern ihre Grundlage bilden die Definitionen *).

*) Wenn man in die formalen Wissenschaften, wie z. B. in die Arithmetik, dennoch Grundsätze eingeführt hat, so ist dies als ein Missbrauch anzusehen, der nur aus der entsprechenden Behandlung der Geometrie zu erklären ist. Ich

2. Die formalen Wissenschaften betrachten entweder die allgemeinen Gesetze des Denkens, oder sie betrachten das Besondere durch das Denken gesetzte, ersteres die Dialektik (Logik), letzteres die reine Mathematik.

Der Gegensatz zwischen Allgemeinem und Besonderem bedingt also die Theilung der formalen Wissenschaften in Dialektik und Mathematik. Die erstere ist eine philosophische Wissenschaft, indem sie die Einheit in allem Denken aufsucht, die Mathematik hingegen hat die entgegengesetzte Richtung, indem sie jedes Gedachte einzeln als ein Besonderes auffasst.

3. Die reine Mathematik ist daher die Wissenschaft des besonderen Seins als eines durch das Denken gewordenen. Das besondere Sein, in diesem Sinne aufgefasst, nennen wir eine Denkform oder schlechtweg eine Form. Daher ist reine Mathematik Formenlehre.

Der Name Grössenlehre eignet nicht der gesammten Mathematik, indem derselbe auf einen wesentlichen Zweig derselben, auf die Kombinationslehre, keine Anwendung findet, und auf die Arithmetik auch nur im uneigentlichen Sinne *). Dagegen scheint der Ausdruck Form wieder zu weit zu sein, und der Name Denkform angemessener; allein die Form in ihrer reinen Bedeutung, abstrahirt von allem realen Inhalte, ist eben nichts anderes, als die Denkform, und somit der Ausdruck entsprechend. Ehe wir zur Theilung der Formenlehre übergehen, haben wir einen Zweig auszusondern, den man bisher mit Unrecht ihr zugerechnet hat, nämlich die Geometrie. Schon aus dem oben aufgestellten Begriffe leuchtet ein, dass die Geometrie, eben so wie die Mechanik, auf ein reales Sein zurückgeht; nämlich dies ist für die Geometrie der Raum; und es ist klar, wie der Begriff des Raumes keinesweges durch das Denken erzeugt werden kann, sondern demselben

---

werde hierauf später noch einmal ausführlicher zurückkommen. Hier genüge es, das Fehlen der Grundsätze in den formalen Wissenschaften als nothwendig dargegethan zu haben.

*) Der Begriff der Grösse wird in der Arithmetik durch den der Anzahl vertreten; die Sprache unterscheidet daher sehr wohl vermehren und vermindern, was der Zahl angehört, von vergrössern und verkleinern, was der Grösse.

stets als ein gegebenes gegenübertritt. Wer das Gegentheil behaupten wollte, müsste sich der Aufgabe unterziehen, die Nothwendigkeit der drei Dimensionen des Raumes aus den reinen Denkgesetzen abzuleiten, eine Aufgabe, deren Lösung sich sogleich als unmöglich darstellt. — Wollte nun jemand, obgleich er dies zugeben müsste, dennoch der Geometrie zu Liebe den Namen der Mathematik auch auf sie ausdehnen; so könnten wir uns dies zwar gefallen lassen, wenn er uns auch auf der andern Seite unsern Namen der Formenlehre oder irgend einen gleichgeltenden will stehen lassen; doch aber müssten wir ihn im Voraus darauf hinweisen, dass dann jener Name, weil er das differenteste in sich schliesst, auch nothwendig mit der Zeit als überflüssig werde verworfen werden. Die Stellung der Geometrie zur Formenlehre hängt von dem Verhältniss ab, in welchem die Anschauung des Raumes zum reinen Denken steht. Wenn gleich wir nun sagten, es trete jene Anschauung dem Denken als selbstständig gegebenes gegenüber, so ist damit doch nicht behauptet, dass die Anschauung des Raumes uns erst aus der Betrachtung der räumlichen Dinge würde; sondern sie ist eine Grundanschauung, die mit dem Geöffnetsein unseres Sinnes für die sinnliche Welt uns mitgegeben ist, und die uns eben so ursprünglich anhaftet, wie der Leib der Seele. Auf gleiche Weise verhält es sich mit der Zeit und mit der auf die Anschauungen der Zeit und des Raumes gegründeten Bewegung, weshalb man auch die reine Bewegungslehre (Phorometrie) mit gleichem Rechte wie die Geometrie den mathematischen Wissenschaften beigezählt hat. Aus der Anschauung der Bewegung fliesst vermittelst des Gegensatzes von Ursache und Wirkung der Begriff der bewegenden Kraft, so dass also Geometrie, Phorometrie und Mechanik als Anwendungen der Formenlehre auf die Grundanschauungen der sinnlichen Welt erscheinen.

B. Ableitung des Begriffs der Ausdehnungslehre.

4. Jedes durch das Denken gewordene (vergl. Nr. 3) kann auf zwiefache Weise geworden sein, entweder durch einen einfachen Akt des Erzeugens, oder durch einen zwiefachen Akt des Setzens

und Verknüpfens. Das auf die erste Weise gewordene ist die stetige Form oder die Grösse im engeren Sinn, das auf die letztere Weise gewordene die diskrete oder Verknüpfungs-Form.

Der schlechthin einfache Begriff des Werdens giebt die stetige Form. Das bei der diskreten Form vor der Verknüpfung gesetzte ist zwar auch durch das Denken gesetzt, erscheint aber für den Akt des Verknüpfens als Gegebenes, und die Art, wie aus dem Gegebenen die diskrete Form wird, ist ein blosses Zusammendenken. Der Begriff des stetigen Werdens ist am leichtesten aufzufassen, wenn man ihn zuerst nach der Analogie der geläufigeren, diskreten Entstehungsweise betrachtet. Nämlich da bei der stetigen Erzeugung das jedesmal gewordene festgehalten, und das neu entstehende sogleich in dem Momente seines Entstehens mit jenem zusammengedacht wird: so kann man der Analogie wegen auch für die stetige Form dem Begriffe nach einen zwiefachen Akt des Setzens und Verknüpfens unterscheiden, aber beides hier zu Einem Akte vereinigt, und somit in eine unzertrennliche Einheit zusammengehend; nämlich von den beiden Gliedern der Verknüpfung (wenn wir diesen Ausdruck der Analogie wegen für einen Augenblick festhalten) ist das eine das schon gewordene das andere hingegen das in dem Momente des Verknüpfens selbst neu entstehende, also nicht ein vor dem Verknüpfen schon fertiges. Beide Akte also, nämlich des Setzens und Verknüpfens, gehen ganz in einander auf, so dass nicht eher verknüpt werden kann, als gesetzt ist, und nicht eher gesetzt werden darf, als verknüpft ist; oder wieder in der dem Stetigen zukommenden Ausdrucksweise gesprochen: das was neu entsteht, entsteht eben nur an dem schon gewordenen, ist also ein Moment des Werdens selbst, was hier in seinem weiteren Verlauf als Wachsen erscheint.

Der Gegensatz des Diskreten und Stetigen ist (wie alle wahren Gegensätze) einfliessender, indem das Diskrete auch kann als stetig betrachtet werden, und umgekehrt das Stetige als Diskret. Das Diskrete wird als Stetiges betrachtet, wenn das Verknüpfte selbst wieder als Gewordenes und der Akt des Verknüpfens als ein Moment des Werdens aufgefasst wird. Und das Stetige wird als Diskret betrachtet, wenn einzelne Momente des Werdens als blosse

Verknüpfungsakte aufgefasst, und das so verknüpfte für die Verknüpfung als Gegebenes betrachtet wird.

5. Jedes Besondere (Nr. 3) wird ein solches durch den Begriff des Verschiedenen, wodurch es einen anderen Besonderen nebengeordnet, und durch den des Gleichen, wodurch es mit anderem Besonderen demselben Allgemeinen untergeordnet wird. Das aus dem Gleichen gewordene können wir die algebraische Form, das aus dem Verschiedenen gewordene die kombinatorische Form nennen.

Der Gegensatz des Gleichen und Verschiedenen ist gleichfalls ein fliessender. Das Geiche ist verschieden, schon sofern das eine und das andere ihm Gleiche irgend wie gesondert ist (und ohne diese Sonderung wäre es nur Eins, also nicht Gleiches), das Verschiedene ist gleich, schon sofern beides durch die auf beides sich beziehende Thätigkeit verknüpft ist, also beides ein Verknüpftes ist. Darum verschwimmen aber nun beide Glieder keineswegs in einander, so dass man einen Massstab anzulegen hätte, durch den bestimmt würde, wie viel Gleiches gesetzt sei zwischen beiden Vorstellungen und wie viel Verschiedenes; sondern wenn auch dem Gleichen immer schon irgend wie das Verschiedene anhaftet und umgekehrt, so bildet doch nur jedesmal das Eine das Moment der Betrachtung, während das andere nur als die vorauszusetzende Grundlage des ersteren erscheint.

Unter der algebraischen Form ist hier nicht bloss die Zahl sondern auch das der Zahl im Gebiete des Stetigen entsprechende, und unter der kombinatorischen Form nicht nur die Kombination sondern auch das ihr im Stetigen entsprechende verstanden.

6. Aus der Durchkreuzung dieser beiden Gegensätze, von denen der erstere auf die Art der Erzeugung, der letztere auf die Elemente der Erzeugung sich bezieht, gehen die vier Gattungen der Formen, und die ihnen entsprechenden Zweige der Formenlehre hervor. Und zwar sondert sich zuerst die diskrete Form danach in

Zahl und Kombination (Gebinde). Zahl ist die algebraisch diskrete Form, d. h. sie ist die Zusammenfassung des als gleichgesetzten; die Kombination ist die kombinatorisch diskrete Form, d. h. sie ist die Zusammenfassung des als verschieden gesetzten. Die Wissenschaften des Diskreten sind also Zahlenlehre und Kombinationslehre (Verbindungslehre).

Dass hierdurch der Begriff der Zahl vollständig erschöpft und genau umgränzt ist, und ebenso der der Kombination, bedarf wohl kaum eines weiteren Nachweises. Und da die Gegensätze, durch welche diese Definitionen hervorgegangen sind, die einfachsten, in dem Begriffe der mathematischen Form unmittelbar mit gegeben sind, so ist hierdurch die obige Ableitung wohl hinlänglich gerechtfertigt*). Ich bemerke nur noch, wie dieser Gegensatz zwischen beiden Formen auf eine sehr reine Weise durch die differente Bezeichnung ihrer Elemente ausgedrückt ist, indem das zur Zahl verknüpfte mit einem und demselben Zeichen (1) bezeichnet wird, das zur Kombination verknüpfte mit verschiedenen, im Uebrigen ganz willkührlichen Zeichen (den Buchstaben). — Wie nun hiernach jede Menge von Dingen (Besonderheiten) als Zahl so gut, wie als Kombination aufgefasst werden kann, je nach der verschiedenen Betrachtungsweise, bedarf wohl kaum einer Erwähnung.

7. Eben so sondert sich die stetige Form oder die Grösse danach in die algebraisch-stetige Form oder die intensive Grösse, und in die kombinatorisch-stetige Form oder die extensive Grösse. Die intensive Grösse ist also das durch Erzeugung des Gleichen gewordene, die extensive Grösse oder die Ausdehnung ist das durch Erzeugung des Verschiedenen gewordene. Jene bildet als veränderliche Grösse die Grundlage der Funktionenlehre der

*) Der Begriff der Zahl und der Kombination ist schon vor 17 Jahren in einer von meinem Vater verfassten Abhandlung, über den Begriff der reinen Zahlenlehre, welche in dem Programme des Stettiner Gymnasiums von 1827 abgedruckt ist, auf ganz ähnliche Weise entwickelt worden, ohne aber zur Kenntniss eines grösseren Publikum gelangt zu sein.

Differenzial- und Integral-Rechnung, diese die Grundlage der Ausdehnungslehre.

Da von diesen beiden Zweigen der erstere der Zahlenlehre als höherer Zweig untergeordnet zu werden pflegt, der letztere aber noch als ein bisher unbekannter Zweig erscheint, so ist es nothwendig, diese ohnehin durch den Begriff des stetigen Fliessens schwierige Betrachtung näher zu erläutern. Wie in der Zahl die Einigung hervortritt, in der Kombination die Sonderung des Zusammengedachten, so auch in der intensiven Grösse die Einigung der Elemente, welche ihrem Begriff nach zwar noch gesondert sind, aber nur in ihrem wesentlichen sich gleich sein die intensive Grösse bilden, hingegen in der extensiven Grösse die Sonderung der Elemente, welche zwar, sofern sie Eine Grösse bilden, vereinigt sind, aber welche eben nur in ihrer Trennung von einander die Grösse konstituiren. Es ist also die intensive Grösse gleichsam die flüssig gewordene Zahl, die extensive Grösse die flüssig gewordene Kombination. Der lezteren ist wesentlich ein Auseinandertreten der Elemente und ein Festhalten derselben als aus einander seiender; das erzeugende Element erscheint bei ihr als ein sich änderndes, d. h. durch eine Verschiedenheit der Zustände hindurchgehendes, und die Gesammtheit dieser verschiedenen Zustände bildet eben das Gebiet der Ausdehnungsgrösse. Bei der intensiven Grösse hingegen liefert die Erzeugung derselben eine stetige Reihe sich selbst gleicher Zustände, deren Quantität eben die intensive Grösse ist. Als Beispiel für die extensive Grösse können wir am besten die begränzte Linie (Strecke) wählen, deren Elemente wesentlich aus einander treten und dadurch eben die Linie als Ausdehnung konstituiren; hingegen als Beispiel der intensiven Grösse etwa einen mit bestimmter Kraft begabten Punkt, indem hier die Elemente nicht sich entäussern, sondern nur in der Steigerung sich darstellen, also eine bestimmte Stufe der Steigerung bilden.

Auch hier zeigt sich die aufgestellte Differenz auf eine schöne Weise in der Bezeichnung; nämlich bei der intensiven Grösse, welche den Gegenstand der Funktionenlehre ausmacht, unterscheidet man nicht die Elemente durch besondere Zeichen, sondern wo besondere Zeichen hervortreten, da ist dadurch die ganze veränderliche Grösse bezeichnet. Hingegen bei der Ausdehnungsgrösse, oder deren konkreter Darstellung, der Linie, werden die verschiedenen Elemente auch mit verschiedenen Zeichen (den Buchstaben) bezeichnet, grade wie in der Kombinationslehre. Auch ist klar, wie jede reale Grösse auf zwiefache Weise kann angeschaut werden, als intensive und extensive; nämlich auch die Linie wird als intensive Grösse angeschaut, wenn man von der Art, wie ihre Elemente aus einander sind, absieht, und bloss die Quantität der Elemente auffasst, und eben so kann der mit einer Kraft begabte Punkt als extensive Grösse gedacht werden, indem man sich die Kraft in Form einer Linie vorstellt.

Historisch hat sich unter den vier Zweigen der Mathematik das Diskrete eher entwickelt als das Stetige (da jenes dem zergliedernden Verstande näher liegt als dieses), das Algebraische eher als das Kombinatorische (da das Gleiche leichter zusammengefasst wird als das Verschiedene). Daher ist die Zahlenlehre die früheste, Kombinationslehre und Differenzialrechnung sind gleichzeitig entstanden, und von ihnen allen musste die Ausdehnungslehre in ihrer abstrakten Form die späteste sein, während auf der andern Seite ihr konkretes (obwohl beschränktes) Abbild, die Raumlehre, schon der frühesten Zeit angehört.

8. Es kann der Zerspaltung der Formenlehre in die vier Zweige ein allgemeiner Theil vorangeschickt werden, welcher die allgemeinen, d. h. für alle vier Zweige gleich anwendbaren Verknüpfungsgesetze darstellt, und welchen wir die allgemeine Formenlehre nennen können.

Diesen Theil dem Ganzen vorauszuschicken, ist wesentlich, sofern dadurch nicht bloss die Wiederholung derselben Schlussreihen in allen vier Zweigen und selbst in den verschiedenen Abtheilungen desselben Zweiges erspart, und somit die Entwickelung bedeutend abgekürzt wird, sondern auch das dem Wesen nach zusammengehörige zusammen erscheint, und als Grundlage des Ganzen auftritt.

C. Darlegung des Begriffs der Ausdehnungslehre.

9. Das stetige Werden, in seine Momente zerlegt, erscheint als ein stetiges Entstehen mit Festhaltung des schon gewordenen. Bei der Ausdehnungsform ist das jedesmal neu entstehende als ein verschiedenes gesetzt; halten wir hierbei nun das jedesmal gewordene nicht fest, so gelangen wir zu dem Begriffe der stetigen Aenderung. Was diese Aenderung erfahrt, nennen wir das erzeugende Element, und das erzeugende Element in irgend einem der Zustände, den es bei seiner Aenderung annimmt, ein Element der stetigen Form. Hiernach ist also die Ausdehnungsform die Gesammtheit aller Elemente, in die das erzeugende Element bei stetiger Aenderung übergeht.

Der Begriff der stetigen Aenderung des Elements kann nur bei der Ausdehnungsgrösse hervortreten; bei der intensiven Grösse würde bei Aufgebung des jedesmal gewordenen nur der stetige Ansatz zum Werden als ein vollkommen leeres zurückbleiben.

In der Raumlehre erscheint als das Element der Punkt, als seine stetige Aenderung die Ortsänderung oder Bewegung, als seine verschiedenen Zustände die verschiedenen Lagen des Punktes im Raume.

10. Das Verschiedene muss nach einem Gesetze sich entwickeln, wenn das Erzeugniss ein bestimmtes sein soll. Dies Gesetz muss bei der einfachen Form dasselbe sein für alle Momente des Werdens. Die einfache Ausdehnungsform ist also die Form, welche durch eine nach demselben Gesetze erfolgende Aenderung des erzeugenden Elements entsteht; die Gesammtheit aller nach demselben Gesetz erzeugbaren Elemente nennen wir ein System oder ein Gebiet.

Die Verschiedenheit würde, da das von einem Gegebenen verschiedene unendlich mannigfach sein kann, sich gänzlich ins Unbestimmte verlaufen, wenn sie nicht einem festen Gesetze unterworfen wäre. Dies Gesetz ist nun aber in der reinen Formenlehre nicht durch irgend welchen Inhalt bestimmt; sondern durch die rein abstrakte Idee des Gesetzmässigen ist der Begriff der Ausdehnung und durch die desselben Gesetzes für alle Momente der Aenderung der Begriff der einfachen Ausdehnung bestimmt. Hiernach hat nun die einfache Ausdehnung die Beschaffenheit, dass, wenn aus einem Elemente derselben a durch einen Akt der Aenderung ein anderes Element b derselben Ausdehnung hervorgeht, dann aus b durch denselben Akt der Aenderung ein drittes Element derselben c hervorgeht.

In der Raumlehre ist die Gleichheit der Richtung das die einzelnen Aenderungen umfassende Gesetz, die Strecke in der Raumlehre entspricht also der einfachen Ausdehnung, die unendliche gerade Linie dem ganzen System.

11. Wendet man zwei verschiedene Gesetze der Aenderung an, so bildet die Gesammtheit der vermöge beider Gesetze erzeugbaren Elemente ein System zweiter Stufe. Die Gesetze der Aenderung, durch welche die Elemente dieses Systems aus einander hervorgehen können, sind von jenen beiden ersten abhängig; nimmt man noch ein drittes unabhängiges Gesetz hinzu, so gelangt man zu jenem Systeme dritter Stufe und so fort.

Als Beispiel möge hier wieder die Raumlehre dienen. In derselben werden bei zwei verschiedenen Richtungen aus einem Elemente die sämmtlichen Elemente einer Ebene erzeugt, indem nämlich das erzeugende Element beliebig viel nach beiden Richtungen nach einander fortschreitet, und die Gesammtheit der so erzeugbaren Punkte (Elemente) in eins zusammengefasst wird. Die Ebene ist also das System zweiter Stufe; in ihr ist eine unendliche Menge von Richtungen enthalten, welche von jenen beiden ersten abhängen. Nimmt man eine dritte unabhängige Richtung hinzu, so wird vermittelst ihrer der ganze unendliche Raum (als System dritter Stufe) erzeugt; und weiter als bis zu den unabhängigen Richtungen (Aenderungsgesetzen) kann man hier nicht kommen, während sich in der reinen Ausdehnungslehre die Anzahl derselben bis ins Unendliche steigern kann.

12. Die Verschiedenheit der Gesetze erfordert wieder zu ihrer genaueren Bestimmung eine Erzeugungsweise, vermöge deren das eine

System in das andere übergeht. Dieser Uebergang der verschiedenen Systeme in einander bildet daher eine zweite natürliche Stufe in dem Gebiete der Ausdehnungslehre, und mit ihr ist dann das Gebiet der elementaren Darstellung dieser Wissenschaft beschlossen.

Es entspricht dieser Uebergang der Systeme in einander der Schwenkungsbewegung in der Raumlehre, und mit dieser hängt zusammen die Winkelgrösse, die absolute Länge, der senkrechte Stand u. s. w.; was alles seine Erledigung erst in dem zweiten Theile der Ausdehnungslehre finden wird.

D. Form der Darstellung.

13. Das Eigenthümliche der philosophischen Methode ist, dass sie in Gegensätzen fortschreitet, und so vom Allgemeinen zum Besonderen gelangt; die mathematische Methode hingegen schreitet von den einfachsten Begriffen zu den zusammengesetzteren fort, und gewinnt so durch Verknüpfung des Besonderen neue und allgemeinere Begriffe.

Während also dort die Uebersicht über das Ganze vorwaltet, und die Entwickelung eben in der allmäligen Verzweigung und Gliederung des Ganzen bestest, so herrscht hier die Aneinanderkettung des Besonderen hervor, und jede in sich geschlossene Entwickelungsreihe bildet zusammen wieder nur ein Glied für die folgende Verkettung, und diese Differenz der Methode liegt in dem Begriffe, denn in der Philosophie ist eben die Einheit der Idee das ursprüngliche, in der Mathematik hingegen die Besonderheit, das ursprüngliche, hingegen die Idee das letzte, angestrebte; wodurch die entgegengesetzte Fortschreitung bedingt ist.

14. Da sowohl die Mathematik als die Philosophie Wissenschaften im strengsten Sinne sind, so muss die Methode in beiden etwas gemeinschaftliches haben, was sie eben zur wissenschaftlichen macht. Nun legen wir einer Behandlungsweise Wissenschaftlichkeit bei, wenn der Leser durch sie einestheils mit Nothwendigkeit zur Anerkennung jeder einzelnen Wahrheit geführt wird, andrerseits in den Stand gesetzt wird, auf jedem Punkte der Entwickelung die Richtung des weiteren Fortschreitens zu übersehen.

Die Unerlässlichkeit der ersten Forderung, nämlich der wissenschaftlichen Strenge, wird jeder zugeben. Was das zweite betrifft, so ist dies noch immer ein Punkt, der von den meisten Mathematikern noch nicht gehörig beachtet wird. Es kommen oft Beweise vor, bei denen man zuerst, wenn nicht der Satz oben anstände, gar nicht wissen könnte, wohin sie führen sollen, und durch die man dann, nachdem man eine ganze Zeitlang blind und aufs Geradewohl hin jeden Schritt nachgemacht hat, endlich, ehe man es sich versieht, plötzlich zu der zu erweisenden Wahrheit gelangt. Ein solcher Beweis kann vielleicht an Strenge nichts zu wünschen übrig lassen, aber wissenschaftlich ist er nicht; es fehlt ihm das zweite Erforderniss, die Uebersichtlichkeit. Wer daher einem solchen Beweise nachgeht, gelangt nicht zu einer freien Erkenntniss der Wahrheit, sondern bleibt, wenn er sich nicht nachher jenen Ueberblick selbst schafft, in gänzlicher Abhängigkeit von der besonderen Weise, in der die Wahrheit gefunden war; und dies Gefühl der Unfreiheit, was in solchem Falle wenigstens während des Recipirens entsteht, ist für den, der gewohnt ist, frei und selbstständig zu denken, und alles was er aufnimmt, selbstthätig und lebendig sich anzueignen, ein höchst drückendes. Ist hingegen der Leser in jedem Punkt der Entwickelung in den Stand gesetzt, zu sehen, wohin er geht, so bleibt er Herrscher über den Stoff, er ist an die besondere Form der Darstellung nicht mehr gebunden, und die Aneignung wird eine wahre Reproduktion.

15. Auf die jedesmaligen Punkte der Entwickelung ist die Art der Weiterentwickelung wesentlich durch eine leitende Idee bestimmt, welche entweder nichts anderes ist, als eine vermuthete Analogie mit verwandten und schon bekannten Zweigen des Wissens, oder welche, und dies ist der beste Fall, eine direkte Ahnung der zunächst zu suchenden Wahrheit ist.

Die Analogie ist, da sie in verwandte Gebiete hineinspielt, nur ein Nothbehelf; wenn es nicht eben darauf ankommt, die Beziehung zu einem verwandten Zweige durchweg hervorzuheben, und so eine fortlaufende Analogie mit diesem Zweige zu ziehen *). Die Ahnung scheint dem Gebiet der reinen Wissenschaft fremd zu sein und am allermeisten dem mathematischen. Allein ohne sie ist es unmöglich, irgend eine neue Wahrheit aufzufinden; durch blinde Kombination der gewonnenen Resultate gelangt man nicht dazu; sondern, was man zu kombiniren hat und auf welche Weise, muss durch die leitende Idee bestimmt sein, und diese Idee wiederum kann, ehe sie sich durch die Wissenschaft selbst verwirklicht hat, nur in der Form der Ahnung erschienen. Es ist daher diese Ahnung auf dem wissenschaftlichen Gebiet etwas unentbehrliches. Sie ist nämlich, wenn sie von rechter Art ist, das in eins zusammenschauen der ganzen Entwickelungsreihe, die zu der neuen Wahrheit führt, aber mit noch nicht aus einander gelegten Momenten der Entwickelung und daher auch im Anfang nur erst als dunkles Vorgefühl; die Auseinanderlegung jener Momente enthält zugleich die Auffindung der Wahrheit und die Kritik jenes Vorgefühls.

16. Daher ist die wissenschaftliche Darstellung ihrem Wesen nach ein Ineinandergreifen zweier Entwickelungsreihen, von denen die eine mit Konsequenz von einer Wahrheit zur andern führt, und den eigentlichen Inhalt bildet, die andere aber das Verfahren selbst beherrscht und die Form bestimmt. In der Mathematik treten diese beiden Entwickelungsreihen am schärfsten aus einander.

Es ist in der Mathematik schon lange, und Euklid selbst hat darin das Vorbild gegeben, Sitte gewesen, nur die eine Entwickelungsreihe, welche den eigentlichen Inhalt bildet hervortreten zu lassen in Bezug auf die andere aber es dem Leser zu überlassen, sie zwischen den Zeilen herauszulesen. Allein wie vollendet auch die Anordnung und Darstellung jener Entwickelungsreihe sein mag: so ist es doch unmöglich, dadurch demjenigen, der die Wissenschaft erst kennen lernen soll, schon auf jedem Punkte der Entwickelung

---

*) Dieser Fall tritt bei der hier zu behandelnden Wissenschaft in Bezug auf die Geometrie ein, weshalb ich den Weg zur Analogie meist vorgezogen habe.

dis Uebersicht gegenwärtig zu erhalten, und ihn in Stand zu setzen, selbststhätig und frei weiter fortzuschreiten. Dazu ist vielmehr nöthig, dass der Leser möglichst in denjenigen Zustand versetzt wird, in welchem der Entdecker der Wahrheit im günstigsten Falle sich befinden müsste. In demjenigen aber, der die Wahrheit auffindet, findet ein stetes sich besinnen über den Gang der Entwickelung statt; es bildet sich in ihm eine eigenthümliche Gedankenreihe über den Weg, den er einzuschlagen hat, und über die Idee, welche dem Ganzen zu Grunde liegt; und diese Gedankenreihe bildet den eigentlichen Kern und Geist seiner Thätigkeit, während die konsequente Auseinanderlegung der Wahrheiten nur die Verkörperung jener Idee ist. Dem Leser nun zumuthen wollen, dass er, ohne zu solchen Gedankenreihen angeleitet zu sein, dennoch auf dem Wege der Entdeckung selbstständig fortschreiten sollte, heisst ihn über den Entdecker der Wahrheit selbst stellen, und somit das Verhältniss zwischen ihm und dem Verfasser umkehren, wobei dann die ganze Abfassung des Werkes als überflüssig erscheint. Daher haben denn auch neuere Mathematiker und namentlich die Franzosen angefangen, beide Entwickelungsreihen zu verweben. Das Anziehende, was dadurch ihre Werke bekommen haben, besteht eben darin, dass der Leser sich frei fühlt und nicht eingezwängt ist in Formen, denen er, weil er sie nicht beherrscht, knechtisch folgen muss. Das nun in der Mathematik diese Entwickelungsreihen am schärfsten aus einander treten, liegt in der Eigenthümlichkeit ihrer Methode (Nr. **13**); da sie nämlich vom Besondern aus durch Verkettung fortschreitet, so ist die Einheit der Idee das letzte. Daher trägt die zweite Entwickelungsreihe einen ganz entgegengesetzten Charakter an sich wie die erste, und die Durchdringung beider erscheint schwieriger, wie in irgend einer andern Wissenschaft. Um dieser Schwierigkeit willen darf man aber doch nicht, wie es von den deutschen Mathematikern häufig geschieht, das ganze Verfahren aufgeben und verwerfen.

In dem vorliegenden Werke habe ich daher den angedeuteten Weg eingeschlagen, und es schien mir dies bei einer neuen Wissenschaft um so nothwendiger, als eben zugleich die Idee derselben zuerst ans Licht treten soll.

Uebersicht der allgemeinen Formenlehre.

§ 1. Unter der allgemeinen Formenlehre verstehen wir diejenige Reihe von Wahrheiten, welche sich auf alle Zweige der Mathematik auf gleiche Weise beziehen, und daher nur die allgemeinen Begriffe der Gleichheit und Verschiedenheit, der Verknüpfung und Sonderung voraussetzen. Es müsste daher die allgemeine Formenlehre allen speciellen Zweigen der Mathematik vorangehen*); da aber jener allgemeine Zweig noch nicht als solcher vorhanden ist, und wir ihn doch nicht, ohne uns in unnütze Weitläuftigkeiten zu verwickeln, übergehen dürfen, so bleibt uns nichts übrig, als denselben hier so weit zu entwickeln, wie wir seiner für unsere Wissenschaft bedürfen. Es ist hier zuerst der Begriff der Gleichheit und Verschiedenheit festzustellen. Da das Gleiche nothwendig, auch schon damit nur die Zweiheit heraustritt, als Verschiedenes, und das Verschiedene auch als Gleiches erscheinen muss, nur in verchiedener Hinsicht**), so scheint es bei oberflächlicher Betrachtung nöthig, verschiedene Beziehungen der Gleichheit und Verschiedenheit aufzustellen; so würde z. B. bei Vergleichung zweier begränzter Linien die Gleichheit der Richtung oder der Länge, oder der Richtung und Länge, oder der Richtung und Lage u. s. w. ausgesagt werden können, und bei andern zu vergleichenden Dingen würden wieder andere Beziehungen der Gleichheit hervortreten. Aber schon dass diese Beziehungen an-

---

*) S. Einl. Nr. 13.

**) Ebendas. Nr. 5.

dere werden je nach der Beschaffenheit der zu vergleichenden Dinge, liefert den Beweis dafür, dass diese Beziehungen nicht dem Begriff der Gleichheit selbst angehören, sondern den Gegenständen, auf welche derselbe Begriff der Gleichheit angewandt wird. In der That von zwei gleich langen Strecken z. B. können wir nicht sagen, dass sie an sich gleich sind, sondern nur dass ihre Länge gleich sei, und diese Länge steht dann eben auch in der vollkommenen Beziehung der Gleichheit. Somit haben wir dem Begriff der Gleichheit seine Einfachheit gerettet, und können denselben dahin bestimmen, dass gleich dasjenige sei, von dem man stets dasselbe aussagen kann oder allgemeiner, was in jedem Urtheile sich gegenseitig substituirt werden kann*). Wie hierin zugleich ausgesagt liegt, dass wenn zwei Formen einer dritten gleich sind, sie auch selbst einander gleich sind, und dass das aus dem Gleichen auf dieselbe Weise erzeugte wieder gleich sei, liegt am Tage.

§ 2. Der zweite Gegensatz, den wir hier in Betracht zu ziehen haben, ist der der Verknüpfung und Sonderung. Wenn zwei Grössen oder Formen (welchen Namen wir als den allgemeineren vorziehen, s. Einl. 3) unter sich verknüpft sind, so heissen sie Glieder der Verknüpfung, die Form, welche durch die Verknüpfung beider dargestellt wird, das Ergebniss der Verknüpfung. Sollten beide Glieder unterschieden werden, so nennen wir das eine das Vorderglied, das andere das Hinterglied. Als das allgemeine Zeichen der Verknüpfung wählen wir das Zeichen $\frown$: sind nun a und b die Glieder derselben, und zwar a das Vorderglied, b das Hinterglied, so bezeichnen wir das Ergebniss der Verknüpfung mit $(a \frown b)$; indem die Klammer hier ausdrücken soll, dass die Verknüpfung nicht mehr in der Trennung ihrer Glieder soll angeschaut werden, sondern als eine Einheit des Begriffs**). Das Ergebniss der Verknüpfung kann wieder mit andern Formen ver-

---

*) Es soll dies keine philosophische Begriffsbestimmung sein, sondern nur eine Verständigung über das Wort, damit nicht etwa verschiedenes darunter verstanden werde. Die philosophische Begriffsbestimmung würde vielmehr den Gegensatz des Gleichen und Verschiedenen in seinem Fliessen und in seiner starren Abgränzung zu ergreifen haben, wozu noch ein nicht unbeträchtlicher Apparat von Begriffsbestimmungen erforderlich sein würde, der hier nicht hergehört.

**) Auf welche Weise nun diese Einheit bewirkt wird, und was dabei jedes-

knüpft werden, und so gelangt man zu einer Verknüpfung mehrerer Glieder, welche aber zunächst immer nur als eine Verknüpfung je zweier erscheint. Der Bequemlichkeit wegen bedienen wir uns der üblichen abgekürzten Klammerbezeichnung, indem wir nämlich die zusammengehörigen Zeichen einer Klammer weglassen, wenn deren Oeffnungszeichen [(] entweder am Anfang des ganzen Ausdrucks steht, oder nach einem andern Oeffnungszeichen folgen würde; z. B. statt $\big((a \frown b) \frown c\big)$ schreiben wir $a \frown b \frown c$.

§ 3. Die besondere Art der Verknüpfung wird nun dadurch bestimmt, was bei derselben als Ergebniss festgehalten, d. h. unter welchen Umständen und in welcher Ausdehnung das Ergebniss als sich gleich bleibend gesetzt wird. Die einzigen Veränderungen, welche man, ohne die einzelnen verknüpften Formen selbst zu ändern, vornehmen kann, ist Aenderung der Klammern und Umordnung der Glieder. Nehmen wir zuerst die Verknüpfung so an, dass bei drei Gliedern das Setzen der Klammern keinen realen Unterschied, d. h. keinen Unterschied des Ergebnisses begründet, also dass $a \frown (b \frown c) = a \frown b \frown c$ ist, so folgt zunächst, dass man auch in jeder mehrgliedrigen Verknüpfung dieser Art, ohne ihr Ergebniss zu ändern, die Klammern weglassen kann. Denn jede Klammer schliesst vermöge der darüber festgesetzten Bestimmung zunächst einen zweigliedrigen Ausdruck ein, und dieser Ausdruck muss wieder als Glied verbunden sein mit einer andern Form, kurz es tritt eine Verbindung von drei Formen hervor, für welche wir voraussetzten, dass man die Klammer weglassen könne, ohne das Ergebniss ihrer Verknüpfung zu ändern; also wird auch, da man statt jeder Form die ihr gleiche setzen darf, das Gesammtergebniss durch das Weglassen jener Klammer nicht geändert. Also

> „Wenn eine Verknüpfung von der Art ist, dass bei drei Gliedern die Klammern weggelassen werden dürfen, so gilt dies auch bei beliebig vielen;“

oder, da man in zwei Ausdrücken, welche sich nur durch das Setzen der Klammern unterscheiden, stets nach dem so eben er-

mal an der Vorstellung des einzelnen Verknüpften aufgegeben wird, hängt von der Natur der jedesmaligen Verknüpfung ab.

1*

wiesenen Satze die Klammern weglassen darf, so sind beide Ausdrücke, da sie demselben (klammerlosen) Ausdrucke gleich sind, auch unter sich gleich, und man hat den vorigen Satz in etwas allgemeinerer Form:

„Wenn eine Verknüpfung von der Art ist, dass für drei Glieder die Art, wie die Klammern gesetzt werden, keinen realen Unterschied begründet, so gilt dasselbe auch für beliebig viele Glieder."

§. 4. Wäre auf der andern Seite für eine Verknüpfung nur die Vertauschbarkeit der beiden Glieder festgesetzt, so würde daraus keine andere Folgerung gezogen werden können. Kommt aber diese Bestimmung noch zu der im vorigen § gemachten hinzu, so folgt, dass auch bei mehrgliedrigen Ausdrücken die Ordnung der Glieder für das Gesammtergebniss gleichgültig ist, indem man nämlich leicht zeigen kann, dass sich je zwei aufeinander folgende Glieder vertauschen lassen. In der That kann man nach dem zuletzt erwiesenen Satze (§ 3) zwei solche Glieder, deren Vertauschbarkeit man nachweisen will, in Klammern einschliessen ohne Aenderung des Gesammtergebnisses, ferner diese Glieder unter sich vertauschen, ohne das Ergebniss der aus ihnen gebildeten Verknüpfung zu ändern (wie wir so eben voraussetzten), also auch ohne das Ergebniss der ganzen Verknüpfung zu ändern (da man statt jeder Form die ihr gleiche setzen kann), und endlich können nun die Klammern wieder so gesetzt werden, wie sie zu Anfang waren. Somit ist die Vertauschbarkeit zweier einander folgender Glieder erwiesen. Da man nun aber durch Fortsetzung dieses Verfahrens jedes Glied auf jede beliebige Stelle bringen kann, so ist die Ordnung der Glieder überhaupt gleichgültig. Also dies Resultat zusammengefasst mit dem des vorigen Paragraphen:

„Wenn eine Verknüpfung von der Art ist, dass man, ohne Aenderung des Ergebnisses, bei drei Gliedern die Klammern beliebig setzen, bei zweien die Ordnung verändern darf: so ist auch bei beliebig vielen Gliedern das Setzen der Klammern und die Ordnung der Glieder gleichgültig für das Ergebniss."

Wir werden der Kürze wegen eine solche Verknüpfung, für welche die angegebenen Bestimmungen gelten, eine einfache nennen. Eine noch weiter gehende Bestimmung ist nun für die Art der

Verknüpfung, wenn man nicht auf die Natur der verknüpften Formen zurückgeht, nicht mehr möglich, und wir schreiten daher zur Auflösung der gewonnenen Verknüpfung, oder zum analytischen Verfahren.

§. 5. Das analytische Verfahren besteht darin, dass man zu dem Ergebniss der Verknüpfung und dem einen Gliede derselben das andere sucht. Es gehören daher zu einer Verknüpfung zwei analytische Verfahrungsarten, je nachdem nämlich deren Vorderglied oder Hinterglied gesucht wird; und beide Verfahrungsarten liefern nur dann ein gleiches Ergebniss, wenn die beiden Glieder der ursprünglichen Verknüpfung vertauschbar sind. Da auch dies analytische Verfahren als Verknüpfung kann aufgefasst werden, so unterscheiden wir die ursprüngliche oder synthetische Verknüpfung und die auflösende oder analytische Verknüpfung. Im Folgenden werden wir nun zunächst die synthetische Verknüpfung in dem Sinne des vorigen Paragraphen als eine einfache voraussetzen und als Zeichen derselben das Zeichen $\frown$ beibehalten, für die entsprechende analytische Verknüpfung, da hier die beiden Arten derselben zusammenfallen, hingegen das umgekehrte Zeichen $\smile$ wählen, und zwar so, dass wir das Ergebniss der synthetischen Verknüpfung, was bei der analytischen gegeben ist, hier zum Vordergliede machen. Sonach bezeichnet hier $a \smile b$ diejenige Form, welche mit b synthetisch verknüpft a giebt, so dass also alle mal $a \smile b \frown b = a$ ist. Hierin liegt sogleich eingeschlossen, dass $a \smile b \smile c$ diejenige Form bedeutet, welche mit c und dann mit b synthetisch verknüpft a giebt, d. h. also auch nach § 4 diejenige Form, welche mit denselben Werthen in umgekehrter Folge, oder auch mit $b \frown c$ synthetisch verknüpft a giebt, d. h.

$$\begin{aligned} a \smile b \smile c &= a \smile c \smile b \\ &= a \smile (b \frown c); \end{aligned}$$

und da dieselbe Schlussfolge für beliebig viele Glieder gilt, so folgt, dass auch die Ordnung der Glieder, welche analytische Vorzeichen haben, gleichgültig ist, und man diese Glieder in eine Klammer schliessen darf, wenn man nur die in die Klammer rückenden Vorzeichen umkehrt. Hieraus nun folgt weiter, dass

$$a \smile (b \smile c) = a \smile b \frown c$$

sei. In der That hat man aus der Definition der analytischen Verknüpfung

$$a \smile (b \smile c) = a \smile (b \smile c) \smile c \frown c;$$

dieser Ausdruck ist wieder vermöge des so eben erwiesenen Gesetzes

$$= a \smile (b \smile c \frown c) \frown c,$$

und dies letztere ist endlich vermöge der Definition der analytischen Verknüpfung

$$= a \smile b \frown c,$$

also auch der erste Ausdruck dem letzten gleich. Drücken wir dies Resultat in Worten aus, und fassen es mit dem vorher gewonnenen Resultate zusammen, so erhalten wir den Satz:

„Wenn die synthetische Verknüpfung eine einfache ist, so ist es für das Ergebniss gleichgültig, in welcher Ordnung man synthetisch oder analytisch verknüpft; auch darf man nach einem synthetischen Zeichen eine Klammer setzen oder weglassen, wenn dieselbe nur synthetische Glieder enthält, nach einem analytischen aber unter allen Umständen die Klammer setzen oder weglassen, sobald man nur in diesem Falle die Vorzeichen innerhalb der Klammer umkehrt, d. h. das analytische Zeichen in ein synthetisches verwandelt und umgekehrt.“

Dies ist das allgemeinste Resultat, zu dem wir bei den angenommenen Voraussetzungen gelangen können. Hingegen geht aus denselben nicht hervor, dass man eine Klammer, welche ein analytisches Zeichen einschliesst, und ein synthetisches vor sich hat, weglassen könne. Vielmehr muss dazu erst eine neue Voraussetzung gemacht werden.

§ 6. Die neue Voraussetzung, die wir hinzufügen, ist die, dass das Ergebniss der analytischen Verknüpfung eindeutig sei, oder mit andern Worten, dass, wenn das eine Glied der synthetischen Verknüpfung unverändert bleibt, das andere aber sich ändert, dann auch jedesmal das Ergebniss sich ändere. Hieraus ergiebt sich zunächst, dass

$$a \frown b \smile b = a$$

ist; denn $a \frown b \smile b$ bedeutet die Form, die mit b synthetisch verknüpft $a \frown b$ giebt. Nun ist a eine solche Form und vermöge der Eindeutigkeit des Resultates die einzige, also die Geltung der obigen Gleichung erwiesen. Hieraus wiederum geht hervor, dass

$$a \frown (b \smile c) = a \frown b \smile c$$

ist. Um nämlich den zweiten Ausdruck auf den ersten zu bringen, kann man in ihm statt b setzen $\big((b \smile c) \frown c\big)$ und erhält

$$a \frown b \smile c = a \ \big((b \smile c) \frown c\big) \smile c;$$

dies ist nach § 4

$$= a \frown (b \smile c) \frown c \smile c,$$

und dies wieder nach dem so eben erwiesenen Satze

$$= a \frown (b \smile c),$$

also ist auch der erste Ausdruck dem letzten gleich; da man nun diese Schlüsse wiederholen kann, wenn mehrere Glieder in der Klammer vorkommen, so hat man den Satz:

> „Wenn die synthetische Verknüpfung eine einfache, und die entsprechende analytische eine eindeutige ist, so kann man nach einem synthetischen Zeichen die Klammer beliebig setzen oder weglassen. Wir nennen dann (wenn jene Eindeutigkeit auf allgemeine Weise statt findet) die synthetische Verknüpfung Addition, und die entsprechende analytische Subtraktion.

Was die Ordnung der Glieder betrifft, so folgt, dass $a \frown b \smile c = a \smile c \frown b$ ist; denn $a \frown b \smile c = b \frown a \smile c = b \frown (a \smile c) = a \smile c \frown b$; so dass wir also auch die Vertauschbarkeit zweier Glieder, deren eins ein synthetisches, das andere ein analytisches Vorzeichen hat, nachgewiesen haben, sobald die Eindeutigkeit des analytischen Ergebnisses voraus gesetzt ist. Und nur unter dieser Voraussetzung gelten die Sätze dieses Paragraphen, während die des vorigen auch dann noch gelten, wenn das Ergebniss der analytischen Verknüpfung vieldeutig ist*).

---

*) Beispiele einer solchen Vieldeutigkeit liefert nicht bloss, wie sich später zeigen wird, die Ausdehnungslehre in reichlicher Menge, sondern auch die Arithmetik bietet sie dar, und es ist daher die festgesetzte Unterscheidung auch für sie wichtig. Nämlich als einfache Verknüpfungen zeigen sich Addition und Multiplikation; und während die Subtraktion immer eindeutig ist, so ist es die Division nur, so lange die Null nicht als Divisor erscheint; deshalb gelten für die Division nur die Sätze des vorigen § allgemein, während die Sätze dieses § nur mit der Beschränkung gelten, dass die Null nicht als Divisor erscheint. Aus der Nichtbeachtung dieses Umstandes müssen die ärgsten Widersprüche und Verwirrungen hervorgehen, wie es auch zum Theil geschehen ist.

§ 7. Durch das analytische Verfahren gelangt man zur indifferenten und zur analytischen Form. Die erstere erhält man durch die analytische Verknüpfung zweier gleicher Formen, also $a \smile a$ stellt die indifferente Form dar, und zwar ist dieselbe unabhängig von dem Werthe a. In der That ist $a \smile a = b \smile b$; denn $b \smile b$ stellt die Form dar, welche mit b synthetisch verknüpft b giebt, eine solche Form ist $a \smile a$, da $b \frown (a \smile a) = b \frown a \smile a = b$ ist. In dem Umfange nun, in welchem zugleich das Ergebniss der analytischen Verknüpfung eindeutig ist, muss daher auch $a \smile a$ gleich $b \smile b$ gesetzt werden. Da somit die indifferente Form unter der gemachten Voraussetzung immer nur Einen Werth darstellt, so ergiebt sich daraus die Nothwendigkeit, sie durch ein eigenes Zeichen zu fixiren. Wir wählen dazu für den Augenblick das Zeichen $\backsim$, und bezeichnen die Form $(\backsim \smile a)$ mit $(\smile a)$, und nennen $(\smile a)$ die rein analytische Form, und zwar wenn die synthetische Verknüpfung die Addition war, die negative Form. Dass $(a \frown \backsim)$ und $(a \smile \backsim)$ gleich a, dass ferner $\frown(\smile a)$ gleich $\smile a$, und $\smile(\smile a)$ gleich $\frown a$ ist, ergiebt sich direkt, indem man nur die so eben dargestellten vollständigen Ausdrücke diesen Formen zu substituiren hat, um sogleich die Richtigkeit dieser Gleichungen zu übersehen *) Die analytische Form zur Addition nannten wir ins Besondere die negative Form, und die indifferente in Bezug auf die Addition und Subtraktion nennen wir Null.

§ 8. Wir haben bisher den Begriff der Addition rein formell gefasst, indem wir ihn durch das Gelten gewisser Verknüpfungsge-

---

*) Es ist ein vergebliches Unternehmen, wenn man z. B. bei der Addition und Subtraktion in der Arithmetik, nachdem man die hierher gehörenden Gesetze für positive Zahlen nachgewiesen hat, sie hinterher noch besonders für negative Zahlen beweisen will. Indem man nämlich die negative Zahl als solche definirt, die zu a addirt Null giebt, so meint man hier mit dem Addiren (indem der Begriff desselben zunächst nur für positive Zahlen aufgestellt ist) entweder dieselbe Verknüpfungsweise, für welche die Grundgesetze, die den allgemeinen Begriff der Addition bestimmen, gelten, oder eine andere. Im ersteren Falle ist der Nachweis unnöthig, da die weiteren Gesetze dann für die negativen Zahlen schon mit bewiesen sind; im letzteren Falle ist er unmöglich, wenn der Begriff der Addition solcher Zahlen nicht etwa noch anderweitig bestimmt werden sollte. Eben so verhält es sich mit den Brüchen im Gegensatze gegen die ganzen Zahlen.

setze bestimmten. Dieser formelle Begriff bleibt auch immer der einzige allgemeine. Doch ist dies nicht die Art, wie wir in den einzelnen Zweigen der Mathematik zu diesem Begriffe gelangen. Vielmehr ergiebt sich in ihnen aus der Erzeugung der Grössen selbst eine eigenthümliche Verknüpfungsweise, welche sich denn dadurch, dass jene formellen Gesetze auf sie anwendbar sind, als Addition in dem eben angegebenen allgemeinen Sinne darstellt. Betrachten wir nämlich zwei Grössen (Formen), welche durch Fortsetzung derselben Erzeugungsweise hervorgehen, und welche wir „in gleichem Sinne erzeugt" nennen, so ist klar, wie man beide so an einander reihen kann, dass beide Ein Ganzes ausmachen, indem ihr beiderseitiger Inhalt, d. h. die Theile, welche beide enthalten, in eins zusammengedacht werden, und dies Ganze dann mit jenen beiden Grössen gleichfalls in gleichem Sinne erzeugt gedacht wird. Nun ist leicht zu zeigen, dass diese Verknüpfung eine Addition ist, d. h. dass sie eine einfache, und ihre Analyse eine eindeutige ist. Zuerst kann ich beliebig zusammenfassen und beliebig vertauschen, weil die Theile, welche zusammengedacht werden, dabei dieselben bleiben, und ihre Folge nichts ändern kann, da sie alle gleich sind (als durch gleiche Erzeugungen entstanden); aber es ist auch ihre Analyse eindeutig; denn wäre dies nicht der Fall, so müsste bei der synthetischen Verknüpfung, während das eine Glied und das Ergebniss dasselbe bliebe, das andere Glied verschiedene Werthe annehmen können; von diesen Werthen müsste dann der eine grösser sein als der andere; also müssten dann zu dem letzteren noch Theile hinzukommen; aber dann würden auch zu dem Ergebnisse dieselben Theile hinzukommen, das Ergebniss also ein anderes werden, wider die Voraussetzung. Also da auch die entsprechende analytische Verknüpfung eindeutig ist, so ist die synthetische Verknüpfung als Addition aufzufassen, die entsprechende analytische als Subtraktion, und es gelten demnach für diese Verknüpfungen alle in §§ 3—7 aufgestellten Gesetze. Es ergab sich dort, dass die Gesetze dieser Verknüpfungen auch dann unverändert bestehen bleiben, wenn die Glieder negativ werden. Vergleichen wir die negativen Grössen mit den positiven, so können wir sagen, sie seien im entgegengesetzten Sinne erzeugt: und sowohl die in gleichem als die in entgegengesetztem

Sinne erzeugten Grössen können wir unter dem Namen gleichartiger Grössen zusammenfassen, und also ist auf diese Weise der reale Begriff der Addition und Subtraktion für gleichartige Grössen überhaupt bestimmt.

§. 9. Wir haben bisher nur Eine synthetische Verknüpfungsart für sich und in ihrem Verhältnisse zur entsprechenden analytischen betrachtet. Es kommt jetzt darauf an, die Beziehung zweier verschiedener synthetischer Verknüpfungsarten darzulegen. Zu dem Ende muss die eine durch die andere ihrem Begriffe nach bestimmt sein. Diese Begriffsbestimmung hängt von der Art ab, wie ein Ausdruck, welcher beide Verknüpfungsweisen enthält, ohne Aenderung des Gesammtergebnisses umgestaltet werden kann. Die einfachste Art, wie in einem Ausdrucke beide Verknüpfungen vorkommen können, ist die, dass das Ergebniss der einen Verknüpfung der zweiten unterworfen wird, also wenn $\frown$ und $\approx$ die Zeichen der beiden Verknüpfungen sind, so hängt das Verhältniss beider von den Umgestaltungen ab, welche mit dem Ausdruck $(a \frown b) \approx c$ vorgenommen werden dürfen. Wenn sich die zweite Verknüpfung auf beide Glieder der ersten gleichmässig beziehen soll, so bietet sich als die einfachste Umgestaltung die dar, dass man jedes Glied der ersten Verknüpfung der zweiten unterwerfen, und dann diese einzelnen Ergebnisse als Glieder der ersten Verknüpfungsweise setzen könne. Wenn diese Umgestaltung ohne Aenderung des Gesammtergebnisses vorgenommen werden kann, d. h. also $(a \frown b) \approx c = (a \approx c) \frown (b \approx c)$ ist, so nennen wir die zweite Verknüpfung die jener ersten entsprechende Verknüpfung nächst höherer Stufe. Sind ins besondere bei dieser zweiten Verknüpfung beide Glieder auf gleiche Weise abhängig von der ersten, so dass also jene Bestimmung sowohl für das Hinterglied der neuen Verbindung gilt, wie für deren Vorderglied, und ist ferner die erstere Verknüpfung eine einfache, und ihre entsprechende analytische eine eindeutige, so nennen wir die letztere Multiplikation, während wir für die erstere schon oben den Namen der Addition festgesetzt hatten. Es ist dies überhaupt die Art, wie von vorne herein, d. h. wenn noch keine Verknüpfungsart gegeben ist, eine solche nebst der sich daran anschliessenden höheren bestimmt werden kann. Daher betrachten wir auch die Addition als die Verknüpfung erster Stufe, die Multiplikation also als die Verknüpfung zweiter Stufe*). Wir wählen von nun an statt der allgemeinen Verknüpfungszeichen die bestimmten für diese Verknüpfungsarten üblichen, und zwar wählen wir für die Multiplikation das blosse Aneinanderschreiben.

§ 10. Die Beziehung der Multiplikation zur Addition haben wir dahin bestimmt, dass

$$(a+b)c = ac+bc$$
$$c(a+b) = ca+cb$$

ist; und dadurch war uns der Begriff der Multiplikation festgestellt. Durch wiederholte Anwendung dieses Grundgesetzes gelangt man sogleich zu dem allgemeineren Satze, dass man, wenn beide Faktoren zerstückt sind, jedes Stück des einen mit jedem Stück des andern multipliciren und die Produkte addiren kann. Hieraus ergiebt sich für die Beziehung der Multiplikation zur Subtraktion ein entsprechendes Gesetz, nämlich zunächst, dass

$$(a-b)c = ac-bc$$

ist. Nämlich setzt man, um den zweiten Ausdruck auf den ersten zurückzuführen, in demselben statt a das ihm Gleiche $(a-b)+b$, so hat man

$$ac-bc = \big((a-b)+b\big)c-bc;$$

der zweite Ausdruck ist nach dem so eben aufgestellten Gesetze

$$= (a-b)c+bc-bc,$$

und dieser Ausdruck nach § 8

$$= (a-b)c,$$

also der erste Ausdruck dem letzten gleich. Auf gleiche Weise folgt, wenn der zweite Faktor eine Differenz ist, das entsprechende Gesetz. Durch wiederholte Anwendung dieser Gesetze gelangt man zu dem allgemeineren Satze:

„Wenn die Faktoren eines Produktes durch Addition und Subtraktion gegliedert sind, so kann man ohne Aenderung des Gesammtergebnisses, jedes Glied des einen mit jedem Gliede des andern multipliciren, und die so erhaltenen Produkte

---

*) Als dritte Stufe würde sich nach demselben Prinzip das Potenziren darstellen, was wir hier aber der Kürze wegen übergehen. Dass übrigens die Begriffsbestimmung für diese Verknüpfungen hier nur eine formelle sein, und erst in den einzelnen Wissenschaften durch Realdefinitionen verkörpert werden kann, liegt in der Natur der Sache.

durch vorgesetzte Additions- oder Subtraktionszeichen verknüpfen, je nachdem die Vorzeichen ihrer Faktoren gleich oder ungleich waren."

§. **11.** Für die Division gilt ganz allgemein, mag nun ihr Resultat eindeutig oder vieldeutig sein, das Gesetz der Zerstückung des Dividend, nämlich

$$„\frac{a \mp b}{c} = \frac{a}{c} \mp \frac{b}{c},“$$

wobei wir aber noch zu merken haben, dass, da fer die Multiplikation im Allgemeinen nicht Vertauschbarkeit der Faktoren angenommen wurde, auch im Allgemeinen zwei Arten der Division unterschieden werden müssen, je nachdem nämlich das Vorderglied oder das Hinterglied der multiplikativen Verknüpfung gesucht wird. Da indessen beide Faktoren eine gleiche Beziehung zur Addition. und Subtraktion haben, so wird dies auch von beiden Arten der Division gelten; und wenn das obige Gesetz für eine Art erwiesen ist, so wird es aus denselben Gründen auch für die andere erwiesen sein. Wir wollen annehmen, es sei das Vorderglied gesucht; also wenn z. B.

$$\frac{a}{.c} = x \text{ ist*), so sei } xc = a.$$

Es bedeutet $\frac{a+b}{.c}$ hiernach diejenige Form, die als Vorderglied mit c multiplicirt $a+b$ giebt. Ich kann zuerst jede Form in zwei Stücke sondern, deren eins willkührlich angenommen werden kann. Es sei daher die gesuchte mit $\frac{a+b}{.c}$ gleichgesetzte Form $= \frac{a}{.c} + x$. Diese nun als Vorderglied mit c multiplicirt, giebt nach dem vorigen § $a+xc$; sie soll aber bei dieser Multiplikation $a+b$ geben, folglich ist

$$a+xc = a+b, \text{ d. h. } xc = b, \ x = \frac{b}{.c}$$

also die gesuchte Form, da sie gleich $\frac{a}{.c}+x$ gesetzt war, gleich $\frac{a}{.c}+\frac{b}{.c}$. Auf dieselbe Weise ergiebt sich das Gesetz für die Differenz.

---

*) Wo der Punkt im Divisor die Stelle des gesuchten Faktors bezeichnet.

§ 12. Die in den vorigen Paragraphen dargestellten Gesetze drücken die allgemeine Beziehung der Multiplikation und Division zur Addition und Subtraktion aus. Hingegen die Gesetze der Multiplikation an sich, wie sie die Arithmetik aufstellt, und welche die Vertauschbarkeit und Vereinbarkeit der Faktoren aussagen, gehen nicht aus dieser allgemeinen Beziehung hervor, und sind daher auch nicht durch den allgemeinen Begriff der Multiplikation bestimmt. Vielmehr werden wir in unserer Wissenschaft Arten der Multiplikation kennen lernen, bei denen wenigstens die Vertauschbarkeit der Faktoren nicht statt findet, bei denen aber dennoch alle bisher aufgestellten Sätze ihre volle Anwendung haben. Auch den allgemeinen Begriff dieser Multiplikation haben wir somit formell bestimmt; diesem formellen Begriffe muss, wenn die Natur der zu verknüpfenden Grössen gegeben ist, ein realer Begriff entsprechen, welcher die Erzeugungsweise des Produktes vermittelst der Faktoren aussagt. Die Beziehung zur realen Addition liefert uns eine allgemeine Bestimmung dieser Erzeugungsweise; wird nämlich einer der Faktoren als Summe seiner Theile (nach § 8) aufgefasst, so muss man nach dem allgemeinen Beziehungsgesetz, statt die Summe der Produkt-bildenden Erzeugungsweise zu unterwerfen, die Theile derselben unterwerfen können, und die so gebildeten Produkte addiren, d. h. da diese Produkte wieder als in gleichem Sinne erzeugt sich darstellen, sie als Theile zu einem Ganzen verknüpfen können; d. h. die multiplikative Erzeugungsweise muss von der Art sein, dass die Theile der Faktoren auf gleiche Weise in sie eingehen, so nämlich, dass wenn ein Theil des einen mit einem Theil des andern multiplikativ verknüpft irgend eine Grösse erzeugt, dann bei der multiplikativen Verknüpfung der Ganzen, auch jeder Theil des ersten mit jedem Theil des andern eine solche Grösse und zwar dieselbe Grösse erzeugt, wenn diese Theile den zuerst angenommenen gleich sind. Und es leuchtet sogleich ein, dass wenn die Erzeugungsweise die angegebene Beschaffenheit hat, auch die ihr entsprechende Verknüpfungsweise zur Addition des Gleichartigen die multiplikative Beziehung hat, und für sie somit alle Gesetze dieser Beziehung gelten. Wir nennen daher eine solche Verknüpfungsweise auch schon dann, wenn nur erst ihre multiplikative Beziehung zur Addition des Gleichartigen nachgewiesen, oder mit andern Worten, das gleiche Eingehen aller Theile der Verknüpfungsglieder in die Verknüpfung in dem oben angegebenen Sinne festgestellt ist, eine Multiplikation. Die bisher dargestellten allgemeinen Verknüpfungsgesetze genügen im Wesentlichen für die Darstellung unserer Wissenschaft und wir gehen daher zu dieser über.

Erster Abschnitt.

Die Ausdehnungsgrösse.

Erstes Kapitel.

Addition und Subtraktion der einfachen Ausdehnungen erster Stufe oder der Strecken.

§ 13. Der rein wissenschaftliche Weg, die Ausdehnungslehre zu behandeln, würde der sein, dass wir nach der Art, wie es in der Einleitung versucht ist, von den Begriffen aus, welche dieser Wissenschaft zu Grunde liegen, alles einzelne entwickelten. Allein um den Leser nicht durch fortgesetzte Abstraktionen zu ermüden, und um ihn zugleich dadurch, dass wir an Bekanntes anknüpfen, in den Stand zu setzen, sich mit grösserer Freiheit und Selbständigkeit zu bewegen, knüpfe ich überall bei der Ableitung neuer Begriffe an die Geometrie an, deren Basis unsere Wissenschaft bildet. Indem ich aber bei der Ableitung der Wahrheiten, welche den Inhalt dieser Wissenschaft bilden, jedesmal den abstrakten Begriff zu Grunde lege, ohne mich dabei je auf irgend eine in der Geometrie bewiesene Wahrheit zu stützen, so erhalte ich dennoch die Wissenschaft ihrem Inhalte nach gänzlich rein und unabhängig von der Geometrie*). Um die Ausdehnungsgrösse zu gewinnen,

---

*) In der Einleitung (Nr. 16) habe ich gezeigt, wie bei der Darstellung einer jeden Wissenschaft und ins besondere der mathematischen, zwei Entwickelungsreihen in einander greifen, von denen die eine den Stoff liefert, d. h. die ganze Reihe der Wahrheiten, welche den eigentlichen Inhalt der Wissenschaft bildet,

knüpfe ich daher an die Erzeugung der Linie an. Hier ist es ein erzeugender Punkt, welcher verschiedene Lagen in stetiger Folge annimmt; und die Gesammtheit der Punkte, in welche der erzeugende Punkt bei dieser Veränderung übergeht, bildet die Linie. Die Punkte einer Linie erscheinen somit wesentlich als verschiedene, und werden auch als solche bezeichnet (mit verschiedenen Buchstaben); wie aber dem Verschiedenen immer zugleich das Gleiche (obwohl in einem untergeordneten Sinne) anhaftet, so erscheinen auch hier die verschiedenen Punkte als verschiedene Lagen eines und desselben erzeugenden Punktes. Auf gleiche Weise nun gelangen wir in unserer Wissenschaft zu der Ausdehnung, wenn wir nur statt der dort eintretenden räumlichen Beziehungen hier die entsprechenden begrifflichen setzen. Zuerst statt des Punktes, d. h. des besonderen Ortes, setzen wir hier das Element, worunter wir das Besondere schlechthin, aufgefasst als verschiedenes von anderem Besonderem verstehen; und zwar legen wir dem Elemente in der abstrakten Wissenschaft gar keinen andern Inhalt bei; es kann daher hier gar nicht davon die Rede sein. was für ein Besonderes dies denn eigentlich sei — denn es ist eben das Besondere schlechthin, ohne allen realen Inhalt —, oder in welcher Beziehung das eine von dem andern verschieden sei — denn es ist eben schlechtweg als Verschiedenes bestimmt, ohne dass irgend ein realer Inhalt, in Bezug auf welchen es verschieden sei, gesetzt wäre. Dieser Begriff des Elementes ist unserer Wissenschaft gemeinschaftlich mit der Kombinationslehre, und daher auch die Bezeichnung der Elemente (durch verschiedene Buchstaben) beiden gemeinschaftlich *). Die verschiedenen Elemente können nun zugleich als verschiedene Zustände desselben erzeugenden Elementes aufgefasst werden, und diese abstrakte Verschiedenheit der Zustände ist es, welche der Ortsverschiedenheit entspricht.

---

während die andere dem Leser die Herrschaft über den Stoff geben soll. Jene erste Entwickelungsreihe nun ist es, welche ich gänzlich unabhängig von der Geometrie erhalten habe, während ich mir bei der letzten meinem Zwecke gemäss die grösste Freiheit gestattet habe.

*) Die Differenz liegt nur in der Art, wie in beiden Wissenschaften aus dem Elemente die Formen gewonnen werden, in der Kombinationslehre nämlich durch blosses Verknüpfen also diskret, hier aber durch stetiges Erzeugen.

Den Uebergang des erzeugenden Elementes aus einem Zustande in einen andern nennen wir eine Aenderung desselben; und diese abstrakte Aenderung des erzeugenden Elementes entspricht also der Ortsänderung oder Bewegung des Punktes in der Geometrie. Wie nun in der Geometrie durch die Fortbewegung eines Punktes zunächst eine Linie entsteht, und erst, indem man das gewonnene Gebilde aufs neue der Bewegung unterwirft, räumliche Gebilde höherer Stufen entstehen können, so entsteht auch in unsrer Wissenschaft durch stetige Aenderung des erzeugenden Elementes zunächst das Ausdehnungsgebilde erster Stufe. Die Resultate der bisherigen Entwickelung zusammenfassend, können wir die Definition aufstellen:

> „Unter einem Ausdehnungsgebilde erster Stufe verstehen wir die Gesammtheit der Elemente, in die ein erzeugendes Element bei stetiger Aenderung übergeht."

und insbesondere nennen wir das erzeugende Element in seinem ersten Zustande das Anfangselement, in seinem letzten das Endelement. Aus diesem Begriffe ergiebt sich sogleich, dass zu jedem Ausdehnungsgebilde ein entgegengesetztes gehört, welches dieselben Elemente enthält, aber in umgekehrter Entstehungsweise, so dass also namentlich das Anfangselement des einen das Endelement des andern wird. Oder, bestimmter ausgedrückt, wenn durch eine Aenderung aus a b wird, so ist die entgegengesetzte die, durch welche aus b a wird, und das einem Ausdehnungsgebilde entgegengesetzte ist dasjenige, welches durch die entgegengesetzten Aenderungen in umgekehrter Folge hervorgeht, worin zugleich liegt, dass das Entgegengesetztsein ein wechselseitiges ist.

§. 14. Das Ausdehnungsgebilde wird nur dann als ein einfaches erscheinen, wenn die Aenderungen, die das erzeugende Element erleidet, stets einander gleich gesetzt werden; so dass also, wenn durch eine Aenderung aus einem Element a ein anderes b hervorgeht, welche beide jenem einfachen Ausdehnungsgebilde angehören, dann durch eine gleiche Aenderung aus b ein Element desselben Ausdehnungsgebildes c erzeugt wird, und zwar wird diese Gleichheit auch dann noch statt finden müssen, wenn a und b als stetig aneinandergränzende Elemente aufgefasst werden, da diese Gleichheit durchweg bei der stetigen Erzeugung statt finden soll. Wir können eine solche Aenderung, durch die aus einem Element einer stetigen Form ein nächst angränzendes erzeugt wird, eine Grundänderung nennen, und werden dann sagen: „das einfache Ausdehnungsgebilde sei ein solches, das durch stetige Fortsetzung derselben Grundänderung hervorgeht.“ In demselben Sinne nun, in welchem die Aenderungen einander gleich gesetzt werden, werden wir auch die dadurch erzeugten Gebilde gleich setzen können, und in diesem Sinne, dass nämlich das durch gleiche Aenderungen auf dieselbe Weise erzeugte selbst gleich gesetzt werde, nennen wir das einfache Ausdehnungsgebilde erster Stufe eine Ausdehnungsgrösse oder Ausdehnung erster Stufe oder eine Strecke*). Es wird also das einfache Ausdehnungsgebilde zur Ausdehnungsgrösse, wenn wir von den Elementen, die das erstere enthält, absehen, und nur die Art der Erzeugung festhalten; und während zwei Ausdehnungsgebilde nur dann einander gleich gesetzt werden können, wenn sie dieselben Elemente enthalten, so zwei Ausdehnungsgrössen schon dann, wenn sie, auch ohne dieselben Elemente zu enthalten, auf gleiche Weise (d. h. durch dieselben Aenderungen) erzeugt sind. Die Gesammtheit endlich aller Elemente, welche durch Fortsetzung derselben und der entgegengesetzten Grundänderung erzeugbar sind, nennen wir ein System (oder ein Gebiet) erster Stufe. Die demselben System erster Stufe angehörigen Strecken werden also alle durch Fortsetzung entweder derselben Grundänderung oder entgegengesetzter Grundänderungen erzeugt.

Ehe wir zur Verknüpfung der Strecken übergehen, wollen wir die im vorigen § aufgestellten Begriffe durch Anwendung auf die Geometrie veranschaulichen. Die Gleichheit der Aenderungsweise wird hier durch Gleichheit der Richtung vertreten; als System erster Stufe stellt sich daher hier die unendliche gerade Linie dar, als einfache Ausdehnung erster Stufe die begränzte gerade Linie. Was dort gleichartig genannt wurde, erscheint hier als parallel, und der Parallelismus bietet gleichfalls seine zwei Seiten dar, als

*) Die abstrakte Bedeutung dieser ursprünglich konkreten Benennung bedarf wohl keiner Rechtfertigung, da die Namen des Abstrakten ursprünglich alle konkrete Bedeutung haben.

Parallelismus in demselben und in entgegengesetztem Sinne *). Den Namen der Strecke können wir in entsprechendem Sinne für die Geometrie festhalten, und also unter gleichen Strecken hier solche begränzte Linien verstehen, welche gleiche Richtung und Länge haben.

§ 15. Wenn die stetige Erzeugung der Strecke mitten in ihrem Gange unterbrochen gedacht wird, um dann hernach wieder fortgesetzt zu werden, so erscheint die ganze Strecke als Verknüpfung zweier Strecken, welche sich stetig aneinanderschliessen, und von denen die eine als Fortsetzung der andern erscheint. Die beiden Strecken, welche die Glieder dieser Verknüpfung bilden, sind in demselben Sinne erzeugt (§ 8), und das Ergebniss der Verknüpfung ist die Strecke vom Anfangselemente der ersten zum Endelemente der letzten, wenn beide stetig an einander gelegt, d. h. so dargestellt sind, dass das Endelement der ersten zugleich das Anfangselement für die zweite ist. Bezeichnen wir vorläufig die Strecke vom Anfangselement α (vergl. Fig. 2) zum Endelement β mit $[\alpha\beta]$, und sind $[\alpha\beta]$ und $[\beta\gamma]$ in demselben Sinne erzeugt, so ist also $[\alpha\gamma]$ das Ergebniss der oben angezeigten Verknüpfung, wenn $[\alpha\beta]$ und $[\beta\gamma]$ die Glieder sind **). Wir haben schon oben (§ 8) nachgewiesen, dass diese Verknüpfung, da sie die Vereinigung der in gleichem Sinne erzeugten Grössen darstellt, als Addition, ihre entsprechende analytische als Subtraktion aufgefasst werden müsse, und daher alle Gesetze dieser Verknüpfungsarten für sie gelten. Wir haben hier nur noch die eigenthümliche Bedeutung nachzuweisen, welche die negative Grösse auf unserm Gebiete gewinnt. Nämlich um zuerst die Bedeutung der Subtraktion uns anschaulicher zu machen, so können wir daraus, dass $[\alpha\beta]+[\beta\gamma]=[\alpha\gamma]$ ist, sobald $[\alpha\beta]$ und $[\beta\gamma]$ in gleichem Sinne erzeugt sind.

---

*) Diese Unterscheidung ist für die Geometrie so wichtig, dass es nicht wenig zur Vereinfachung der geometrischen Sätze und Beweise beitragen würde, wenn man diesen Unterschied durch einfache Benennungen fixirte, wozu ich etwa die Ausdrücke „gleichläufig" und „gegenläufig" vorschlagen möchte.

**) Diese Bezeichnung der Strecke ist nur eine vorläufige, die wahre Bezeichnung derselben durch ihre Gränzelemente kann erst verstanden werden, wenn wir die Verknüpfung der Elemente werden kennen gelernt haben (siehe den zweiten Abschnitt § 99).

den Schluss ziehen, dass eben so allgemein $[\alpha\beta]=[\alpha\gamma]-[\beta\gamma]$ ist (vgl. Fig. 2), d. h. also, wenn wir uns der in der Subtraktion üblichen Benennungen bedienen, „der Rest ist, wenn man Minuend und Subtrahend mit ihren Endelementen aufeinander legt, die Strecke vom Anfangselement des Minuend zu dem des Subtrahend." Setzt man in der letzten Formel α und β identisch, so erhält man

$$[\alpha\alpha]=[\alpha\gamma]-[\alpha\gamma]$$

d. h. gleich Null. Ferner ist vermöge des Begriffs des Negativen*)

$$(-[\alpha\beta])=0-[\alpha\beta]=[\beta\beta]-[\alpha\beta]=[\beta\alpha]$$

d. h. die Strecke $[\beta\alpha]$, welche einer andern $[\alpha\beta]$ ihrem Begriff nach (§ **13.**) entgegengesetzt ist, erscheint auch in ihrer Beziehung zur Addition und Subtraktion als die entgegengesetzte Grösse zu jener. Da nun endlich $a+(-b)=a-b$ ist, so hat man, wenn $\alpha\gamma$ und $\gamma\beta$ im entgegengesetzten Sinne erzeugt sind

$$[\alpha\gamma]+[\gamma\beta]=[\alpha\gamma]+(-[\beta\gamma])=[\alpha\gamma]-[\beta\gamma]=[\alpha\beta]$$

d. h. auch wenn die beiden Strecken im entgegengesetzten Sinne erzeugt sind, ist ihre Summe die Strecke vom Anfangselement der ersten zum Endelement der zweiten an sie stetig angelegten. Und wir können also, dies Resultat mit dem obigen zusammenfassend, sagen:

> „Wenn man zwei gleichartige Strecken stetig, d. h. so verknüpft, dass das Endelement der ersten Anfangselement der zweiten wird, so ist die Strecke vom Anfangselement der ersten zum Endelement der letzten die Summe beider;"

und indem sie so als Summe bezeichnet ist, so soll darin ausgedrückt liegen, dass alle Gesetze der Addition und Subtraktion für diese Verknüpfungsweise gelten. Noch will ich hieran eine Folgerung schliessen, die für die Weiterentwickelung fruchtreich ist, nämlich dass, wenn die Gränzelemente einer Strecke in demselben System sich beide um eine gleiche Strecke ändern, dann die zwischen den neuen Gränzelementen liegende Strecke der ersteren gleich ist. In der That, es sei $[\alpha\beta]$ die ursprüngliche Strecke (vergl. Fig. 3) und $[\alpha\alpha']=[\beta\beta']$, so ist zu zeigen, dass, wenn alle genannten Elemente demselben System angehören, $[\alpha'\beta']=[\alpha\beta]$ sei. Es ist aber $[\alpha'\beta']=[\alpha'\alpha]+[\alpha\beta]+[\beta\beta']$ nach der Definition

---

*) Vergleiche hier überall § 7.

der Summe, und da $[\alpha'\alpha] = -[\alpha\alpha'] = -[\beta\beta']$ ist, so hebt sich $[\alpha'\alpha]$ und $[\beta\beta']$ bei der Addition, und es ist wirklich $[\alpha'\beta'] = [\alpha\beta]$.

§ **16.** Nehme ich nun, um zu den Verknüpfungen verschiedenartiger Strecken zu gelangen, zunächst zwei verschiedenartige Grundänderungen an, und lasse ein Element die erste Grundänderung (oder deren entgegengesetzte) beliebig fortsetzen und dann das so geänderte Element in der zweiten Aenderungsweise gleichfalls beliebig fortschreiten, so werde ich dadurch aus einem Element eine unendliche Menge neuer Elemente erzeugen können, und die Gesammtheit der so erzeugbaren Elemente nenne ich ein System zweiter Stufe. Nehme ich dann ferner eine dritte Grundänderung an, welche von jenem Anfangselemente aus nicht wieder zu einem Elemente dieses Systems zweiter Stufe führt, und welche ich deshalb als von jenen beiden ersten unabhängig bezeichne, und lasse ein beliebiges Element jenes Systems zweiter Stufe, diese dritte Aenderung (oder deren entgegensetzte) beliebig fortsetzen, so wird die Gesammtheit der so erzeugbaren Elemente ein System dritter Stufe bilden; und da dieser Erzeugungsweise dem Begriffe nach keine Schranke gesetzt ist, so werde ich auf diese Weise zu Systemen beliebig hoher Stufen fortschreiten können. Hierbei ist es wichtig festzuhalten, dass alle auf diese Weise erzeugten Elemente, nicht als anderweitig schon gegebene *) aufgefasst werden dürfen, sondern als ursprünglich erzeugt, und dass sie daher alle, sofern sie ursprünglich durch verschiedene Aenderungen erzeugt sind, auch ihrem Begriffe nach als verschiedene erscheinen. Dagegen ist wiederum klar, dass, nachdem die Elemente einmal erzeugt sind, sie von da ab als gegebene erscheinen, und über ihre Verschiedenheit oder Identität nicht anders entschieden werden kann, als wenn man auf die ursprüngliche Erzeugung zurückgeht.

Ehe ich nun zu unserer Aufgabe, nämlich zur Verknüpfung der verschiedenen Aenderungsweisen, übergehe, will ich der Anschauung durch geometrische Betrachtungen zu Hülfe kommen. Es ist nämlich klar, dass das System zweiter Stufe der Ebene entspricht, und die Ebene dadurch erzeugt gedacht wird, dass alle

*) Wie etwa in der Raumlehre alle Punkte schon durch den vorausgesetzten Raum ursprünglich gegeben sind.

Punkte einer geraden Linie nach einer neuen in ihr nicht enthaltenen Richtung (oder nach der entgegengesetzten) sich fortbewegen, wobei dann eben die Gesammtheit der so erzeugbaren Punkte die unendliche Ebene bildet. Es erscheint somit die Ebene als eine Gesammtheit von Parallelen, welche alle eine gegebene Gerade durchschneiden; und es ist ersichtlich, dass, da diese Parallelen sich nicht schneiden, und auch die ursprüngliche Gerade nicht noch ein zweitesmal treffen, alle auf jene Weise erzeugten Punkte von einander verschieden sind und somit die Analogie eine vollständige ist. Ebenso gelangt man zu dem ganzen unendlichen Raume, als dem Systeme dritter Stufe, wenn man die Punkte der Ebene nach einer neuen, nicht in der Ebene liegenden Richtung (oder der entgegengesetzten) fortbewegt; und weiter kann die Geometrie nicht fortschreiten, während die abstrakte Wissenschaft keine Gränze kennt.

§ 17. Lasse ich nun, um zu unserer Aufgabe zurückzukehren, ein Element sich zuerst um eine Strecke a ändern, und dann das so geänderte Element um die Strecke b, so ist das Gesammtresultat beider Aenderungen zugleich als Resultat Einer Aenderung aufzufassen, welche die Verknüpfung jener beiden ersten ist, und welche, wenn beide Strecken gleichartig waren, als deren Summe erschien (§ 16). Hier können wir diese Verknüpfungsweise vorläufig mit dem allgemeinen Verknüpfungszeichen $\frown$ bezeichnen. Aus diesem Begriffe geht sogleich, da der Act des Zusammenfassens den Zustand des Elementes nicht ändert, das Gesetz hervor, dass

$$(a \frown b) \frown c = a \frown (b \frown c)$$

ist. Hingegen um auch zur Vertauschbarkeit der Glieder zu gelangen, ist noch eine Lücke in der Begriffsbestimmung auszufüllen. Betrachten wir nämlich die Erzeugungsweise eines Systems höherer (m-ter) Stufe, wie wir solche im vorigen § dargestellt haben, so war dort eine bestimmte Reihenfolge der m Aenderungsweisen, durch die jenes System erzeugt wurde, angenommen, und die Elemente des Systemes wurden erzeugt, wenn das Anfangselement die verschiedenen Aenderungsweisen in der bestimmten Reihenfolge fortschreitend einging, so dass jedes Element, welches durch eine Reihe von Aenderungen entstanden war, nur entweder seine letzte Aenderung fortsetzte, oder eine der folgenden Aenderungsweisen, aber keine der früheren annahm. Sind daher a und b zwei Strecken, von denen a einer früheren, b einer späteren von den Aenderungsweisen angehört, so wird ein Element bei der Erzeugung des Systems zwar an die Aenderung a die Aenderung b anschliessen können, aber nicht umgekehrt; d. h. es wird dabei die Verknüpfung $a \frown b$ vorkommen, aber nicht die $b \frown a$. Aber obgleich die letztere Verknüpfung durch die Erzeugung des Systems nicht ihrem Begriffe nach bestimmt werden kann, so muss sie doch an sich möglich sein. Somit zeigt sich hier die besprochene Lücke. Um dieselbe näher zu übersehen sei $[\alpha\beta]$ *) gleich a, $[\beta\beta'] = [\alpha\alpha'] = b$, so ist die Aenderung $[\alpha\beta']$ gleich $a \frown b$; es ist aber $[\alpha\beta']$ auch gleich $[\alpha\alpha'] \frown [\alpha'\beta']$, d. h. gleich $b \frown [\alpha'\beta']$. Sollten also die Glieder vertauschbar, d. h. $a \frown b = b \frown a$ sein, so müsste $[\alpha'\beta'] = [\alpha\beta]$ sein. Hierüber lässt sich nun aus dem Bisherigen nichts entscheiden; denn alles, was wir über das System und dessen Elemente aussagen können, muss, da das ganze System auf keine andere Weise, als nur durch seine Erzeugung gegeben ist, aus dieser Erzeugungsweise hervorgehen. Da nun aber in dieser nichts von einer solchen Aenderung $\alpha'\beta'$ vorkommt, so sind wir befugt und gedrungen, eine neue Begriffsbestimmung über solche Aenderungen zu geben, und die Analogie mit dem Früheren führt uns nothwendig dazu, in dem Umfange, in welchem wir zu einer neuen Begriffsbestimmung befugt sind, $\alpha'\beta'$ und $\alpha\beta$ gleich zu setzen. Diese Gleichsetzung vollziehen wir aber erst auf bestimmte Weise, wenn wir den Umfang jener Befugniss ausgemittelt haben. Zu dem Ende betrachten wir 2 gleiche Strecken:

$$[\alpha\beta] = [\gamma\delta] = a$$

deren Gränzelemente einer der späteren Aenderungen b, aber alle derselben unterworfen werden und dadurch in α', β', γ', δ' übergehen, so dass

$$[\alpha\alpha'] = [\beta\beta'] = [\gamma\gamma'] = [\delta\delta'] = b$$

ist. Da nun $[\alpha'\alpha] = [\gamma'\gamma] = (-b)$ ist, so hat man für die Aenderungen $[\alpha'\beta']$ und $[\gamma'\delta']$ die Gleichungen:

$$[\alpha'\beta'] = [\alpha'\alpha] \frown [\alpha\beta] \frown [\beta\beta'] = (-b) \frown a \frown b$$
$$[\gamma'\delta'] = [\gamma'\gamma] \frown [\gamma\delta] \frown [\delta\delta'] = (-b) \frown a \frown b;$$

*) Zur Erläuterung kann Fig. 4 dienen.

also sind beide Aenderungen einander gleich. Also wenn zwei Elementenpaare durch gleiche Aenderung auseinander erzeugbar sind, und man unterwirft alle vier Elemente einer neuen, aber alle derselben Aenderung, so werden auch die daraus hervorgehenden Elementenpaare durch gleiche Aenderungen auseinander erzeugbar sein. Da nun dies Gesetz auch noch bestehen bleibt, wenn $[\alpha\beta]$ eine Grundänderung darstellt, so folgt hieraus nicht nur, dass eine Strecke, wenn sich ihre Elemente alle um gleich viel ändern, wieder eine Strecke bleibt, sondern auch dass, wenn nur für die Grundänderung gezeigt ist, dass sie bei jener Fortschreitung der Strecke gleich bleibt, dasselbe dann auch für die ganze Strecke gilt. Damit ist der Umfang der oben angedeuteten Befugniss gegeben, und wir setzen daher fest, dass, wenn in einem Systeme m-ter Stufe eine Strecke, welche einer der früheren von den m Aenderungsweisen, die das System bestimmen, angehört, einer der späteren Aenderungsweisen unterworfen wird, und zwar alle Elemente derselben, dann die entsprechenden Grundänderungen in der ursprünglichen und der geänderten Strecke einander gleich genannt werden sollen, hingegen ungleich, wenn die Elemente verschiedenen Aenderungen unterworfen sind*). Daraus folgt dann, vermöge des vorhergehenden Satzes, dass diese Gleichheit (und Ungleichheit) unter denselben Umständen auch für die Strecken selbst fortbesteht; und wir gelangen also zu dem Satze: Wenn man eine Strecke, welche einer der m ursprünglichen Aenderungsweisen des Systems angehört, Aenderungen unterwirft, welche gleichfalls jenen Aenderungsweisen angehören, und zwar alle Elemente denselben Aenderungen, so ist die so geänderte Strecke der ursprünglichen gleich. Dass wir nämlich hier auch den Unterschied zwischen früheren und späteren Aenderungsweisen fallen lassen können, ergiebt sich leicht aus der Gegenseitigkeit der Beziehung; denn wenn vorausgesetzt wird, dass $[\alpha\beta]$ gleich oder ungleich $[\alpha'\beta']$ ist, je nachdem $[\alpha\alpha']$ gleich $[\beta\beta']$ ist oder nicht, so sind

*) Die Deduktion, durch die wir zu dieser Definition der gleichen Aenderung überleiteten, gehört derjenigen Entwickelungsreihe (Einleit. Nr. 16) an, die die Uebersicht geben soll. Für die rein mathematische Entwickelungsreihe erscheint dieselbe, wie überhaupt jede Definition, als rein willkührlich.

auch umgekehrt die letzteren Ausdrücke gleich oder ungleich, je nachdem die ersteren es sind, wie sogleich durch die Methode des indirecten Schlusses sich ergiebt. Wenn also die durch eine frühere Aenderung erzeugte Strecke einer späteren Aenderung unterworfen, sich gleich bleibt, so bleibt auch die durch eine spätere erzeugte der früheren unterworfen, sich gleich; und daraus folgt der Satz in der oben gegebenen Fassung. Nun hatten wir schon oben gezeigt, dass unter Voraussetzung dieses Satzes $a \frown b = b \frown a$ sei; und wir haben somit für die m Aenderungsweisen, die das System bestimmen, allgemein die Gesetze

$$(a \frown b) \frown c = a \frown (b \frown c), \text{ und}$$
$$a \frown b = b \frown a;$$

also ist diese Verknüpfung eine einfache; aber auch die entsprechende analytische Verknüpfung eine eindeutige; denn wenn ich das eine Glied der synthetischen Verknüpfung, etwa das erste, unverändert lasse, das andere aber verändere, indem ich das Endelement des ersten Gliedes entweder einer anderen Aenderungsweise unterwerfe, oder es in derselben Aenderungsweise vor oder zurückschreiten lasse, so verändert sich das zuletzt resultirende Element, welches zugleich das Endelement für das Ergebniss der Verknüpfung ist, also verändert sich dies Ergebniss; und hieraus folgt dann nach der bekannten Schlussweise (vergl. § 6) die Eindeutigkeit der analytischen Verknüpfung. Daraus ergiebt sich nach § 7, dass die angezeigten Verknüpfungen als Addition und Subtraktion zu bezeichnen sind, und alle Gesetze der Addition und Subtraktion für sie gelten. Da nun endlich dieselben Verknüpfungsgesetze, welche für die m ursprünglichen Aenderungsarten gelten, auch nach den Gesetzen der Addition und Subtraktion für deren Verknüpfungen bestehen bleiben, so können wir die Resultate der bisherigen Entwickelung in dem folgenden höchst einfachen Satze zusammenfassen: „Wenn $[\alpha\beta]$ und $[\beta\gamma]$ beliebige Aenderungen darstellen, so ist $[\alpha\gamma] = [\alpha\beta] + [\beta\gamma]$." Indem wir nämlich diese Verknüpfung als Addition bezeichnen, so sagen wir damit die Geltung aller Additions- und Subtraktionsgesetze, wie wir sie in § 3 — 7 dargestellt haben, aus*).

*) Ich kann es nicht dringend genug anempfehlen, dass man die Entwicke-

§ 18. In der Entwickelung des letzten § hatten wir die durch Verknüpfung hervorgehenden Aenderungen nur betrachtet in Bezug auf ihr Anfangs- und End-Element, ohne die Strecke zu betrachten, welche beide verbindet; vielmehr traten als Strecken nur diejenigen hervor, welche den ursprünglichen Aenderungsarten des Systems angehören. Um nun das Fehlende zu ergänzen, haben wir zu zeigen, auf welche Weise durch 2 Elemente in einem höheren Systeme die sämmtlichen übrigen Elemente bestimmt sind, welche mit diesen beiden in Einem Systeme erster Stufe liegen. Zu dem Ende haben wir nur auf den Begriff des Systemes erster Stufe zurückzugehen, dass es nämlich durch Fortsetzung einer sich selbst gleich bleibenden Aenderung erzeugt sei. Entsteht nun dadurch, dass ein Element nach der Reihe und fortschreitend den Aenderungen a, b, c... unterworfen wird, welche den ursprünglichen Aenderungsweisen angehören, aus einem Elemente α zuletzt ein anderes β *), so wird nach dem Begriffe des Systemes erster Stufe, auch dasjenige Element demselben Systeme erster Stufe angehören müssen, welches aus β durch dieselben Aenderungen a, b, c... hervorgeht und so fort; ja auch rückwärts wird man von a aus durch die entgegengesetzten Aenderungen fortschreiten können und immer noch zu Elementen gelangen, die demselben System erster Stufe angehören, aber nach der negativen Seite hin liegen, wenn die erstere als die positive gefasst wird. Es entstehen also die Elemente der positiven Seite aus dem Element α dadurch, dass dies wiederholt und fortschreitend derselben Reihe der Aenderungen a, b, c... unterworfen wird. Da wir nun, wie im vorigen § bewiesen wurde, die fortschreitenden Aenderungen beliebig vertauschen und zusammenfassen können, so können wir auch hier die gleichen Aenderungen zusammenordnen und zusammenfassen, und gelangen so zu einer neuen Konstruktion jener Elementenreihe,

---

lung überall, und namentlich die hier geführte, welche zu den schwierigsten in unserer Wissenschaft gehört, durch die entsprechenden geometrischen Konstruktionen sich veranschauliche. Um den Gang der Entwickelung nicht zu unterbrechen, habe ich diese Uebertragung auf die Geometrie hier nicht vornehmen mögen; überdies liegt sie überall auf der Hand (s. Fig. 5).

*) Vergleiche Fig. 17, wo es für zwei Aenderungen a, b bildlich dargestellt ist.

die wir jetzt anschaulicher darlegen wollen. Wenn man nämlich das Element α einzeln den Aenderungen a, b, c... unterwirft, so entstehen m Elemente, die wir einander entsprechend setzen können; wenn man jedes von diesen wieder derselben Aenderung unterwirft, die es vorher erfuhr, so erhält man m neue einander entsprechende Elemente, und so fort; betrachten wir nun die entsprechenden Elemente einer jeden solchen Gruppe von m Elementen als Endelemente von m Strecken, welche alle α zum Anfangselemente haben, und welche wir gleichfalls einander entsprechend setzen, so erhalten wir dieselben Elemente, die wir vorher gewannen, wenn wir α um die entsprechenden Strecken einer jeden Gruppe fortschreitend ändern, nnd es entspricht auf diese Weise jeder solchen Gruppe von einander entsprechenden Elementen in dem neuen System erster Stufe ein Element, welches durch eine Aenderung hervorgeht, die die Summe ist aus den den durch jene Strecken dargestellten Aenderungen. Sind nun bei den angegebenen Konstruktionen die Aenderungen a, b, c... Grundänderungen, welche also unmittelbar von einem Elemente zum angränzenden überführen, so erhält man auch (wenn man dasselbe Verfahren zugleich nach der negativen Seite hin anwendet) das ganze System erster Stufe vollständig. Es ist nun zu zeigen, dass man auf diese Weise durch zwei Elemente des höheren Systems allemal ein System erster Stufe legen kann, aber auch jedesmal nur eins. Es seien die beiden Elemente des Systems α und β, so ist schon bei der Erzeugungsweise des Systems gezeigt, dass β aus α immer durch die m Aenderungsweisen des Systems und zwar bei gegebener Folge nur auf Eine Art erzeugbar ist; es seien a, b, c... diese Aenderungen; es kommt nun zunächst darauf an, zu zeigen, dass man für diese Strecken stets solche einander entsprechende Grundänderungen annehmen kann, dass a, b, c... entsprechende Strecken werden, und also nach der so eben angegebenen Konstruktion β ein Element des durch diese entsprechenden Grundänderungen erzeugten Systems erster Stufe wird. Betrachte ich zuerst zwei Strecken a und b, deren jede durch Fortsetzung derselben Grundänderung entstanden ist, so können zuerst, da die Grundänderungen nach dem Begriff des Stetigen keine an sich fixirte Grösse haben, beliebige Grundänderungen in beiden als entsprechende angenommen werden. Lässt man nun, während die eine Grundänderung und die dadurch erzeugte Strecke a dieselbe bleibt, die andere Grundänderung wachsen oder abnehmen, so wird auch die dadurch erzeugte und der Strecke a entsprechende Strecke b wachsen oder abnehmen, und zwar wenn die Grundänderung stetig wächst oder abnimmt, so wird auch die Strecke b stetig wachsen oder abnehmen, wie dies unmittelbar im Begriff des Stetigen liegt, somit wird, wenn die Grundänderung für b beliebig angenommen werden kann, auch die der Strecke a entsprechende b jede gegebene Grösse annehmen können; und dasselbe gilt von jeder andern Strecke c u. s. w., so dass also in der That auch für die oben gegebenen Strecken a, b, c... solche Grundänderungen angenommen werden können, dass jene Strecken als entsprechende erscheinen, und also das Element β als ein Element des durch diese Grundänderungen erzeugten Systemes erster Stufe dargestellt ist. Dass nun auch durch α und β nur Ein System erster Stufe gelegt werden kann, liegt schon in dem obigen Beweise. Ein anderes System erster Stufe könnte nämlich nur entstehen, wenn die der Grundänderung in a entsprechenden Grundänderungen der andern Strecken b, c... anders angenommen würden, allein dann würden auch die der Strecke a entsprechenden andern Strecken, wie wir vorher zeigten, anders ausfallen, also würde auch nicht mehr von α aus das Element β erzeugt werden. Nachdem wir nun gezeigt haben, wie in der That durch je zwei Elemente ein, aber auch nur Ein System erster Stufe gelegt werden kann, so ist nun der im Anfange dieses § angedeutete Mangel aufgehoben, indem jetzt für die Strecke, die als Summe zweier Strecken erscheinen soll, nicht mehr blos Anfangs- und Endelement bestimmt ist, sondern die ganze Strecke in allen ihren Elementen. Der Begriff der Summe ist daher nicht nur für die Aenderungen, sondern auch für die Strecken selbst bestimmt; sind nämlich $[\alpha\beta]$, $[\beta\gamma]$, $[\alpha\gamma]$ die nach dem so eben entwickelten Princip erzeugten Strecken, so hat man noch immer allgemein

$$[\alpha\gamma] = [\alpha\beta] + [\beta\gamma] \text{ d. h.}$$

„Wenn man zwei oder mehrere Strecken stetig aneinander anschliesst, so ist die Strecke vom Anfangselement der ersten zum Endelement der letzten die Summe derselben.“

Wenden wir auf den Begriff der Abhängigkeit, wie wir ihn in § 16 darstellten, diesen Begriff der Summe an, so ergiebt sich, dass eine Aenderungsweise von andern abhängig sei, wenn sich die der ersteren angehörigen Strecken als Summen von Strecken darstellen lassen, welche den letzteren angehören, hingegen wenn dies nicht möglich ist, sie von ihnen unabhängig sei.

§ **19.** Wir haben bisher den Begriff der Summe der Strecken abhängig gemacht von der besonderen Erzeugungsweise des ganzen Systems, indem, wenn Anfangs- und Endelement der Summe durch stetiges Aneinanderschliessen der Strecken gegeben war, nun die zwischen beiden liegende Strecke, als Theil eines Systemes erster Stufe, durch die m ursprünglichen Aenderungsweisen des ganzen Systemes konstruirt wurde. Diese Abhängigkeit haben wir noch schliesslich aufzuheben. Wir haben schon oben (§ 18) gezeigt, dass, wenn mehrere Strecken auf entsprechende Weise erzeugt sind, dann nicht nur jedem Element und jedem Theil der einen ein Element und ein Theil in jeder der andern entspricht, sondern auch die Summe auf dieselbe Weise entsprechend erzeugt ist, nämlich so, dass die Summe der entsprechenden Theile jedesmal diesen Theilen entspricht. Hat man nun zwei beliebige Strecken des Systemes, nämlich p_1 und p_2, und es sind beide als Summen von Strecken dargestellt, welche den ursprünglichen Aenderungsarten des ganzen Systemes angehören, nämlich

$$p_1 = a_1 + b_1 + \cdots$$
$$p_2 = a_2 + b_2 + \cdots,$$

so dass man hat

$$p_1 + p_2 = (a_1 + a_2) + (b_1 + b_2) + \cdots,$$

und sind ferner $\alpha_1, \alpha_2, \beta_1, \beta_2 \ldots$ entsprechende Theile der Strecken $a_1, a_2, b_1, b_2 \ldots$, also auch $(\alpha_1+\alpha_2), (\beta_1+\beta_2) \ldots$ in demselben Sinne entsprechende Theile von $(a_1+a_2), (b_1+b_2)$, so wird nach dem vorigen § jeder Theil der Summe (p_1+p_2), als Summe der entsprechenden Theile gewonnen, d. h. also ein solcher ist jedesmal gleich

$$(\alpha_1+\alpha_2)+(\beta_1+\beta_2)+\cdots.$$
$$\text{d. h.} = (\alpha_1+\beta_1+\cdots) + (\alpha_2+\beta_2+\cdots)$$

wo das erste Glied einen Theil von p_1, das zweite den entsprechenden von p_2 darstellt. Also wird jedes Element der Summe (p_1+p_2)

dadurch erzeugt, dass man das Anfangselement derselben um jeden beliebigen Theil von p_1 und dann um den entsprechenden von p_2 ändert. Somit können wir das allgemeine Resultat aufstellen: „Wenn zwei Strecken gegeben sind, und man ändert ein beliebiges Element um einen Theil der ersten, und dann (fortschreitend) um den entsprechenden Theil der zweiten, so bildet die Gesammtheit der so erzeugbaren Elemente die Summe jener beiden Strecken.“ Nachdem wir nun den Begriff der Summe der Strecken in seiner Allgemeinheit und Unabhängigkeit aufgestellt haben, wollen wir noch einen Satz, den wir früher in specieller Form erwiesen hatten, jetzt in allgemeinerer Form darstellen, nämlich

> „Wenn alle Elemente einer Strecke sich um gleich viel ändern, so bleibt die so hervorgehende Strecke der ersteren gleich.“

Dass dadurch wieder eine Strecke entsteht, ist schon in § **18** gezeigt, dass sie der ersteren gleich sei, folgt durch dieselben Formeln wie in § **16** am Schlusse. Nämlich ist $[\alpha\beta]$ die ursprüngliche Strecke, und $[\alpha\alpha'] = [\beta\beta']$, so ist

$$[\alpha'\beta'] = [\alpha'\alpha] + [\alpha\beta] + [\beta\beta'] = [\alpha\beta],$$

da sich nämlich $\alpha'\alpha$ und $\beta\beta'$ als entgegengesetzte Grössen bei der Addition aufheben.

§ **20.** Durch die im vorigen § geführte Entwickelung ist die selbständige Darstellung der Systeme höherer Stufen vorbereitet. Nämlich es waren diese bisher als abhängig von gewissen zu Grunde gelegten Aenderungsweisen dargestellt, durch welche sie eben erzeugt wurden. Diese Abhängigkeit können wir in so fern aufheben, als wir zeigen können, dass dasselbe System m-ter Stufe durch je m Aenderungsweisen erzeugbar sei, welche demselben angehören, und welche von einander unabhängig sind (in dem Sinne von § **16**), d. h. von keinem System niederer Stufe (als der m-ten) umfasst werden. Ich will zuerst zeigen, dass, wenn das System durch irgend welche m Aenderungsweisen erzeugbar ist, ich dann statt jeder beliebigen derselben eine neue von den (m — **1**) übrigen unabhängige demselben System m-ter Stufe angehörige Aenderungsweise (p) einführen, und durch diese in Verbindung mit den (m—**1**) übrigen das gegebene System erzeugen kann. Da nach der Voraussetzung p dem gegebenen Systeme m-ter Stufe angehört, so wird es sich (§ 18) darstellen lassen als Summe von Strecken, die den ursprünglichen Aenderungsweisen angehören, d. h.

$$p = a + b + c + \ldots.$$

gesetzt werden können, wenn a, b, c,... den ursprünglichen Aenderungsweisen angehören. Wenn nun a die Aenderungsweise darstellt, für welche p eingeführt werden soll, so muss p von den übrigen b, c, ..., wie wir voraussetzten, unabhängig sein, d. h. a darf nicht gleich null sein, während hingegen von den übrigen Stücken jedes null sein darf. Ich habe nun zu zeigen, dass jedes Element des durch p, b, c, ... erzeugten Systemes auch dem durch a, b, c.... erzeugten angehöre und umgekehrt, sobald beide von demselben Anfangselemente aus erzeugt sind. Das erste ist unmittelbar klar, da p dem durch a, b, c, erzeugten Systeme angehört, das zweite bedarf eines ausführlicheren Beweises. Ein jedes Element des durch a, b, c.... von irgend einem Anfangselement aus erzeugten Systemes kann durch eine Aenderung

$$q = a_1 + b_2 + c_2 + \ldots.$$

wo a_1, b_2, c_2... mit a, b, c,... beziehlich gleichartig sind, aus dem Anfangselemente erzeugt werden. Um nun hierin statt a_1 die Grösse p oder eine ihr gleichartige einführen zu können, nehme man für den Augenblick die Grössen p, a, b, c.... als entsprechende an, und in demselben Sinne mögen p_1, a_1, b_1, c_1.... einander entsprechen, so wird, da

$$p = a + b + c + \ldots.$$

ist, auch nach § 18 dieselbe Gleichung für die entsprechenden Strecken gelten, also

$$p_1 = a_1 + b_1 + c_1 + \ldots.$$

sein, somit auch

$$a_1 = p_1 - b_1 - c_1 - \ldots.$$

Und dies statt a substituirt, hat man

$$q = p_1 + (b_2 - b_1) + (c_2 - c_1) + \ldots.$$

d. h. das fragliche Element ist aus dem Anfangselement durch Aenderungen, die mit p, b, c... gleichartig sind, erzeugbar, d. h. gehört dem durch p, b, c,... aus demselben Anfangselement erzeugten Systeme an. Es ist also die Identität beider Systeme bewiesen, und gezeigt, dass man statt jeder beliebigen der m das System ursprünglich erzeugenden Aenderungsweisen, jede beliebige neue einführen kann, sobald sie nur dem gegebenen Systeme angehört, und von den übrigen (beibehaltenen) unabhängig ist. Und da man dies Verfahren fortsetzen kann, so folgt, dass man dasselbe System durch je m unabhängige Aenderungsweisen desselben erzeugen kann oder

> „Jede Strecke eines Systems m-ter Stufe kann als Summe von m Strecken, welche m gegebenen unabhängigen Aenderungsweisen des Systems angehören, dargestellt werden, aber auch jedesmal nur auf eine Art."

Es ist somit das System unabhängig gemacht von der Auswahl der m unabhängigen Aenderungsweisen, wir haben es noch vom Anfangselemente unabhängig zu machen. Es sei das ursprünglich angenommene Anfangselement α, man mache statt dessen ein anderes Element des Systems β zum Anfangselement. Ist nun γ irgend ein drittes Element, so hat man

$$[\beta\gamma] = [\beta\alpha] + [\alpha\gamma]$$

Sind nun $[\beta\alpha]$ und $[\alpha\gamma]$ durch die angenommenen Aenderungsweisen darstellbar, so wird es auch $[\beta\gamma]$ als ihre Summe sein, d. h. jedes Element, was durch die angenommenen Aenderungsweisen aus α erzeugbar ist, ist auch durch dieselben aus jedem andern Elemente erzeugbar; also:

> „Jedes System m-ter Stufe kann erzeugt gedacht werden durch je m unabhängige Aenderungsweisen desselben aus jedem beliebigen Element desselben, d. h. aus Einem solchen Elemente können alle übrigen durch jene Aenderungsweisen erzeugt werden."

Hierdurch ist nun das System höherer Stufe als für sich bestehendes eigenthümliches Gebilde dargelegt.

§ 21. Ich schreite nun zu den Anwendungen und zwar zunächst auf die Geometrie, will jedoch zuvor versuchen, einen rein wissenschaftlichen Anfang für die Geometrie selbst und zwar unabhängig von unserer Wissenschaft wenigstens andeutungsweise zu entwerfen, um so die Uebereinstimmung und Abweichung in dem Gange beider Disciplinen desto besser zu übersehen. Ich behaupte nämlich, dass die Geometrie noch immer eines wissenschaftlichen Anfangs entbehre, und dass die Grundlage für das ganze Gebäude der Geometrie bisher an einem Gebrechen leide, welches einen gänzlichen Umbau desselben nothwendig mache. Wenn ich eine solche Behauptung aufstelle, welche den durch Jahrtausende geheiligten Bau umzustürzen droht, so darf ich das nicht, ohne dieselbe durch die entscheidendsten Gründe zu belegen. Das Gebrechen, dessen Vorhandensein ich nachweisen will, ist am leichtesten am Begriffe der Ebene zu erkennen. Wie dieselbe in den mir bekannt gewordenen Bearbeitungen der Geometrie definirt wird, so liegt dabei die Voraussetzung zu Grunde, dass eine gerade Linie, welche zwei Punkte mit der Ebene gemeinschaftlich habe, ganz in dieselbe falle; sei es nun, dass man dies stillschweigend annehme *), oder in die Definition der Ebene hineinlege, oder endlich als besonderen Grundsatz aufstelle. Das erstere zeigt sich sogleich als unwissenschaftlich; das zweite kann aber, wie ich sogleich zeigen werde, eben so wenig auf Wissenschaftlichkeit Anspruch machen. Denn es ist klar, dass die Ebene schon bestimmt ist, sei es als Gesammtheit der Parallelen, welche von einer Geraden nach einer nicht in derselben enthaltenen Richtung gezogen werden können, sei es als Gesammtheit der Geraden, welche von einem Punkt an eine Gerade gezogen werden können. Bleiben wir nun z. B. bei der ersten Bestimmung stehen, so ist klar, wie nun erst erwiesen werden muss, dass jede gerade Linie, welche zwei dieser Parallelen schneidet, auch die sämmtlichen übrigen schneiden müsse, ein Satz, welcher nicht ohne eine Reihe von Hülfssätzen erwiesen werden kann. Definirt man nun die Ebene etwa als Fläche, welche alle gerade Linien, die zwei Punkte mit ihr gemeinschaftlich haben, vollständig enthält, so leuchtet ein, wie man dadurch den vorher ausgesprochenen Satz, unter dieser Definition versteckt, in das Gebiet der Geometrie einschmuggelt; und eben so wenig, als es sich irgend ein Mathematiker gefallen lassen würde, wenn man den Beweis des Satzes, dass in Parallelogrammen die gegenüberstehenden Seiten gleich lang sind, dadurch vermeiden wollte, dass man das Parallelogramm als Viereck, dessen gegenüberliegende Seiten gleich und parallel sind, definirte; eben so wenig darf man es sich gefallen lassen, wenn der oben angeführte Satz durch eine solche Definition der Ebene unrechtmässiger Weise in die Geometrie ein-

*) So Euklid.

geführt wird. Es bliebe also, wenn man bei dem bisherigen Gange der Geometrie verharren wollte, nur übrig, jenen Satz zu einem Grundsatze umzustempeln. Allein wenn ein Grundsatz vermieden werden kann, ohne dass ein neuer eingeführt zu werden braucht, so muss dies geschehen, und wenn es eine gänzliche Umgestaltung der ganzen Wissenschaft herbeiführen sollte; weil durch ein solches Vermeiden die Wissenschaft nothwendig ihrem Wesen nach an Einfachheit gewinnt. Gehen wir nun von diesem Gebrechen aus, was wir nachgewiesen zu haben hoffen*), weiter zurück, um die Ursachen desselben aufzufinden; so liegen diese in der mangelhaften Auffassung der geometrischen Grundsätze. Zuerst muss es auffallen, wie neben wirklichen Grundsätzen, welche geometrische Anschauungen aussagen, häufig unter demselben Namen ganz abstrakte Sätze aufgeführt werden, wie: „sind zwei Grössen einer dritten gleich, so sind sie selbst einander gleich," und welche, wenn man einmal unter Grundsätzen vorausgesetzte Wahrheiten versteht, gar nicht diesen Namen verdienen. In der That glaube ich oben (§ **1**.) nachgewiesen zu haben, dass der so eben angeführte abstrakte Satz nur den Begriff des Gleichen ausdrücke, und dasselbe gilt auch von den übrigen abstrakten Sätzen, welche im wesentlichen darauf hinauslaufen, dass das aus dem Gleichen auf dieselbe Weise Erzeugte selbst gleich sei. Von diesem Vorwurfe der Vermischung von Grundsätzen mit vorausgesetzten Begriffen bleibt indessen Euklid selbst frei, welcher die erstern mit unter seine Forderungen (*αἰτήματα*) aufnahm, während er die letzteren als allgemeine Begriffe (*κοιναὶ ἔννοιαι*) aussonderte, ein Verfahren, welches schon von seinen Kommentatoren nicht mehr verstanden wurde, und auch bei neueren Mathematikern zum Schaden der Wissenschaft wenig Nachahmung gefunden hat. In der That kennen die abstrakten Disciplinen der Mathematik gar keine Grundsätze; sondern der erste Beweis geschieht in ihnen durch Aneinanderketten von Erklärungen, indem von keinem andern Fort-

*) Es könnte freilich sein, dass es eine Darstellung gebe, die den gerügten Mangel vermieden hätte, ohne mir bekannt geworden zu sein. Da indessen mit einer solchen Darstellung zugleich die Parallelentheorie, dies Kreuz der Mathematiker, müsste ins Reine gebracht sein, so konnte ich mit ziemlicher Gewissheit annehmen, dass es eine solche Darstellung noch nicht gebe.

schreitungsgesetze Gebrauch gemacht wird, als von dem allgemein logischen, dass nämlich, was von einer Reihe von Dingen in dem Sinne ausgesagt ist, dass es von jedem einzelnen derselben gelten soll, auch wirklich von jedem einzelnen, was jener Reihe angehört, ausgesagt werden kann. Und dies Fortschreitungsgesetz, was, wie man sieht, nur ein sich besinnen über das, was man mit dem allgemeinen Satze hat sagen wollen, enthält, als Grundsatz aufzustellen, wie es in der Logik missbrauchsweise geschieht, wenn es nicht gar erst in ihr bewiesen wird, kann keinem Mathematiker einfallen.

§ 22. In der Geometrie bleiben daher als Grundsätze nur übrig diejenigen Wahrheiten, welche der Anschauung des Raumes entnommen sind. Diese Grundsätze werden daher richtig gefasst sein, wenn sie in ihrer Gesammtheit die vollständige Anschauung des Raumes geben, und auch keiner aufgestellt wird, der nicht diese Anschauung vollenden hülfe. Hier zeigt sich nun die wahre Ursache des mangelhaften Anfanges der Geometrie in ihrer bisherigen Bearbeitung; nämlich theils werden Grundsätze übergangen, welche ursprüngliche Raumesanschauungen ausdrücken, und die dann nachher, wo ihre Anwendung erfordert wird, stillschweigend vorausgesetzt werden müssen, theils werden Grundsätze aufgestellt, die keine Grundanschauung des Raumes ausdrücken, und sich daher bei genauerer Betrachtung als überflüssig ergeben, und überall gewähren die Grundsätze in ihrer Gesammtheit den Eindruck eines Aggregats von möglichst klaren Sätzen, welche Behufs möglichst bequemer Beweisführung zusammengestellt sind. — Die Grundsätze der Geometrie, wie wir sie voraussetzen müssen, sagen vielmehr die Grundeigenschaften des Raumes aus, wie sie unserer Vorstellung ursprünglich mitgegeben sind, nämlich dessen Einfachheit und relative Beschränktheit. — Die Einfachheit des Raumes wird ausgesagt in dem Grundsatze:

> „Der Raum ist an allen Orten und nach allen Richtungen gleich beschaffen, d. h. an allen Orten und nach allen Richtungen können gleiche Konstruktionen vollzogen werden.“

Dieser Grundsatz zerfällt schon seinem Ausdruck nach in zwei Grundsätze, von denen der eine die Möglichkeit der Fortbewegung, der andere die Möglichkeit der Schwenkung setzt, nämlich:

1) „dass eine Gleichheit denkbar ist bei Verschiedenheit des Ortes,"

2) „dass eine Gleichheit denkbar ist bei Verschiedenheit der Richtung, und namentlich auch bei entgegengesetzter Richtung."

Nennen wir Konstruktionen, welche an verschiedenen Orten ganz auf dieselbe Weise erfolgen, sich also nur dem Orte nach unterscheiden, gleich und gleichläufig*), die, welche sich nur dem Orte und der Richtung nach unterscheiden, absolut gleich, und insbesondere die, welche nach entgegengesetzter Richtung auf dieselbe Weise, wenn auch an verschiedenen Orten, erfolgen, gleich und gegenläufig oder kurzweg entgegengesetzt, und halten dieselben Benennungen auch für die Resultate der Konstruktion fest, so können wir jene beiden Grundsätze, wenn wir aus dem zweiten noch den partiellen Satz herausheben, bestimmter so ausdrücken:

1) „Was durch gleiche und gleichläufige Konstruktionen erfolgt, ist wieder gleich und gleichläufig."

2) „Was durch entgegengesetzte Konstruktionen erfolgt, ist wieder entgegengesetzt."

3) „Was durch absolut gleiche Konstruktionen (wenn auch an verschiedenen Orten und nach verschiedenen Anfangsrichtungen) erfolgt, ist wieder absolut gleich."

Die beiden ersten von diesen drei Grundsätzen bilden die positive Voraussetzung für den Theil der Geometrie, der dem ersten unserer Wissenschaft entspricht. Die relative Beschränktheit des Raumes wird dargestellt durch den Grundsatz:

„Der Raum ist ein System dritter Stufe."

Dem Verständniss desselben müssen Erklärungen und Bestimmungen vorangehen, wie wir sie oben in der abstrakten Wissenschaft gegeben haben.

§ 23. Die unmittelbare Evidenz dieser Grundsätze und ihre Unentbehrlichkeit bietet sich wohl einem jeden sogleich dar, ohne

*) Wir schliessen uns hier mehr an die gewöhnliche Auffassungsweise an, indem wir nur dem Begriffe des Parallelen die bestimmteren des Gleichläufigen und Gegenläufigen (s. oben) substituiren; sonst wäre es angemessener gewesen, hierfür einen einfacheren Ausdruck, wie etwa „vollkommen gleich" einzuführen.

den ersten ist keine gerade Linie, ohne den zweiten keine Ebene*), ohne den dritten kein Winkel möglich, während der letzte den Raum selbst in seiner dreifachen Ausdehnung darstellt, und obgleich dieselben in den gewöhnlichen Darstellungen meist übergangen werden, so hält es doch nicht schwer, die Stellen nachzuweisen, wo von demselben stillschweigend Gebrauch gemacht wird. Dass dieselben ausreichen für die Geometrie, kann nur vollständig aus einander gelegt werden durch Entfaltung der Geometrie selbst aus diesem Keime heraus. Wir fahren jedoch hier fort in unserm mehr andeutenden als ausführenden Verfahren. Den Satz, dass zwischen zwei Punkten nur Eine gerade Linie möglich ist, oder, wie ihn Euklid ausdrückt, dass zwei gerade Linien nicht einen Raum (χωριον) umschliessen können, hier als Grundsatz übergangen zu sehen, mag auffallen. Doch liegt derselbe in dem richtig aufgefassten ersten Grundsatze, nämlich sollten zwei gerade Linien, welche einen P. gemeinschaftlich haben, noch einen zweiten P. gemeinschaftlich haben, so würde der Raum an diesem zweiten Punkt anders beschaffen sein, als in den andern, wenn die Linien nicht zugleich auch alle andern Punkte gemeinschaftlich hätten, also ganz in einander fielen. Sollte dieser Beweis, der sich übrigens bei einer wirklichen Ausführung der Wissenschaft viel strenger ausnehmen würde, zu sehr ein philosophisches Gepräge zu haben scheinen, so mag man den Satz für die mathematische Darstellung immerhin als partiellen Grundsatz aufstellen, wenn man sich nur seiner Zusammengehörigkeit mit jenem ersten Grundsatze bewusst bleibt**). Für die weitere Entwickelung bedienen wir uns hier, um zwei Grössen als gleich und gleichläufig zu bezeichnen, eines Zeichens (⧺), welches aus dem des Gleichen (=) und des Parallelen (||) kombinirt ist. — Wenn nun zwei Strecken AB und BC entgegengesetzt sind mit zwei andern DE und EF (vergl. Fig. 6.), so dass also

$$AB ⧺ ED, \quad BC ⧺ FE$$

---

*) S. unten.

**) Ueberhaupt ist die Zerspaltung in möglichst besondere Grundsätze der mathematischen Methode eigenthümlich und förderlich, vergl. auch Einleit. Nr. 13.

ist, so muss nach dem zweiten Grundsatze auch AC entgegengesetzt mit DF, d. h.

CA ⫩ DF

sein. Fällt also C auf D, so muss auch CA auf DF, also A auf F fallen, und die vier Strecken bilden ein Viereck ABCE. Also: „wenn von den vier stetig nach einander beschriebenen Seiten eines Vierecks zwei einander entgegengesetzt sind, so sind es auch die beiden andern *).“ Oder wenn ein beliebiges räumliches Gebilde, sich selbst parallel bleibend, so fortschreitet, dass Ein Punkt eine gerade Linie beschreibt, so beschreiben auch alle übrigen Punkte gerade Linien, welche mit der ersteren gleichläufig und gleich sind. Hieraus ergiebt sich leicht, dass, wenn zwei parallele Linien von einer dritten geschnitten werden, und man mit dieser dritten eine Parallele zieht, welche die eine jener parallelen Linien schneidet, sie auch die andere schneiden muss (und auf diese Weise ein Viereck bildet, in welchem die gegenüberstehenden Seiten gleich lang sind), oder allgemeiner: wenn man eine Ebene dadurch erzeugt, dass man von allen Punkten einer zu Grunde gelegten geraden Linie Parallele zieht; so wird jede gerade Linie, welche von einem Punkt der Ebene mit der zu Grunde gelegten Linie parallel gezogen wird, ganz in die Ebene fallen. Nennen wir die Richtung der zu Grunde gelegten Linie und die der von ihr aus gezogenen Parallelen die Grundrichtungen der Ebene, so können wir sagen, dass jede g. L., welche von einem P. der Ebene nach einer ihrer Grundrichtungen gezogen wird, ganz in dieselbe falle. Hieraus lässt sich endlich folgern, dass jede gerade Linie, welche zwei Punkte der Ebene verbindet, ganz in dieselbe fällt. Der Beweis kann ganz analog der Darstellung in der abstrakten Wissenschaft, wie sie in § 19 gegeben ist, geführt werden. Wenn nämlich auch hier aus einem Punkt der Ebene α ein anderer β derselben Ebene, durch die Fortbewegungen a und b, welche den

---

*) Hierbei ist immer festzuhalten, dass nach dem obigen unter entgegengesetzten Strecken immer gleiche, aber gegenläufige verstanden sind. Der Satz in der Form: „sind in einem Vierecke zwei Seiten parallel und gleich, so sind es auch die beiden andern,“ ist nicht mehr allgemein richtig, wenn man auch Vierecke mit sich schneidenden Seiten annimmt.

Grundrichtungen angehören, erzeugt wird, so kann man durch Wiederholung dieser und der entgegengesetzten Fortbewegungen, ganz eben so wie es in § 19. gezeigt war, eine unendliche Reihe von Punkten erzeugen, welche alle in Einer geraden Linie liegen und der gegebenen Ebene angehören; indem man dann β an α sich stetig anschliessen lässt, erhält man jene gerade Linie in ihrer Vollständigkeit, und indem man endlich den Begriff des Entsprechenden auf gleiche Weise wie dort anwendet, so kann man eine gerade Linie erzeugen, welche zwei beliebige in der Ebene gegebene Punkte verbindet und ganz in der Ebene liegt. Da nun zwischen zwei Punkten nur Eine gerade Linie möglich ist, so muss auch jede gerade Linie, welche zwei Punkte der Ebene verbindet, mit der vorher zwischen denselben Punkten erzeugten zusammenfallen, also auch ganz in die Ebene fallen. Diese Andeutungen mögen genügen, um einen vorläufigen Begriff zu geben von einem wissenschaftlichen Anfange der Geometrie.

§ 24. Wir schliessen hieran eine Reihe von geometrischen Aufgaben, welche sich durch die in diesem Kapitel gegebene Methode lösen lassen, und setzen dabei, ohne die Anwendung des Zirkels zu gestatten, nur voraus, dass man durch zwei Punkte, unter welchen auch ein unendlich entfernter sich befinden darf, eine gerade Linie, und durch drei Punkte, die nicht in gerader Linie liegen, eine Ebene zu legen vermöge. Indem wir sagen, dass im ersten Falle unter den beiden Punkten auch einer unendlich entfernt sein dürfe, so wollen wir damit die Forderung ausdrücken, mit einer gegebenen g. L. eine Parallele zu ziehen. Die genannten Forderungen sind überhaupt die einzigen, die wir für den Theil der Geometrie, welcher dem ersten Theile unserer Wissenschaft entspricht, aufstellen *).

*) Man pflegt die Forderung, mit einer gegebenen Linie eine Parallele zu ziehen, nicht mit unter die Postulate der Geometrie aufzunehmen; allein wir haben dieselbe nur anzusehen als einen speciellen Fall der Forderung, zwei P. durch eine g. L. zu verbinden. Will man diese Forderung nicht mit aufnehmen, so bleibt die Reihe von Sätzen und Aufgaben, welche sich bloss auf das Ziehen von g. L. beschränken, gänzlich unfruchtbar, indem man dann nicht einmal die Projektion übersehen kann, bei welcher ja endlich entfernte Punkte ins Unendliche rücken können und umgekehrt.

Aufg. 1. Eine Strecke AX zu zeichnen, welche einer gegebenen BC gleich und gleichläufig ist (vergl. Fig. 7).

Aufl. Man ziehe AD parallel BC und CE parallel BA, so ist der Durchschnittspunkt dieser beiden Linien der gesuchte Punkt X. Liegt ins besondere der Punkt A in der geraden Linie BC, so nehme man einen Punkt ausserhalb derselben D, mache nach dem so eben angegebenen Verfahren DE $\#$ BC und AF $\#$ DE, so ist F der gesuchte Punkt X.

Aufg. 2. Eine Strecke in beliebig viele gleiche Theile zu theilen. Die Auflösung kann vermittelst der in der vorigen Aufgabe gegebenen Konstruktion auf die gewöhnliche Auflösung zurückgeführt werden.

Aufg. 3. Den Punkt X zu finden, welcher der Gleichung [AX] = [BC] + [DE] genugt*) (vergl. Fig. 8).

Aufl. Man macht AF $\#$ BC und FG $\#$ DE, so ist G der gesuchte Punkt.

Aufg. 4. Den Punkt X zu finden, welcher der Gleichung [AX] = [BC] — [DE] genügt.

Für die folgenden Sätze und Aufgaben will ich ein Paar neue Benennungen einführen, welche zur Erleichterung der Ausdrucksweise wesentlich sind, nämlich unter der Abweichung des Punktes A von einem andern B verstehe ich die Strecke BA mit Festhaltung ihrer Richtung und Länge, und unter der Gesammtabweichung eines Punktes R von einer Punktreihe A, B, C,... verstehe ich die Summe der Abweichungen jenes Punktes von den einzelnen Punkten dieser Reihe, also die Summe [AR] + [BR] + [CR] + ..., wobei, wie sich von selbst versteht, der im Vorigen entwickelte Begriff der Summe zu Grunde gelegt ist. Hieraus ist von selbst klar, dass die Gesammtabweichung einer Punktreihe A, B, C... von einem Punkte R die Summe [RA] + [RB] + [RC] + ... darstelle. Nun kann ich aus einer Gleichung

1) .... [AB] + [CD] + [EF] + ... = 0,

---

*) Ich bediene mich hier der in der abstrakten Wissenschaft eingeführten Bezeichnung der Strecken, indem ich unter [AB] die Strecke mit festgehaltener Richtung und Länge bezeichne, weshalb hier das Gleichheitszeichen auch wieder das gewöhnliche ist.

indem ich statt [AB] nach dem allgemeinen Begriff der Summe (§ 19.) schreibe [AR] + [RB] oder [RB] — [RA], und eben so statt [CD] den Ausdruck [RD] — [RC] einführe u. s. w., und indem ich dann [RA], [RC], ... mit umgekehrtem Zeichen auf die andere Seite bringe, die Gleichung ableiten:

2) .... [RA] + [RC] + [RE] + ... = [RB] + [RD] + [RF] + ...,
wo beide Seiten gleich viel Glieder haben. Diese so einfache Umgestaltung führt direkt zu einer Reihe der schönsten und einfachsten Sätze, wenn man nur noch bedenkt, dass man aus der zweiten Gleichung durch das rückgängige Verfahren wieder die erste gewinnen kann. Nämlich erstens:

„Wenn die Gesammtabweichung eines Punktes R von einer Punktreihe, gleich der Gesammtabweichung desselben Punktes von einer andern Punktreihe ist, welche aber eben so viel Punkte enthält, wie jene erste: so gilt dasselbe auch für jeden andern Punkt, der statt R gesetzt werden mag, und es ist ferner die Summe der Strecken, welche von den Punkten der einen Reihe nach den entsprechenden der andern gezogen werden, gleich Null, wie man auch immer jene beiden Punktreihen als entsprechend setzen möge.“

Ferner:

„Wenn die Summe mehrerer (m) Strecken null ist, so bleibt die Summe auch null, wenn man die Anfangspunkte, oder auch die Endpunkte beliebig unter sich vertauscht (z. B. statt AB und CD setzt AD und CB), und zugleich ist die Gesammtabweichung der Endpunkte von jedem beliebigen Punkte R stets gleich der Gesammtabweichung der Anfangspunkte von demselben Punkte R.“

Als besondere Fälle dieser allgemeinen Sätze erscheinen die, wo einige Punkte oder alle Punkte der einen oder andern Reihe zusammenfallen. Fallen alle m Punkte der einen Reihe in einen Punkt S zusammen, so haben wir nun, da die Gesammtabweichung dieser m Punkte gleich der m-fachen Abweichung des einen Punktes S ist, die Sätze in folgender Gestalt:

„Wenn die Gesammtabweichung einer Reihe, welche m Punkte enthält, von einem Punkte R, gleich ist der m-fachen Abweichung eines Punktes S von demselben Punkt R, so gilt dasselbe auch in Bezug auf jeden andern Punkt, der statt R gesetzt werden mag, und die Gesammtabweichung jener Punktreihe von dem Punkte S ist null,"

und umgekehrt:

„Wenn die Gesammtabweichung eines Punktes S von einer Reihe von m Punkten null ist, so ist die Gesammtabweichung irgend eines Punktes R von jener Reihe gleich der m-fachen Abweichung desselben Punktes von S."

Aus dem letzten Satze folgt, dass es ausser dem Punkte S keinen andern gebe, welcher derselben Bedingung genüge; wir können ihn daher mit einem einfachen Namen bezeichnen, und nennen ihn die Mitte jener Punktreihe*). Es ist also unter der Mitte einer Punktreihe derjenige Punkt verstanden, dessen Gesammtabweichung von jener Reihe null ist. Aus dem ersten dieser beiden Sätze ergiebt sich eine höchst einfache Konstruktion der Mitte. Nämlich ist die Mitte zwischen m Punkten zu suchen, so ziehe man von irgend einem Punkte R die Strecken nach diesen Punkten, und mache RS gleich dem m-ten Theil von der Summe dieser Strecken (nach Aufg. 3 und 2), so ist S die Mitte. Lässt man bei allen früheren Sätzen noch einige Punkte zusammenfallen, so erhält man mehrfache Punkte, oder Punkte mit zugehörigen Koefficienten, und für sie gelten noch immer dieselben Sätze, z. B.: Sind m Punkte $A_1 \ldots . A_m$ mit den zugehörigen Koefficienten $\alpha_1 \ldots . \alpha_m$ und n Punkte $B_1 \ldots . B_n$ mit den zugehörigen Koefficienten $\beta_1 \ldots . \beta_n$ gegeben, und ist zugleich $\alpha_1 + \ldots . \alpha_m = \beta_1 + \ldots . \beta_n$, so wird immer, wenn die Gesammtabweichung des ersten Vereins von irgend einem Punkte R gleich der des zweiten von demselben Punkte, d. h.

$$\alpha_1[RA_1] + \ldots . + \alpha_m[RA_m] = \beta_1[RB_1] + \ldots . + \beta_n[RB_n]$$

ist, dasselbe auch gelten für jeden andern Punkt, der statt R gesetzt werden mag. — Und auf gleiche Weise könnten auch die übrigen Sätze umgestaltet werden. — Wir haben hier, um sogleich eine Uebersicht zu geben, vorgegriffen, indem wir den Begriff der

---

*) Ich habe mich über den Gebrauch dieses Namens statt des sonst üblichen des Centrums der mittleren Entfernungen schon anderweitig gerechtfertigt (Crelle's Journal für die reine u. angew. Mathematik Bd. XXIV.).

Zahl mit aufgenommen haben, von dem in der abstrakten Wissenschaft bisher noch nicht die Rede sein konnte.

§ 25. Die Anwendung unserer Wissenschaft auf die Statik und Mechanik ist vorzugsweise geeignet, die Bedeutung derselben ans Licht treten zu lassen. Betrachten wir zuerst, um das Ganze von Anfang an zu begründen, die Neutonschen Grundgesetze, so besteht das erste *) aus zwei ungleichartigen Theilen, deren ersterer, dass nämlich jeder ruhende Körper im Zustande der Ruhe bleibt, bis eine Kraft ihn in Bewegung setzt, in dem Begriffe der Kraft, als Ursache der Bewegung, liegt, während der andere Theil aussagt, dass jeder bewegte Körper, so lange keine Kräfte auf ihn einwirken, dieselbe Bewegung beibehält, d. h. dass er in gleichen Zeiten stets gleiche Strecken (im Sinne unserer Wissenschaft, also gleich lange und gleichläufige) beschreibt. Da diese fortgesetzte Bewegung als eine fortdauernde Kraft erscheint, so können wir dies Gesetz noch einfacher so ausdrücken:

> „Jede Einwirkung einer Kraft auf die Materie ist zugleich die Mittheilung einer sich selbst stets gleich bleibenden (d. h. gleich stark und parallel bleibenden) Kraft an dieselbe.“

Diese mitgetheilte und nach der Mittheilung der Materie einwohnende Kraft ist demnach wohl zu unterscheiden von der Kraft, welche auf die Materie einwirkt (ihren Sitz also anders wo hat). Das zweite Neuton'sche Grundgesetz **) enthält ebenfalls zwei ungleichartige Theile, und jeder derselben enthält eine Grundvoraussetzung, welche aber in dem Neutonschen Ausdrucke des Satzes etwas versteckt liegt. Nämlich ausser dem Zusammenhange betrachtet, scheint der Satz weiter nichts aussagen zu wollen, als dass, wenn verschiedene Kräfte auf dasselbe Theilchen wirkend gedacht werden, die mitgetheilten Bewegungen den Kräften proportional und gleichgerichtet seien; allein dies wäre kein Grund-

---

*) „Corpus omne perseverare in statu suo quiescendi vel movendi uniformiter in directum, nisi quatenus a viribus impressis cogitur statum illum mutare.“ New. phil. nat. princ. Lex. I.

**) „Mutationem motus proportionalem esse vi motrici impressae et fieri secundum lineam rectam, qua vis illa imprimitur.“

gesetz, sondern bloss die Anwendung des Begriffs der Kraft, indem die Kraft als supponirte Ursache der Bewegung, nur durch diese bestimmt und gemessen werden kann. Aber dass dies auch nicht der Sinn jenes Satzes sein soll, ergiebt sich aus dem Zusammenhange, und es zeigt sich, dass derselbe eines Theils aussagen soll, wie dieselbe Kraft auf verschiedene Massen wirkt, und andern Theils, wie dieselbe Kraft auf denselben Körper in verschiedenen Zuständen seiner Bewegung wirkt, d. h. wie die einwirkende Kraft sich mit einer andern, die dem Körper schon einwohnt, verbindet. Dies letztere wird so ausgedrückt, dass dann die Veränderung der Bewegung in der Richtung, in welcher die Kraft wirkt, und ihr proportional erfolge. Fasst man diesen Begriff der Veränderung der einwohnenden Kraft durch die hinzutretende genauer auf, so ist er nichts anderes, als was wir unter der Addition verstanden, sobald wir uns die Kräfte als Strecken vorstellen. Wir fassen daher diesen Theil des Grundgesetzes besser so auf:

„Zwei demselben Punkte mitgetheilten Kräfte summiren sich."
Der andere Theil jenes Gesetzes verwandelt sich, wenn wir das ausscheiden, was schon im Begriff der Kraft liegt, oder aus ihm gefolgert werden kann, in das Grundgesetz:

> „Zwei materielle Theilchen, welche von irgend einer bewegenden Kraft gleiche Einwirkungen erleiden, erleiden auch durch jede andere bewegende Kraft gleiche Einwirkungen."

Zwei solche Theilchen, die wir uns als Punkte, oder als Theile von unendlich kleiner Ausdehnung vorstellen können, nennen wir dann an Masse gleich. Dass dies Gesetz die eigentliche Grundlage ist von jenem Theil des Neutonschen Grundgesetzes, würde sich durch eine genaue Analyse desselben leicht ergeben, der Nachweis würde mich jedoch hier zu weit führen. Doch ist es wichtig, zu bemerken, wie wir hierdurch zu einem bestimmten und allgemeinen Mass der Kräfte gelangen, indem wir die Kraft gleich setzen können der Strecke, welche ein materielles Theilchen, dessen Masse als Einheit der Massen zu Grunde gelegt ist, in der Zeiteinheit beschreibt, wenn jene Kraft ihm dauernd einwohnt, d. h. die Kraft, welche der Masseneinheit einwohnt, ist gleich ihrer Geschwindigkeit. Das dritte Neutonsche Grundgesetz endlich, von der Gleichheit der Wirkung und Gegenwirkung*), können wir so ausdrücken:

> „Wenn zwei Theilchen von gleicher Masse auf einander wirken, so bleibt die Summe ihrer Bewegungen stets dieselbe, als wenn sie nicht auf einander wirkten.“

Es ist übrigens klar, wie die vier so eben dargestellten Gesetze von der Beharrung, der Summation der Kräfte, der gleichen Masse und der gegenseitigen Einwirkung ins Gesammt nur Ein Hauptgesetz darstellen, nämlich, dass die Kräfte sich in ihrer Gesammtheit erhalten. Das Beharrungsgesetz sagt die Erhaltung der einzelnen Kraft an dem einzelnen Theilchen aus, das Summationsgesetz die Erhaltung zweier Kräfte an dem einzelnen Theilchen in ihrer Summe, das letzte die Erhaltung der Gesammtkraft bei gegenseitiger Einwirkung, welches wiederum schon das dritte voraussetzt; denn das dritte lehrt, indem es den Begriff der Masse begründet, die Gesammtkraft eines Vereins von Punkten durch Addition der Kräfte, welche die einzelnen an Masse gleichen Punkte erfahren, finden.

§ 26. Daher können wir durch Kombination dieser Sätze sogleich den allgemeinen Satz aufstellen:

> „Die Gesammtkraft (oder die Gesammtbewegung), die einem Verein von materiellen Theilchen zu irgend einer Zeit einwohnt, ist die Summe aus der Gesammtkraft (oder der Gesammtbewegung), die ihm zu irgend einer früherer Zeit einwohnte, und den sämmtlichen Kräften, die ihm in der Zwischenzeit von aussen mitgetheilt sind; wenn nämlich alle Kräfte als Strecken aufgefasst werden von konstanter Richtung und Länge, und auf an Masse gleiche Punkte bezogen werden.“

Die einwohnende Kraft und die einwohnende Bewegung sind nämlich nach dem vorigen § identisch. Der Beweis dieses Satzes liegt in den Grundgesetzen, wie wir sie vermittelst der Begriffe unserer Wissenschaft umgestaltet haben, vollständig vorbereitet. Jede einzelne Kraft erhält sich, jede neu einwirkende Kraft summirt sich, und die gegenseitigen Kräfte je zweier P. von gleicher Masse än-

*) Actioni contrariam semper et aequalem esse reactionem, sive corporum duorum actiones in se mutuo semper esse aequales et in partes contrarias dirigi.

dern die Gesammtkraft beider Punkte nicht, also ändern auch die sämmtlichen gegenseitigen Kräfte des ganzen Punktvereins die Gesammtkraft desselben nicht. Eine specielle Folgerung dieses Satzes ist die, dass, so lange keine Kraft von aussen hinzutritt, die Gesammtkraft, oder die Gesammtbewegung, die dem Verein einwohnt, konstant bleibt. Ist p die Gesammtkraft, die einem Verein von m an Masse gleichen Punkten, deren Masse wir als Einheit zu Grunde legen, zu irgend einer Zeit einwohnt, und $\alpha_1 \ldots\ldots \alpha_m$ sind die Lagen dieser Punkte zur jener Zeit, und $\beta_1 \ldots\ldots \beta_m$ sind die Lagen, worin dieselben nach Verlauf einer Zeiteinheit übergehen würden, wenn die Gesammtkraft konstant bliebe, so haben wir die Gleichung

$$1) \ldots\ldots [\alpha_1\beta_1] + \ldots\ldots + [\alpha_m\beta_m] = p.$$

Wir wollen nun alles auf einen Punkt des Systems beziehen, den wir aber vorläufig noch ganz unbestimmt lassen, und nachher so bestimmen wollen, dass seine Bewegung sich vollständig ergiebt. Es habe dieser Punkt zu jener Zeit die Lage α; bei konstanter Gesammtkraft gehe nach einer Zeiteinheit α in β über, so hat man

$$[\alpha_1\beta_1] = [\alpha_1\alpha] + [\alpha\beta] + [\beta\beta_1]$$

nach der allgemeinen Definition der Summe. Da nun, wenn man auf diese Weise in alle Glieder der Gleichung (1) substituirt, $[\alpha\beta]$ selbst m-mal vorkommt, so erhält man

$$2) \ldots \big([\alpha_1\alpha] + \ldots [\alpha_m\alpha]\big) + m[\alpha\beta] + \big([\beta\beta_1] + \ldots [\beta\beta_m]\big) = p.$$

Bestimmen wir nun den Punkt α als Mitte der Punkte $\alpha_1 \ldots \alpha_m$ und β als Mitte von $\beta_1 \ldots \beta_m$, so fallen die Summenglieder weg, weil die Gesammtabweichung einer Punktreihe von ihrer Mitte nach § 24 null ist, und man hat

$$3) \ldots m[\alpha\beta] = p \text{ oder } [\alpha\beta] = \frac{p}{m}$$

d. h., wenn wir statt des Namens der Mitte den in der Statik üblichen des Schwerpunktes einführen, und m die Masse des ganzen Vereins nennen:

„Der Weg, den der Schwerpunkt in der Zeiteinheit beschreiben würde, wenn die dem Verein einwohnende Gesammtkraft während derselben konstant bliebe — oder kürzer ausgedrückt, die Geschwindigkeit des Schwerpunktes — ist gleich der Gesammtkraft dividirt durch die Masse.“

Da nun dieselbe Gleichung (3) auch statt finden würde, wenn

sämmtliche m Punkte in einem Punkte vereinigt wären, so kann man sagen:

„Die Bewegung des Schwerpunktes eines Systems ist dieselbe, als ob die gesammte Masse ihm einwohnte, und sämmtliche Kräfte, die auf das System wirken, auf ihn allein einwirkten."

§ 27. Mit dieser so höchst einfachen Beweisführung ist alles dargestellt, was in den bisherigen Lehrbüchern der Mechanik vermittelst weitläuftiger Rechnungsapparate abgeleitet wird, und was wir z. B. in *La Grange mec. an. p.* 45—48 und 257—262 der letzten Ausgabe entwickelt finden. — Und unsere Entwickelung würde noch einfacher ausgefallen sein, wenn wir uns der in den folgenden Kapiteln entwickelten Begriffe und Rechnungsgesetze hätten bedienen können. Aber der wesentlichste Vorzug unserer Methode ist nicht der der Kürze, sondern vielmehr der, dass jeder Fortschritt in der Rechnung zugleich der reine Ausdruck des begrifflichen Fortschreitens ist, während bei der bisherigen Methode der Begriff durch Einführung dreier willkührlicher Koordinatenaxen gänzlich in den Hintergrund gestellt wird. Und ich kann hoffen, schon durch die hier gegebene Entwickelung diesen Vorzug der neuen Analyse zur Anschauung gebracht zu haben, obgleich derselbe bei jedem Fortschritt in unserer Wissenschaft in ein immer helleres Licht treten wird, und erst nach Vollendung des Ganzen in seiner vollen Klarheit hervortreten kann.

Zweites Kapitel.

Die äussere Multiplikation der Strecken.

§ 28. Wir gehen zuerst von der Geometrie aus, um aus ihr die Analogie zu gewinnen, nach welcher die abstrakte Wissenschaft fortschreiten muss, und sogleich eine anschauliche Idee vor Augen zu haben, welche uns durch die unbekannten und oft beschwerlichen Wege der abstrakten Entwickelung geleite. Wir gelangen von der Strecke zu einem räumlichen Gebilde höherer Stufe, wenn wir die ganze Strecke, d. h. jeden Punkt derselben eine neue der ersteren ungleichartigen Strecke beschreiben lassen, so dass also alle Punkte eine gleiche Strecke konstruiren. Der so erzeugte Flächenraum hat die Gestalt einer Spathecks (Parallelogramms). Setzen wir nun zwei solche Flächenräume, die derselben Ebene angehören, als gleich bezeichnet, wenn man beim Uebergang aus der Richtung der bewegten Strecke in die Richtung der durch die Bewegung konstruirten, beidemale nach derselben Seite hin (z. B. beidemale nach links hin) abbiegen muss, als ungleich bezeichnet, wenn nach entgegengesetzter, so ergiebt sich sogleich nachstehendes eben so einfache als allgemeine Gesetz:

> „Wenn in der Ebene eine Strecke sich nach einander um beliebige Strecken fortbewegt, so ist der gesammte dadurch beschriebene Flächenraum (wenn man die Vorzeichen der einzelnen Flächentheile in der angegebenen Weise setzt) eben so gross, als ob sie sich um die Summe jener Strecken fortbewegt hätte."

Oder

> „Wenn in der Ebene eine Strecke sich zwischen zwei festen Parallelen fortbewegt, so dass sie zu Anfang in der einen, zuletzt in der andern liegt, so ist der dadurch erzeugte gesammte Flächenraum stets gleich gross, auf welchem (geraden oder gebrochenen) Wege sie sich auch dahin bewegt haben mag, so bald man nur das angenommene Zeichengesetz festhält."

Dieser Satz folgt unmittelbar aus dem bekannten Satze, dass Parallelogramme, die von derselben Grundseite aus bis nach derselben Parallele hin sich erstrecken, gleichen Flächenraum haben. Wie hieraus jener Satz hervorgeht, ergiebt sich leicht aus der Figur (vergl. Fig. 9.). Betrachtet man nämlich zuerst die unendlichen geraden Linien ab und cd als die festen Parallelen, und vergleicht die Flächenräume, welche entstehen, wenn sich ab einerseits um die Strecke ac, andererseits um die gebrochene Linie aec bewegt, so ist der Anblick der Figur hinreichend, um sich vermittelst des angeführten Satzes von deren Gleichheit zu überzeugen. Aber ebenso wenn man die Parallelen ab und ef als die festen betrachtet, und die Flächenräume vergleicht, welche entstehen, wenn sich ab einestheils um ae, anderntheils um ac und dann um ce fortbewegt, so überzeugt man sich leicht von der Richtigkeit des obigen Satzes auch für diesen Fall, wenn man nur festhält, dass die Flächenräume, welche durch Bewegung der Strecke ab nach den Richtungen ac und ce entstehen, entgegengesetzt bezeichnet sind, zu ihrer Summe also den Unterschied der absoluten Flächenräume haben. Daraus fliesst dann durch wiederholte Anwendung der zu erweisende Satz.

§ 29. Es ist an sich klar, dass die angeführten Sätze (aus denselben Gründen) auch gelten, wenn man in den Spathecken, aber dann auch in allen gleichzeitig, die bewegte Seite und die die Bewegung messende gegen einander austauscht. Also hat man den Satz:

> „Der Flächenraum, den in der Ebene eine gebrochene Linie beschreibt, ist gleich dem der geraden Linie, welche mit jener gleichen Anfangspunkt und Endpunkt hat"

oder:

> „Der gesammte Flächenraum, den in einer Ebene die Seiten einer geschlossenen Figur bei ihrer Fortbewegung beschreiben, ist allemal null."

Aus den Sätzen dieses und des vorigen § folgt, vermittelst der in der allgemeinen Formenlehre § 9. entwickelten Begriffe, dass diejenige Verknüpfung der beiden Strecken a und b, deren Ergebniss der durch die Bewegung der ersten um die zweite erzeugte Flächenraum ist, eine multiplikative sei, weil, wie sich sogleich zeigt, diejenige Beziehung zur Addition für sie gilt, welche eine Verknüpfung als multiplikative bestimmt. Nämlich wählen wir für den Augenblick noch das allgemeine Verknüpfungszeichen ($\frown$) zur Bezeichnung jener Verknüpfungsweise, und schreiben die bewegte Strecke voran, so hat man nach dem vorigen §

$$a \frown (b + c) = a \frown b + a \frown c$$

und nach den Sätzen dieses §

$$(b + c) \frown a = b \frown a + c \frown a.$$

Und dies waren nach § 9. die Beziehungen, welche eine Verknüpfung als multiplikative bestimmen. Die besondere Eigenthümlichkeit dieser Multiplikation und die darauf begründete Benennungs- und Bezeichnungsweise wollen wir in der streng wissenschaftlichen Darstellung angeben.

§ 30. In der hier dargestellten Beziehung liegt die beredteste

Rechtfertigung des von uns im vorigen Kapitel aufgestellten Additionsbegriffes. In der That, wenn man eine Gleichung hat, deren Glieder Strecken in derselben Ebene, aber von ungleicher Richtung sind, und welche nicht mehr gilt, wenn man statt der Strecken ihre Längen setzt, und so die Gleichung zu einer algebraischen macht, so können wir diese scheinbare Disharmonie zwischen geometrischen und algebraischen Gleichungen sogleich aufheben, wenn wir das ganze System jener Strecken in derselben Ebene fortbewegen, und die dadurch entstehenden Flächenräume in die Gleichung einführen, oder anders ausgedrückt, wenn wir die Gleichung mit einer Strecke derselben Ebene multipliciren. Für die so entstehenden Flächenräume gilt nun, wie wir so eben nachwiesen, die angenommene Gleichung auch in algebraischer Weise, sobald man nur das angegebene Zeichengesetz beobachtet. Auch ist klar, dass erst jetzt, da die Flächenräume als Theile derselben Ebene einander gleichartig geworden sind, der Begriff der algebraischen Addition anwendbar sein kann. Jene scheinbare Disharmonie besteht indessen noch fort, wenn die Strecken nicht alle in einer Ebene lagen, eben weil dann die durch Fortbewegung entstandenen Flächenräume auch verschiedenen Ebenen angehören, und also selbst noch als verschiedenartig angesehen werden müssen. Offenbar wird diese Verschiedenartigkeit nun aber aufgehoben, wenn man die Gesammtheit jener Flächenräume noch nach einer andern Richtung bewegt, und die dadurch entstehenden Körperräume betrachtet, da diese, als demselben Einen unendlichen Raume angehörig, einander gleichartig sind. Und man übersieht leicht genug, dass, wenn man von der Gleichheit der Spathe (Parallelepipeda) *), welche zwischen denselben parallelen Ebenen liegen, ausgeht, man auf gleiche Weise für sie, wie vorher für die Spathecke (Parallelogramme), die algebraische Gültigkeit der auf die angegebene Weise entstandenen Gleichungen beweisen, und überhaupt die den obigen entsprechenden Sätze aufstellen kann. Nachdem wir so den Begriff der Multiplikation für die Geometrie zur Anschauung gebracht haben, so können wir nun zu unserer Wissenschaft zurückkehren,

---

*) Der Ausdruck Spath statt Parallelepidum bedarf wohl kaum einer Rechtfertigung, aus ihm ist der Name Spatheck hergeleitet.

um in ihr den rein abstrakten, von aller Betrachtung des Raumes unabhängigen Weg zu verfolgen.

§ 31. Im ersten Kapitel betrachteten wir die Ausdehnungen, wie sie durch einfache Erzeugung aus dem Elemente hervorgingen; und die Verknüpfung dieser Ausdehnungen, sofern dadurch wieder Ausdehnungen derselben Gattung, d. h. solche, die ihrerseits wieder durch einfache Erzeugung aus dem Elemente ableitbar sind, entstanden, haben wir vollständig der Betrachtung unterworfen, und nachgewiesen, dass dieselbe als Addition oder Subtraktion aufzufassen sei. Die weitere Entwickelung fordert also die Erzeugung neuer Gattungen der Ausdehnung. Die Art dieser Erzeugung ergiebt sich sogleich analog der Art, wie aus dem Elemente die Ausdehnung erster Stufe erzeugt wurde, indem man nun auf gleiche Weise die sämmtlichen Elemente einer Strecke wiederum einer andern Erzeugung unterwerfen kann; und zwar fordert die Einfachheit der neu zu erzeugenden Grösse die Gleichheit der Erzeugungsweise für alle Elemente, d. h. dass alle Elemente jener Strecke a eine gleiche Strecke b beschreiben. Die eine Strecke a erscheint hier als die erzeugende, die andere b als das Mass der Erzeugung, und das Ergebniss der Erzeugung ist, wenn a und b ungleichartig sind, ein Theil des durch a und b bestimmten Systemes zweiter Stufe, muss also als Ausdehnung zweiter Stufe aufgefasst werden. Wollen wir nun, wie es der Gang der Wissenschaft fordert, dass die Ausdehnung zweiter Stufe zu dem System zweiter Stufe dieselbe Beziehung haben soll, wie die Ausdehnung erster Stufe zu dem System erster Stufe, so muss zuerst das System zweiter Stufe als ein einfaches, d. h. aus gleichartigen Theilen bestehendes angesehen, und in diesem Sinne die Ausdehnung zweiter Stufe als Theil dieses Systems und als wieder Theile desselben in sich enthaltend aufgefasst werden, woraus denn folgt, dass zwei Ausdehnungen zweiter Stufe, welche demselben Systeme zweiter Stufe angehören, als gleichartig erscheinen und daher, wenn sie in demselben Sinne erzeugt sind, zur Summe die Vereinigung beider zu Einem Ganzen haben. Wir bezeichnen nun das auf diese Weise aus a und b entstandene Erzeugniss vorläufig, nämlich so lange, bis wir die Art dieser Verknüpfung näher bestimmt haben, mit $a \frown b$, und verstehen vorläufig „unter $a \frown b$, wo a und b Strecken sind, diejenige Ausdehnung, welche erzeugt wird, wenn jedes Element von a die Strecke b erzeugt, und zwar diese Ausdehnung als ein den übrigen gleichartiger Theil des Systemes zweiter Stufe aufgefasst." Diese Definition dehnen wir nun auf beliebig viele Glieder aus, und verstehen vorläufig: „unter $a \frown b \frown c$.., wo a, b, c... beliebig viele, etwa n, Strecken sind, diejenige Ausdehnung, welche entsteht, wenn jedes Element von a die Strecke b erzeugt, jedes der so entstandenen Elemente die Strecke c erzeugt u. s. w., und zwar diese Ausdehnung als allen übrigen Theilen desselben Systemes n-ter Stufe gleichartig gesetzt. Wir nennen die so erzeugte Ausdehnung eine Ausdehnung n-ter Stufe."

§ 32. Da die Ausdehnungen n-ter Stufe, sofern sie demselben Systeme n-ter Stufe angehören, einander gleichartig gesetzt wurden, so gilt für sie der Begriff, den wir in § 8 für die Summe des Gleichartigen aufgestellt haben, dass sie namlich, wenn das Gleichartige auch in gleichem (nicht entgegengesetztem) Sinne erzeugt ist, das Ganze sei, zu dem jene gleichartigen Summanden die Theile bilden. Somit gelten auch sämmtliche Gesetze der Addition und Subtraktion für diese Verknüpfung der gleichartigen Ausdehnungen. Um daher die Beziehung der im vorigen Paragraphen dargestellten neuen Verknüpfungsweise zur Addition aufzufassen, werden wir zunächst die Addition gleichartiger Grössen in Betracht ziehen. Es ergiebt sich hier unmittelbar, wenn A und A_1 zwei gleichartige und zwar auch in gleichem Sinne erzeugte Ausdehnungsgrössen von beliebiger Stufe sind, und b eine Strecke darstellt, dass allemal

$$(A+A_1) \frown b = A \frown b + A_1 \frown b$$

ist, wo auch wiederum $A \frown b$ und $A_1 \frown b$ gleichartig sind, und wo das Verknüpfungszeichen die neue Verknüpfungsweise darstellen soll. Da nämlich $(A+A_1)$ das Ganze ist aus A und A_1, so bedeutet $(A+A_1) \frown b$ die Gesammtheit der Elemente, welche entstehen, wenn jedes Element von A und von A_1 die Strecke b erzeugt, oder, was dasselbe bedeutet, wenn jedes Element von A die Strecke b erzeugt und ebenso jedes Element von A_1, d. h.: es ist gleich $A \frown b + A_1 \frown b$. Ebenso folgt aber auch, dass

$$A \frown (b+b_1) = A \frown b + A \frown b_1$$

ist, wenn b und b_1 in gleichem Sinne erzeugt sind. Denn $A \frown (b+b_1)$

bedeutet die Gesammtheit der Elemente, welche hervorgehen, wenn jedes Element von A die Strecke $(b+b_1)$ erzeugt, d. h. wenn jedes Element von A zuerst die Strecke b erzeugt, und dann jedes der um b geänderten Elemente von A die Strecke b_1 erzeugt. Wenn zuerst jedes Element von A die Strecke b erzeugt, so ist die Gesammtheit der so erzeugten Elemente $A \frown b$; alsdann soll jedes der Elemente von A, nachdem es sich um b geändert hat, die Strecke b_1 erzeugen. Nun haben wir aber in § 20 gezeigt, dass, wenn alle Elemente einer Strecke sich um gleich viel ändern, die so hervorgehende Strecke der ersteren gleich sei. Dasselbe werden wir nun auch auf Ausdehnungen beliebiger Stufen übertragen können, da diese nämlich als Verknüpfungen von Strecken dargestellt sind, also als gleich betrachtet werden müssen, wenn die Strecken es sind, durch deren Verknüpfung sie gebildet sind. Also wird die Ausdehnungsgrösse A, nachdem sich alle ihre Elemente um b geändert haben, noch sich selbst gleich geblieben sein. Wenn also alle Elemente von A, nachdem sie sich um b geändert haben, die Strecke b_1 erzeugen, so wird dieselbe Ausdehnungsgrösse hervorgehen, als wenn alle Elemente von A unmittelbar die Strecke b_1 erzeugt hätten, d. h. es wird die Ausdehnungsgrösse $A \frown b_1$ hervorgehen. Also werden im Ganzen die Ausdehnungen $A \frown b$ und $A \frown b_1$ erzeugt, und ihre Gesammtheit wird gleich $A \frown (b+b_1)$ sein, d. h.

$$A \frown (b+b_1) = A \frown b + A \frown b_1.$$

Es ist klar, dass man durch wiederholte Anwendung dieses Beziehungsgesetzes dasselbe auf beliebig viele Faktoren ausdehnen kann. Da dies Gesetz nach § 10 das Grundgesetz der Multiplikation ist, so werden wir sagen, die neue Verknüpfungsweise habe zur Addition des in gleichem Sinne erzeugten die multiplikative Beziehung, somit werden auch alle daraus abgeleiteten Gesetze (§ 10) hier gelten, und namentlich das Grundgesetz auch bestehen bleiben, wenn einige der Grössen negativ, also mit den positiven in entgegengesetztem Sinne erzeugt sind. Nun haben wir das in gleichem und das in entgegengesetztem Sinne erzeugte unter dem Namen des Gleichartigen zusammengefasst (§ 8), und werden also sagen können, unsere Verknüpfungsweise habe überhaupt zur Addition des Gleichartigen die Beziehung, welche der Multiplikation im

Verhältniss zur Addition zukomme *). Hiermit ist nun unsere Verknüpfung nach § 12 als Multiplikation nachgewiesen, und wir führen daher für sie auch sogleich die multiplikative Bezeichnung ein. Es ergiebt sich nun unmittelbar aus dem im vorigen § gegebenen Begriffe dieser Verknüpfungsweise, „dass ein Produkt, in welchem zwei Faktoren gleichartig, oder überhaupt in welchem die n Faktoren von einander abhängig sind, d. h. einem System von niederer Stufe als der n-ten angehören, als null zu betrachten ist;" hierzu gehört auch der Fall, wo einer der Faktoren null ist, sofern einerseits die Null immer als abhängig gedacht werden kann, andererseits das mit ihr gebildete Produkt null ist. Aber auch umgekehrt folgt, „dass, wenn die Faktoren von einander unabhängig sind, das Produkt immer einen geltenden Werth habe," indem es dann einen bestimmten Theil jenes Systemes n-ter Stufe darstellt. Es bleibt uns nur noch übrig, zu zeigen, dass jene Beziehung auch für die Addition ungleichartiger Strecken gültig sei. Dies darzuthun, soll nun die Aufgabe der folgenden Paragraphen sein.

§ 33. Diese allgemeine Beziehung beruht bei zwei Faktoren wesentlich auf dem Satze, dass wenn b und b_1 gleichartige Strecken sind,

$$(a+b_1).b=a.b, \text{ und } b.(a+b_1)=b.a$$

sei. Es sei, um dies zu erweisen, $a=[\alpha\beta]$, wo α und β Elemente sind (vergl. Fig. 10), und $b_1=[\beta\gamma]$ also $a+b_1=[\alpha\gamma]$ nach der Definition der Summe (§ 19). Ferner sei

$$b=[\alpha\alpha']=[\beta\beta']=[\gamma\gamma'].$$

Nach dieser Bezeichnung ist nun die Ausdehnung $[\alpha\beta\beta'\alpha']$, wenn wir darunter die von den Strecken $\alpha\beta$, $\beta\beta'$, $\beta'\alpha'$, $\alpha'\alpha$ begränzte Ausdehnung verstehen, gleich a.b und die Ausdehnung $[\alpha\gamma\gamma'\alpha']$ gleich $[\alpha\gamma].b$, d. h. gleich $(a+b_1).b$ und die Gleichheit dieser beiden Ausdehnungen bleibt also zu erweisen. Vermöge der vorausgesetzten Gleichartigkeit von b und b_1 sind β, γ, β', γ' Elemente desselben Systemes erster Stufe, und wenn wir zunächst voraussetzen, dass b und b_1 auch in gleichem Sinne erzeugt sind

*) Vergl. hier überall § 12, wo das gleiche Eingehen der Theile in die Verknüpfung zum Princip der Entwickelung gemacht ist.

(§ 8), so ist $[\beta\gamma]$ in gleichem Sinne erzeugt mit $[\gamma\gamma']$, d. h. γ liegt zwischen β und γ' *), und ebenso ist $[\beta\beta']$ in gleichem Sinne erzeugt mit $[\beta'\gamma']$, weil nämlich dies letztere nach § 20 gleich $[\beta\gamma]$ ist, also liegt auch β' zwischen denselben beiden Elementen β und γ', und diese letztern sind also die äussersten von den genannten vieren. Daraus folgt, dass

$$[\alpha\beta\beta'\alpha'] = [\alpha\beta\gamma'\alpha'] - [\alpha'\beta'\gamma']$$

und

$$[\alpha\gamma\gamma'\alpha'] = [\alpha\beta\gamma'\alpha'] - [\alpha\beta\gamma]$$

sei. Nun sind aber die Ausdehnungen $\alpha\beta\gamma$ und $\alpha'\beta'\gamma'$ einander gleich, weil die letztere aus der ersteren durch Aenderung aller Elemente um die Strecke b hervorgeht, und dabei nach § 20 alle Strecken gleich bleiben, also auch die Ausdehnungen zweiter Stufe, indem jede solche nur eine Gesammtheit von Strecken darstellt. Somit werden auch die Ausdehnungen $[\alpha\beta\beta'\alpha']$ und $[\alpha\gamma\gamma'\alpha']$ einander gleich sein, da sie aus dem Gleichen auf dieselbe Weise entstanden sind; d. h.

$$a . b = (a + b_1) . b \text{ **)}.$$

Dieser Beweis ist zunächst nur fur den Fall geführt, dass b und b_1 in gleichem Sinne erzeugt sind; um die Gültigkeit desselben Gesetzes auch für den Fall der in entgegengesetztem Sinne erfolgten Erzeugung darzuthun, sei $a + b_1 = c$, so ist $a = c - b_1$ und wir erhalten

$$c . b = (c - b_1) . b \text{ oder } = \big(c + (-b_1)\big) . b,$$

d. h. das eben dargestellte Gesetz gilt auch, wenn die eben durch b und b_1 bezeichneten Strecken in entgegengesetztem Sinne erzeugt sind, also überhaupt, wenn sie gleichartig sind. Ganz genau auf dieselbe Weise folgt nun auch, dass, wenn b und b_1 gleichartig sind, auch

$$b . (a + b_1) = b . a$$

sei. Ist hier a gleich null, so hat man $b . b_1$ gleich null; d. h. das Produkt zweier gleichartiger Strecken ist null, wie dies auch aus dem Begriff unmittelbar hervorgeht.

---

*) Die Bedeutung des hier gebrauchten bildlichen Ausdrucks in der abstrakten Wissenschaft ist wohl an sich klar.

**) Es ist leicht zu sehen, dass dies nur der auf die abstrakte Wissenschaft übertragene Beweis für den entsprechenden geometrischen Satz ist.

§ 34. Dasselbe lässt sich nun auch erweisen, wenn in einem Produkte aus mehreren Faktoren irgend zwei auf einander folgende Faktoren auf die angegebene Weise zerstückt sind. Nämlich da das Gleiche mit dem Gleichen auf dieselbe Weise verknüpft wieder Gleiches giebt (§ 1), so muss auch, wenn P irgend eine Faktorenreihe bezeichnet

$$(a+b_1).P=a.b.P$$

sein. Demnächst lässt sich zeigen, dass bei Vertauschung der Faktoren der absolute Werth derselbe bleibt. Nämlich a.b.c.... bedeutet die Ausdehnung, welche aus einem als Ursprungselement gesetzten Elemente dadurch hervorgeht, dass dasselbe zuerst die Strecke a erzeugt, dann jedes Element dieser Strecke die Strecke b, dann jedes so entstandene Element die Strecke c erzeugt u. s. w. Alle Elemente der so gebildeten Ausdehnung gehen somit aus dem angenommenen Ursprungselemente durch Aenderungen hervor, welche mit a, b, c, ... gleichartig sind, aber deren Grösse nicht überschreiten, und die Gesammtheit der so erzeugbaren Elemente ist eben jene Ausdehnung. Da es nun auch für's Resultat gleichgültig ist, in welcher Reihenfolge diese Aenderungen sich an einander schliessen (§ 17), so wird man von demselben Ursprungselemente aus bei beliebiger Reihenfolge der Faktoren a, b, c, ... stets zu derselben Gesammtheit von Elementen gelangen, welche die Ausdehnung konstituiren; d. h. alle solche Produkte werden denselben absoluten Werth darstellen. Es werden also die früher für die ersten beiden Faktoren solcher Produkte erwiesenen Gesetze für je zwei andere Faktoren auch gelten, sofern nur die Vorzeichen entsprechend gewählt werden dürfen. Die Vorzeichen können nur in so fern willkührlich gewählt werden, als sie noch nicht durch Definitionen bestimmt sind. Auf dieselbe Weise nun, wie wir für zwei Faktoren die Zeichen nur so wählen konnten, dass auch dem Zeichen nach

$$(a+b_1).b=a.b \text{ und } a.(b+a_1)=a.b$$

wurde, auf dieselbe Weise werden wir auch, wenn beliebig viele Faktoren vorhergehen, diese Zeichenbestimmung festhalten, und also nicht nur dem absoluten Werthe nach, sondern auch dem Zeichen nach

$$P.(a+b_1).b=P.a.b \text{ und } P.a.(b+a_1)=P.a.b$$

setzen müssen, wo P ein Produkt von beliebig vielen Faktoren vorstellt. Da dieselbe Beziehung auch fortbesteht, wenn noch beliebig viele Faktoren folgen, so haben wir für diese besondere Art der Multiplikation das Gesetz gewonnen, dass man, wenn ein Faktor einen Summanden enthält, welcher mit einem der angränzenden Faktoren gleichartig ist, diesen Summanden weglassen kann, worin denn schon liegt, dass, wenn zwei aneinander gränzende Faktoren gleichartig werden, das Produkt null wird. Dies Gesetz, in Verbindung mit der allgemeinen multiplikativen Beziehung zur Addition des Gleichartigen, bedingt alle ferneren Gesetze dieser besonderen Art der Multiplikation, die wir hier betrachten, und kann daher als Grundgesetz für dieselbe aufgefasst werden. Wir nennen diese Art der Multiplikation eine äussere, und wählen als specifisches Zeichen für sie den Punkt, während wir das unmittelbare Aneinanderschreiben als allgemeine Multiplikationsbezeichnung festhalten.

§ 35. Aus diesem Grundgesetze nun und jenem Beziehungsgesetze leiten wir die übrigen Gesetze dieser Multiplikation auf rein formelle Weise ab. Man hat durch Kombination beider, wenn P und Q beliebige Faktorenreihen, a_1 und b_1 aber Strecken bezeichnen, die mit a und b gleichartig sind,

$$\begin{aligned} P.(a+a_1+b_1).b.Q &= P.(a+a_1).b.Q \\ &= P.a.b.Q+P.a_1.b.Q \\ &= P.a.b.Q+P.(a_1+b_1).b.Q; \end{aligned}$$

oder da a_1+b_1 jede Strecke vorstellen kann, welche in dem durch a und b bestimmten Systeme zweiter Stufe liegt (nach dem Begriffe dieses Systems*)), so hat man, so lange a, b, c demselben Systeme zweiter Stufe angehören,

$$P.(a+c).b.Q=P.a.b.Q+P.c.b.Q;$$

d. h. es gilt auch für diesen Fall noch die allgemeine multiplikative Beziehung zur Addition. Hieraus nun folgt sogleich, dass

$$P.a.b.Q=-P.b.a.Q$$

ist, oder dass man zwei an einander gränzende Faktoren eines äusseren Produktes, wenn sie Strecken sind, nur mit Zeichwechsel vertauschen darf. In der That, da

$$P.(a+b).(a+b).Q=0$$

ist, weil zwei aneinander gränzende Faktoren gleichartig sind; so

*) Vergl. § 17.

erhält man mit Anwendung des so eben erwiesenen Gesetzes, und weil P.a.a.Q und P.b.b.Q ebenfalls null sind,

$$P.a.b.Q + P.b.a.Q = 0, \text{ d. h.}$$
$$P.a.b.Q = -P.b.a.Q.$$

Ich werde dies merkwürdige Resultat nachher noch ausführlicher durchgehen, um jetzt zu den wichtigen Folgerungen überzugehen, welche aus diesem Vertauschungsgesetze fliessen. Es ergiebt sich daraus, dass, wenn ein einfacher Faktor (so nennen wir nämlich einen Faktor, der eine Ausdehnung erster Stufe oder eine Strecke darstellt), zwei solche Faktoren überspringt, das Produkt gleiches Zeichen behält, indem die zweimalige Aenderung des Vorzeichens wieder zu dem ursprünglichen Vorzeichen zurückführt, also auch, dass überhaupt, wenn ein einfacher Faktor eine gerade Anzahl einfacher Faktoren überspringt, das Vorzeichen des Produktes dasselbe bleibt, hingegen, wenn eine ungerade, sich in das entgegengesetzte verwandeln muss, sobald der ganze Ausdruck denselben Werth behalten soll. Somit müssen die Gesetze, welche für zwei an einander gränzende Faktoren gelten, auch für getrennte fortbestehen; denn man kann den einen der beiden getrennten Faktoren an den andern heranrücken, wobei sich das Vorzeichen entweder ändert oder nicht, je nachdem er dabei eine ungerade oder gerade Anzahl einfacher Faktoren überspringt, kann nun die Gesetze, die für zwei an einander gränzende Faktoren gelten, anwenden, und dann in allen Produkten wieder jenen Faktor auf seine alte Stelle zurückrücken, wobei das Vorzeichen offenbar jedesmal wieder das ursprüngliche werden muss*). Also wenn irgend zwei einfache Faktoren eines Produktes aus Stücken bestehen, welche demselben Systeme zweiter Stufe angehören, so gilt das Beziehungsgesetz der Multiplikation zur Addition, und da, wenn zwei einfache Faktoren gleichartig werden, nach § 33. das Produkt null ist, so folgt, dass man Stücke, welche den übrigen Faktoren gleichartig sind, aus einem Faktor weglassen oder ihm hinzufügen kann, ohne den Werth des Produktes zu ändern. Daraus folgt sogleich, was auch

*) Denn änderte es sich vorher nicht, so ändert es sich auch jetzt nicht, da der Faktor wieder dieselbe Faktorenzahl überspringt; änderte es sich vorher aber, so ändert es sich jetzt wieder (aus demselben Grunde), wird also wieder das ursprüngliche.

schon nach § 32. aus dem Begriffe hervorging, dass das Produkt von n Strecken, die von einander abhängig sind, null ist; denn eine derselben muss sich dann als Summe von Stücken darstellen lassen, die den andern gleichartig sind; und diese kann man dann nach dem eben erwiesenen Satze in dem Produkte weglassen; also statt jener Summe null setzen, wodurch das Produkt selbst null wird.

§ 36. Aus dem Hauptsatze des vorigen § folgt der allgemeine Satz, dass,

> „wenn in einem Produkte von n einfachen Faktoren einer derselben zerstückt ist, und zwar so, dass alle Faktoren und Stücke demselben Systeme n-ter Stufe angehören, die multiplikative Beziehung noch fortbesteht.“

Denn es sei $a.b \ldots\ldots (p+q)$ dies Produkt, in welchem die $(n+1)$ Strecken $a, b, \ldots. p, q$ demselben Systeme n-ter Stufe angehören sollen. Zuerst wollen wir annehmen, dass ein Stück des letzten Faktors nebst den sämmtlichen übrigen Faktoren n unabhängige Strecken darstellen, d. h. dass sie nicht einem System niederer Stufe (als der n-ten) angehören sollen. Als dies Stück des letzten Faktors sei p angenommen, so muss nach § 20 sich q als eine Summe von Stücken darstellen lassen, welche jenen Strecken gleichartig sind, also

$$q = a_1 + b_1 + \ldots\ldots + p_1$$

gesetzt werden können, wenn $a_1, b_1, \ldots. p_1$ beziehlich den Strecken $a, b, \ldots p$ gleichartig sind. Dann hat man, da $a_1, b_1, \ldots,$ als den übrigen Faktoren des Produktes $a.b \ldots (p+q)$ gleichartig, in dem letzten weggelassen werden können,

$$a.b \ldots\ldots (p+q) = a.b \ldots\ldots (p+p_1)$$

und dies ist nach § 32, da p und p_1 gleichartig sind,

$$= a.b \ldots\ldots p + a.b \ldots\ldots p_1;$$

oder da man in dem letzteren Produkte wieder dem Faktor p_1 die Summanden $a_1 + b_1 + \ldots$ hinzufügen, also statt p_1 wieder q setzen kann, so hat man

$$a.b \ldots\ldots (p+q) = a.b \ldots\ldots p + a.b \ldots\ldots q.$$

Die Gültigkeit dieser Gleichung ist zunächst nur bewiesen für den Fall, dass $a, b, \ldots$ und eine der Strecken p oder q von einander unabhängig sind, sind hingegen $a, b, \ldots.$ von einander abhängig, oder diese zwar unabhängig, aber beide Strecken p und q, also auch ihre Summe von ihnen abhängig, so werden beide Seiten jener Gleichung null, weil die Produkte abhängiger Strecken null sind; also besteht auch für diesen Fall jene Gleichung; also besteht sie allgemein, so lange in jenem Produkte von n Faktoren die sämmtlichen Strecken demselben Systeme n-ter Stufe angehören. Da aber nur in diesem Falle die Glieder der rechten Seite gleichartig sind, und bei höheren Stufen der Begriff der Addition nur für gleichartige Summanden festgesetzt ist, so haben wir die multiplikative Beziehung unserer Verknüpfungsweise zur Addition, so weit diese begrifflich bestimmt ist, vollständig dargethan; und es werden also alle Gesetze dieser Beziehung (s. § 10.) hier gelten. Sollte sich späterhin ein erweiterter Begriff der Addition ergeben, so würde eine solche Verknüpfung nicht eher als Addition festgestellt sein, als bis auch ihre additive Beziehung zu der bisher dargelegten Multiplikation nachgewiesen ist. — Ich habe schon oben (§ 34.) festgesetzt, dass wir das Produkt, zu dem wir hier gelangt sind, ein äusseres nennen, indem wir mit dieser Benennung andeuten wollen, dass diese Art des Produktes nur, sofern die Faktoren auseinander treten, und das Produkt eine neue Ausdehnung darstellt, einen geltenden Werth hat, hingegen, wenn die Faktoren in einander bleiben, gleich null gesetzt war*). Die Resultate der Entwickelung können wir in folgendem Satze zusammenfassen:

> „Wenn man unter dem äusseren Produkte von n Strecken diejenige Ausdehnungsgrösse n-ter Stufe versteht, welche erzeugt wird, wenn jedes Element der ersten Strecke die zweite erzeugt, jedes so erzeugte Element die dritte u. s. f., und zwar so, dass jede Ausdehnungsgrösse n-ter Stufe als ein den übrigen gleichartiger Theil des Systems n-ter Stufe aufgefasst wird, dem sie angehört: so gelten für dasselbe, sofern Produkte aus n Faktoren nur innerhalb desselben Systems n-ter Stufe betrachtet werden, alle Gesetze, welche die Beziehung der Multiplikation zur Addition und Subtraktion ausdrücken, und ausserdem das Gesetz, dass die einfachen Faktoren nur mit Zeichenwechsel vertauschbar sind.“

---

*) Wie diesem äusseren Produkt ein inneres gegenüberstehe, habe ich in der Vorrede angedeutet.

§ 37. Wir haben nun hier den Zusammenhang der Multiplikation mit dem bisherigen Begriff der Addition vollständig dargelegt, und gehen daher zu den Anwendungen über. Die Anwendung auf die Geometrie haben wir der Hauptsache nach in § 28—30 vorweggenommen. Wir haben jedoch noch die jetzt eingeführten Benennungen und Bezeichnungen auf jene Darstellung zu übertragen. Es erscheint danach nun der Flächenraum des Spathecks (Parallelogramms) als äusseres Produkt zweier Strecken, wenn man nämlich zugleich die Ebene mit festhält, welchem dasselbe angehört, und ebenso der Körperraum des Spathes (Paralellelepipedon's) als äusseres Produkt dreier Strecken, ohne dass man hier nöthig hat, eine Bestimmung hinzuzufügen, da der Raum stets ein und derselbe ist. Jene zwei Strecken bildeten dann die Seiten des Spathecks, und diese drei die Kanten des Spathes, und zwar nahmen wir dort die Strecke, durch deren Bewegung das Spatheck entstand, als ersten, die die Bewegung messende als zweiten Faktor an, und setzten zwei Spathecke als gleich bezeichnet, wenn der zweite Faktor vom ersten aus betrachtet nach derselben Seite hin liegt, wenn nach entgegengesetzter, als entgegengesetzt bezeichnet. Hierin liegt schon das Gesetz, dass

$$a . b = - b . a$$

ist; denn wenn b von a aus betrachtet nach links liegt, so muss a von b aus betrachtet nach rechts hin liegen und umgekehrt. Allein um diesem Vertauschungsgesetz, was die hier aufgestellte Multiplikation auf eine so auffallende Weise von der gewöhnlichen ausscheidet, eine noch anschaulichere Basis zu geben, will ich auch jenes allgemeinere Zeichengesetz, von dem dieses eine specielle Folgerung enthält, auf geometrische Weise ableiten. Zuerst ist aus dem Begriff des Negativen klar, dass, wenn Grundseite und Höhenseite *) eines Spathecks gleiche Richtungen **) beibehalten, auch der Flächenraum gleichbezeichnet bleibt, wie sich im Uebrigen auch jene Seiten vergrössern oder verkleinern mögen. Wenn

*) Diesen Namen gebrauche ich in Ermangelung eines bessern, um die der Grundseite anliegende Seite (den zweiten Faktor) zu bezeichnen.

**) Entgegengesetzte Richtungen werden natürlich nicht als gleiche gerechnet.

ferner der Endpunkt der Höhenseite in einer mit der Grundseite, oder der Endpunkt der Grundseite in einer mit der Höhenseite parallelen Linie fortrückt, während die jedesmalige andere Seite dieselbe bleibt, so bleibt der Flächeninhalt des Spathecks gleich, also auch gleichbezeichnet. Von diesen beiden Voraussetzungen gehen wir aus, um die geometrische Begründung des allgemeinen Zeichengesetzes zu liefern. Zunächst ist klar, dass bei den angegebenen Veränderungen die Höhenseite von der Grundseite aus betrachtet stets nach derselben Seite hin liegend bleibt, d. h. wenn man zuerst in der Richtung der Grundseite, und dann in der der Höhenseite fortschreitet, so muss man in dem auf jene Weise veränderten Spatheck nach derselben Seite hin abbiegen, wie in dem ursprünglichen. Da man nun durch jene Veränderungen, bei welchen das Zeichen sich nicht ändert, die Höhenseite sowohl, als nachher die Grundseite in jede beliebige Lage bringen kann (nur dass sie beide nicht zusammenfallen dürfen), dabei aber immer die Höhenseite von der Grundseite aus betrachtet nach derselben Seite hin liegend bleibt, und man endlich auch dieselben, wenn man ihre Richtungen festhält, beliebig vergrössern und verkleinern kann, ohne dass sich das Vorzeichen ändert, so folgt daraus, dass alle Spathecke, deren Höhenseiten von der Grundseite aus betrachtet nach derselben Seite hin liegen, auch gleich bezeichnet sein müssen. Dass nun umgekehrt diejenigen Spathecke, in welchen die Höhenseiten von den Grundseiten aus betrachtet nach entgegengesetzten Seiten liegen, auch entgegengesetzt bezeichnete Flächenräume darstellen, folgt sogleich nach dem so eben erwiesenen, wenn es nur für irgend zwei bewiesen ist, für a . b und a . (—b) ergiebt sich dies aber sogleich aus dem Begriff des negativen. Somit ist jenes allgemeine Zeichengesetz auch auf rein geometrischem Wege vollständig erwiesen. Für Spathe würden wir auf ganz entsprechende Weise, wenn wir hier die erste, zweite und dritte Kante unterscheiden, das Gesetz aufstellen können:

„Die Körperräume zweier Spathe sind gleich oder entgegengesetzt bezeichnet, je nachdem (um es in einem Bilde auszudrücken), wenn man den Körper in die Richtung der ersten Kante gestellt denkt (die Füsse nach deren Anfangspunkt zu, den Kopf nach dem Endpunkt), man, um von der Richtung der zweiten Kante in die der dritten überzugehen, nach derselben, oder nach verschiedenen Seiten abbiegen muss.“

§ 38. Um hiervon noch eine anschaulichere Idee zu geben, wollen wir die Aufgabe stellen:

„Ein Spatheck in ein ihm gleiches (und gleich bezeichnetes) zu verwandeln, dessen Grundseite (in derselben Ebene) gegeben ist, aber der des gegebenen Spathecks nicht parallel ist.“

Es sei $\alpha\beta$ die Grundseite, $\alpha\gamma$ die Höhenseite des gegebenen Spathecks, $\alpha\delta$ die Grundseite des gesuchten (vergl. Fig. 11.).

Man ziehe von α die Parallele mit $\beta\delta$, von γ mit $\alpha\beta$, und nenne den Durchschnitt beider ε: so ist $\alpha\varepsilon$ die Höhenseite eines solchen Spathecks, welches der Aufgabe Genüge leistet. Denn es ist

$$[\alpha\beta].[\alpha\gamma]=[\alpha\beta].[\alpha\varepsilon],$$

weil $\gamma\varepsilon$ mit $\alpha\beta$ parallel ist, und

$$[\alpha\beta].[\alpha\varepsilon]=[\alpha\delta].[\alpha\varepsilon],$$

weil $\beta\delta$ parallel $\alpha\varepsilon$ ist. Also auch in der That

$$[\alpha\delta].[\alpha\varepsilon]=[\alpha\beta].[\alpha\gamma].$$

Wollte man die gesammte Schaar der Spathecke haben, welche der Aufgabe genügen, so hätte man noch von ε mit $\alpha\delta$ die Parallele zu ziehen, und den Punkt ε in dieser Parallelen veränderlich zu setzen. — Wendet man diese Auflösung auf den Fall an, dass die Grundseite des gesuchten Parallelogramms der Höhenseite des gegebenen identisch ist, so gelangt man durch reine Konstruktion zu der Formel

$$a.b=-b.a.$$

In der That fällt dann δ auf γ (vergl. Fig. 11, b), und zieht man dann von ε die Parallele mit $\alpha\delta$, welche $\alpha\beta$ in ε_1 schneide, so überzeugt man sich leicht, dass

$$[\alpha\varepsilon_1]=[\beta\alpha]=-[\alpha\beta]$$

ist, und die obige Auflösung ergab

$$[\alpha\beta].[\alpha\gamma]=[\alpha\gamma].[\alpha\varepsilon]=[\alpha\gamma].[\alpha\varepsilon_1];$$

also statt $\alpha\varepsilon_{,}$, seinen Werth $-[\alpha\beta]$ gesetzt, und das negative Zeichen dem ganzen Produkte beigelegt,

$$[\alpha\beta].[\alpha\gamma]=[\alpha\gamma].-[\alpha\beta]=$$
$$=-[\alpha\gamma].[\alpha\beta].$$

Da man sich dies Gesetz des Zeichenwechsels bei der Vertauschung der Faktoren eines äusseren Produktes nicht fest genug einprägen kann, indem es den gewöhnlichen Vorstellungen zu widerstreiten scheint, so will ich noch auf eine Analogie hindeuten, welche aber hier nur als Abschweifung aufgefasst sein will. Nämlich den Flächeninhalt eines Spathecks $a.b$ kann man, wenn der von a und b eingeschlossene Winkel mit (ab) und die Längen der Strecken a und b mit $\underline{a}$ und $\underline{b}$ bezeichnet werden, ausdrucken durch die Formel:

$$a.b = \underline{a}\ \underline{b} \sin(ab), \text{ und}$$
$$b.a = \underline{b}\ \underline{a} \sin(ba),$$

wo das Produkt der Längen das gewöhnliche, also $\underline{a}\ \underline{b} = \underline{b}\ \underline{a}$ ist. Da nun die Winkel (ab) und (ba) entgegengesetzt sind, und die Sinusse entgegengesetzter Winkel gleichfalls entgegengesetzt sind, so ist

$$\sin(ab) = -\sin(ba),$$

und also auch hiernach

$$a.b = -b.a.$$

§ 39. Mit der hier gegebenen Entwickelung steht nun die Darstellung des Recktecks durch das Produkt seiner Seitenlängen nicht im Widerspruch, sobald man nur die blossen Seitenlängen, in irgend einem gemeinschaftlichen Mass gemessen, als Faktoren dieses Produktes festhält, und nur meint, dass der absolute (vom Zeichen unabhängige) Flächenraum des Rechtecks so oft das Quadrat dieses Masses enthalten solle, als das Produkt jener Zahlen beträgt. Will man aber damit noch mehr ausdrücken, und namentlich behaupten, dass der Flächenraum jenes Recktecks an sich, d. h. auch seinem Zeichen nach, dem Produkte jener Seiten gleichgesetzt werden könne, so steht dies, wenn man eben für das Produkt noch die Eigenthümlichkeit des algebraischen Produktes festhalten will (wie bisher immer geschehen ist), mit den so eben erwiesenen Wahrheiten in offenbarem Widerspruch. Es erscheint vielmehr das Parallelogramm (also auch das Rechteck) nothwendiger Weise als ein solches Produkt seiner Seiten, in welchem die Vertauschung seiner Faktoren nur mit Zeichenwechsel statt finden könne. Wie leicht übrigens diese Auffassung über bedeutende Schwierigkeiten, unter welchen sich selbst die ausgezeichnetsten Mathematiker bisweilen verwirrt haben, hinweghilft, wird sich durch folgendes Beispiel zeigen. La Grange führt in seiner *mec. anal.**) einen Satz von Varignon an, dessen er sich zur Verknüpfung der verschiedenen Principien der Statik bedient, und welcher nach ihm darin besteht: „dass, wenn man von irgend einem in der Ebene eines Parallelogramms genommenen Punkte Perpendikel fällt auf die Diagonale und auf die beiden Seiten, welche diese Diagonale einfassen (*comprennent*), das Produkt der Diagonale in ihren Perpendikel gleich ist der Summe der Produkte beider Seiten in ihre beziehlichen Perpendikel, wenn der Punkt ausserhalb des Parallelogramms (*hors du parallelogramme*) fällt, oder ihrem Unterschiede, wenn er innerhalb des Parallelogramms fällt.“ Dieser Satz ist, wie sich sogleich zeigen wird, unrichtig, indem das erstere nicht stattfindet, wenn der Punkt ausserhalb des Parallelogramms fällt, sondern wenn er ausserhalb der beiden Winkelräume fällt, welche der von jenen beiden Seiten eingeschlossene Winkel und sein Scheitelwinkel bilden, hingegen das letztere, wenn innerhalb. Es versteht sich von selbst, dass das Produkt dabei im gewöhnlichen, algebraischen Sinne genommen ist. Betrachtet man nun aber jene Produkte näher, so stellen sie in der That die Flächenräume der Parallelogramme, welche jene beiden Seiten und die Diagonale zu Grundseiten haben, und deren der Grundseite gegenüberliegende Seiten durch den angenommenen Punkt gehen, ihrem absoluten Werthe nach, d. h. unabhängig vom Zeichen, dar. Hält man hingegen das Zeichen dieser Flächenräume fest, so gilt der Satz ohne Unterscheidung der einzelnen Fälle sogleich allgemein, indem der Flächenraum, der die Diagonale zur Grundseite hat, stets die Summe ist der Flächenräume, die die beiden andern Seiten zu Grundseiten haben; und zwar ist der Beweis dieses Satzes nach unserer Analyse auf der Stelle gegeben. Denn ist $\alpha\delta$ die Diagonale des Parallelogramms, und sind $\alpha\beta$ und $\alpha\gamma$ die beiden sie einschliessenden Seiten, ε endlich der willkührliche Punkt, so ist

$$[\alpha\delta] = [\alpha\beta] + [\alpha\gamma],$$

weil nämlich $[\beta\delta] = [\alpha\gamma]$ ist, und also nach dem einfachsten Multiplikationsgesetz

---

*) P. 14 der neuen Ausgabe.

$$[\alpha\delta] . [\alpha\varepsilon] = [\alpha\beta] . [\alpha\varepsilon] + [\alpha\gamma] . [\alpha\varepsilon],$$

was zu erweisen war. Will man dann den Satz für absolute Flächenräume aussprechen, so hat man nur die Falle zu unterscheiden, wo der Punkt ε von jenen beiden Seiten des Parallelogramms aus betrachtet nach derselben, und wo nach verschiedenen Seiten hin liegt, woraus sich dann leicht der Satz in der oben gegebenen verbesserten Form ergiebt.

§ 40. Ich will die Anwendungen auf die Geometrie nun mit der Lösung der obigen Aufgabe (§ 38) für den dort nicht mit aufgenommenen Fall schliessen, nämlich ein Spatheck in ein ihm gleiches zu verwandeln, dessen Seiten mit denen des gegebenen parallel sind, aber dessen eine Seite zugleich ihrer Länge nach gegeben ist. Ich wähle den Weg, wie ihn unsere Analyse darbietet. Es sei $a . b$ das gegebene Spathek, a_1 die mit a parallele Seite des gesuchten und b_1 die gesuchte mit b parallele Seite desselben, für welche die Gleichung

$$a . b = a_1 . b_1$$

bestehen soll, oder da $a_1 . b_1 = - b_1 . a_1$ ist,

$$a . b + b_1 . a_1 = 0.$$

Da man dem Faktor a das Stück b_1, dem Faktor b_1 das Stück a hinzufügen kann, weil diese Stücke mit dem jedesmaligen andern Faktor gleichartig sind, also ihre Hinzufügung das Produkt nicht ändert, so hat man

$$(a + b_1) . b + (a + b_1) . a_1 = 0,$$

oder

$$(a + b_1) . (a_1 + b) = 0,$$

d. h. $(a + b_1)$ und $(a_1 + b)$ müssen parallel sein. Hierin nun liegt die folgende Konstruktion und deren Beweis; nämlich wenn $a = [\alpha\beta]$, $b = [\alpha\gamma]$ ist (vergl. Fig. 11, c), und $a_1 = [\alpha\delta]$, wo α, β, δ in Einer geraden Linie liegen, so mache man $\delta\varepsilon$ gleich lang und parallel mit $\alpha\gamma$, also $[\alpha\varepsilon]$ gleich $(a_1 + b)$, ziehe von β die Parallele mit $\alpha\gamma$, welche die $\alpha\varepsilon$ in ζ schneide, so ist $[\beta\zeta]$ die gesuchte Strecke b_1 *).

---

*) Es versteht sich von selbst, dass man diese Aufgabe auch lösen kann durch zweimalige Anwendung der in § 38 gegebenen Auflösung, indem man eine nicht parallele Grundseite zu Hülfe nimmt.

§ 41. In der Statik und Mechanik wird der Begriff des äusseren Produktes repräsentirt durch den Begriff des Momentes. In der That, können wir das Moment einer Kraft in Bezug auf einen Punkt definiren als äusseres Produkt, dessen erster Faktor die Strecke ist, welche von jenem Punkte (dem Beziehungspunkte) nach einem Punkte der geraden Linie, in welcher die Kraft wirkt, gezogen ist, und dessen zweiter Faktor die Strecke ist, welche die Kraft darstellt. Ist also ϱ der Beziehungspunkt, α der Angriffspunkt, d. h. der Punkt, welcher von der Kraft getrieben wird, p die Strecke, welche die Kraft darstellt, so ist das Moment

$$[\varrho\alpha] . \mathrm{p},$$

wobei nach den Gesetzen der äusseren Multiplikation einleuchtet, dass es für das Resultat gleichgültig ist, welchen Punkt in der Wirkungslinie der Kraft man statt α einführen mag; denn es sei β ein anderer Punkt dieser Linie, also $[\alpha\beta]$ gleichartig mit p, so hat man

$$[\varrho\beta] . \mathrm{p} = ([\varrho\alpha] + [\alpha\beta]) . \mathrm{p} = [\varrho\alpha] . \mathrm{p},$$

weil das Stück $[\alpha\beta]$, als dem zweiten Faktor gleichartig, nach § 35 weggelassen werden darf. Und eben so ist unter dem Momente einer Kraft, in Bezug auf eine Axe $\varrho\sigma$ das äussere Produkt aus 3 Faktoren verstanden, dessen erster Faktor die als Strecke genommene Axe, dessen zweiter Faktor die Strecke von irgend einem Punkt der Axe nach irgend einem Punkt in der Wirkungslinie der Kraft und dessen dritter Faktor die Kraft ist, also

$$[\varrho\sigma] . [\sigma\alpha] . \mathrm{p},$$

oder auch es ist das Produkt der als Strecke genommenen Axe in das auf irgend einen Punkt der Axe bezügliche Moment der Kraft, wobei wieder, aus denselben Gründen wie vorher, gleichgültig ist, welche Punkte man in jenen Linien auswählt. Es erscheint also das Moment einer Kraft in Bezug auf einen Punkt als Flächenraum eines Spathecks, in Bezug auf eine Axe als Körperraum eines Spathes, und dabei haben überall zwei Kräfte, welche als Strecken gleich sind, nur dann gleiche Momente, wenn sie auch in derselben geraden Linie wirken. Ferner verstehen wir unter dem Gesammtmoment mehrerer Kräfte, welche in derselben Ebene liegen, in Bezug auf einen Punkt der Ebene die Summe aller auf jenen Punkt bezüglichen Momente derselben, und ebenso unter dem Gesammtmoment mehrerer Kräfte in Bezug auf eine Axe die Summe aller auf diese Axe bezüglichen Momente. Da Kraft und Bewegung nach § 25 und 26 durch dieselbe Strecke dargestellt werden, indem die Kraft eben nur die der Bewegung supponirte, und also ihr gleich zu setzende Ursache ist, so ist schon ohne weiteres klar, was unter dem Moment der Bewegung und unter dem Gesammtmoment mehrerer Bewegungen verstanden ist; doch erinnern wir hier noch einmal daran, dass die Bewegung (nach § 26) nur für die Masseneinheit der Geschwindigkeit gleich gesetzt werden könne, und dass gleiche Bewegungen nur dann gleiche Momente haben, wenn sie in derselben geraden Linie fortschreiten. — Wie leicht sich nun vermittelst unserer Analyse hieraus alle allgemeinen Gesetze der Statik und Mechanik, welche sich auf's Moment beziehen, ableiten lassen, wird die folgende Entwickelung zur Genüge zeigen. Ich bemerke nur noch vorläufig, dass wir im zweiten Abschnitte dieses Theils *) einen noch einfacheren Ausdruck des Momentes und in dem nächsten Kapitel (§ 57) eine Verallgemeinerung des Begriffs des Gesammtmomentes kennen lernen werden.

§ 42. Die Hauptsache bei der Anwendung des Begriffs des Momentes ist, dass das Gesammtmoment aller inneren Kräfte in Bezug auf jede beliebige Axe, und in Bezug auf jeden Punkt gleich null ist; doch können wir das letztere hier nur beweisen, wenn alles in derselben Ebene liegt **). Man versteht nämlich unter inneren Kräften bekanntlich solche, welche sich paarweise in der Art entsprechen, dass die Kräfte jedes Paares in derselben geraden Linie wirken und einander entgegengesetzt gleich sind; und wir können sogleich zeigen, dass die Momente jedes solchen Paares in Bezug auf jeden Punkt und jede Axe zusammen null sind. In der That, betrachtet man z. B. in Bezug auf eine Axe jene beiden Momente, welche nach dem Früheren äussere Produkte aus drei Faktoren sind, so sind die beiden ersten Faktoren in beiden Produkten vollkommen gleich, der erste Faktor als die gemeinschaftliche Axe darstellend, der zweite als Verbindungsstrecke zwischen denselben Linien; der dritte aber, welcher die Kraft darstellt, ist entgegen-

*) § 115.

**) Der Beweis für den allgemeinen Fall folgt in § 57.

gesetzt gleich; folglich sind auch beide Momente einander entgegengesetzt gleich, also ihre Summe null. Da nun das Gesammtmoment jedes einzelnen Paares der inneren Kräfte null ist, so ist auch das aller Paare, d. h. aller inneren Kräfte null. Auf ganz entsprechende Weise, wie wir dies in Bezug auf eine Axe dargethan haben, ergiebt es sich auch in Bezug auf einen Punkt, wenn alles in derselben Ebene liegt, weshalb wir uns dieses Beweises entschlagen dürfen.

§ 43. Da nun die einem Punkte mitgetheilte Bewegung stets gleich ist der ihm mitgetheilten Kraft, so wird auch das Gesammtmoment der einem Punktvereine innerhalb eines Zeitraums mitgetheilten Bewegungen gleich dem Gesammtmoment der ihm während dieser Zeit mitgetheilten Kräfte sein, und da das der inneren Kräfte null ist, gleich dem Gesammtmomente der jenem Punktverein von aussen mitgetheilten Kräfte, und zwar in Bezug auf jede beliebige Axe, und, wenn die Kräfte in derselben Ebene liegen, auch in Bezug auf jeden Punkt derselben. Dies Gesetz, was hier in einer so einfachen Form erscheint, ist von der grössten Allgemeinheit und überall aufs leichteste anwendbar. Soll z. B. Gleichgewicht statt finden; so müssen die mitgetheilten Bewegungen alle null sein, also auch deren Gesammtmoment, und man hat also für's Gleichgewicht die Bedingung, dass das Gesammtmoment der von aussen mitgetheilten Kräfte in Bezug auf jede Axe null sein muss; so auch namentlich bei festen Körpern, bei welchen die Kräfte, die den festen Zustand erhalten, als innere erscheinen. Ist aber der feste Körper in einem Punkte oder in einer Linie befestigt, um welche er sich frei schwenkt, so ist die Kraft, durch welche jener Punkt oder jene Linie desselben in ihrer festen Lage erhalten wird, eine äussere, die aber nur als Widerstand leistende aufgefasst und daher zunächst als unbekannte gesetzt wird. Man hat daher, um die Bedingungsgleichung des Gleichgewichts zu finden, jene unbekannte Kraft herauszuschaffen. Dies geschieht vermittelst unserer Analyse auf's leichteste. Ist nämlich α der feste Punkt, x die Widerstand leistende Kraft, welche diesen Punkt fest erhält, so muss man die Axe $(\varrho\sigma)$, in Bezug auf welche man die Momentgleichung nimmt, so wählen, dass das Moment der Kraft x verschwindet, d. h. $[\varrho\sigma].[\sigma\alpha].x = 0$ wird, für jeden beliebigen Werth von x, d. h. es muss $[\varrho\sigma] \cdot [\sigma\alpha] = 0$ sein, oder die Axe $\varrho\sigma$ muss durch den Punkt α gehen. Somit haben wir dann als Bedingung, unter welcher nur Gleichgewicht statt finden kann, dass das Gesammtmoment der von aussen wirkenden Kräfte in Bezug auf jede durch den befestigten Punkt gehende Axe null sein muss. Soll eine Axe des Körpers befestigt sein, so kann man zwei befestigte Punkte annehmen, also zwei Widerstand leistende Kräfte, welche herausfallen, wenn die Axe, in Bezug auf welche die Moment-Gleichung genommen wird, durch jene beiden Punkte zugleich gelegt wird; also hat man dann als Bedingung, unter welcher nur Gleichgewicht statt finden kann, dass das Gesammtmoment der von aussen wirkenden Kräfte in Bezug auf die befestigte Axe null sein muss.

§ 44. Wir haben in dem Begriff des Moments zugleich eine schöne Bestätigung des Gesetzes, dass innerhalb derselben Ebene das äussere Produkt zweier Strecken sein Zeichen so lange beibehält, als der zweite Faktor vom ersten aus betrachtet nach derselben Seite hin liegt, im entgegengesetzten Falle aber sein Zeichen ändert. Denn betrachtet man Kräfte in einer Ebene, welche um einen Punkt drehbar gedacht wird, so werden die Kräfte sich dann verstärken, wenn sie, vom Drehungspunkte aus betrachtet, nach derselben Seite hin gerichtet sind, hingegen sich ganz oder theilweise aufheben, wenn nach entgegengesetzter; so dass in der That durch den Begriff des Momentes, nach welchem die Natur selbst verfährt, jener Begriff des äusseren Produktes gerechtfertigt wird. Ich glaube nun, dass das Anfangs auffallende Zeichengesetz durch die ganze Reihe der Betrachtungen, wie wir sie in den verschiedenartigsten Beziehungen angestellt haben, das Auffallende ganz verloren hat, und vielmehr jetzt nicht nur als das begrifflich nothwendige, sondern auch als das durch die Natur selbst gerechtfertigte und in ihr sich überall bewährende erscheint.

§ 45. Dass nun die äussere Multiplikation, da sie den Begriff des Verschiedenartigen wesentlich voraussetzt, auf die Zahlenlehre keine so unmittelbare Anwendung findet, wie auf die Geometrie und Mechanik, darf uns freilich nicht wundern, indem die Zahlen ihrem Inhalte nach als gleichartige erscheinen. Aber desto interessanter ist es, zu bemerken, wie in der Algebra, sobald an der

Zahl noch die Art ihrer Verknüpfung mit andern Grössen festgehalten, und in dieser Hinsicht die eine als von der andern formell verschiedenartig aufgefasst wird, auch die Anwendbarkeit der äusseren Multiplikation mit einer so schlagenden Entschiedenheit heraustritt, dass ich wohl behaupten darf, es werde durch diese Anwendung auch die Algebra eine wesentlich veränderte Gestalt gewinnen. Um hiervon eine Idee zu geben, will ich n Gleichungen ersten Grades mit n Unbekannten setzen, von der Form

$$\begin{array}{c} a_1x_1 + a_2x_2 + \ldots\ldots + a_nx_n = a_0 \\ b_1x_1 + b_2x_2 + \ldots\ldots + b_nx_n = b_0 \\ \vdots \\ s_1x_1 + s_2x_2 + \ldots\ldots + s_nx_n = s_0, \end{array}$$

wo $x_1 \ldots . x_n$ die Unbekannten seien. Hier können wir die Zahlenkoefficienten, welche verschiedenen Gleichungen angehören, sofern wir diese Verschiedenheit an ihrem Begriff noch festhalten, als verschiedenartig ansehen, und zwar alle als an sich verschiedenartig, d. h. als unabhängig in dem Sinne unserer Wissenschaft, die einer und derselben Gleichung als unter sich in derselben Beziehung gleichartig. Addiren wir nun in diesem Sinne alle n Gleichungen und bezeichnen die Summe des Verschiedenartigen in dem Sinne unserer Wissenschaft mit dem Verknüpfungszeichen $\dotplus$, indem die gleichen Stellen in den so gebildeten Summenausdrücken immer dem Gleichartigen zukommen sollen, so erhalten wir

$$(a_1 \dotplus b_1 \dotplus .. \dotplus s_1)x_1 \dotplus (a_2 \dotplus b_2 \dotplus .. \dotplus s_2)x_2 \dotplus .. \dotplus (a_n \dotplus b_n \dotplus .. \dotplus s_n)x_n \\ = (a_0 \dotplus b_0 \dotplus \ldots \dotplus s_0),$$

oder bezeichnen wir $(a_1 \dotplus b_1 \dotplus \ldots . \dotplus s_1)$ mit p_1 und entsprechend die übrigen Summen, so haben wir

$$p_1x_1 \dotplus p_2x_2 \dotplus \ldots . \dotplus p_nx_n = p_0.$$

Aus dieser Gleichung, welche die Stelle jener n Gleichungen vertritt, lässt sich nun auf der Stelle jede der Unbekannten, z. B. x_1 finden, wenn wir die beiden Seiten mit dem äusseren Produkte aus den Koefficienten der übrigen Unbekannten äusserlich multipliciren, also hier mit $p_2 . p_3 \ldots . . p_n$. Da nämlich, wenn man die Glieder der linken Seite einzeln multiplicirt, nach dem Begriff des äusseren Produktes (§ 31) alle Produkte wegfallen, welche zwei gleiche Faktoren enthalten, so erhält man

$$p_1 \cdot p_2 \cdot p_3 \ldots . p_n x_1 = p_0 \cdot p_2 \cdot p_3 \ldots . p_n .$$

Also da beide Produkte, als demselben System n-ter Stufe angehörig einander gleichartig sind, so hat man

$$x_1 = \frac{p_0 \cdot p_2 \cdot p_3 \ldots . p_n}{p_1 \cdot p_2 \cdot p_3 \ldots . p_0} \text{*)}.$$

Also jede Unbekannte ist einem Bruche gleich, dessen Nenner das äussere Produkt der Koefficienten $p_1 \ldots p_n$ ist, und dessen Zähler man erhält, wenn man in diesem Produkt statt des Koefficienten jener Unbekannten die rechte Seite, nämlich p_0, als Faktor setzt. Alle Unbekannten haben also denselben Nenner, und werden unbestimmt oder unendlich, wenn dieser Nenner null wird, d. h.

$$p_1 \cdot p_2 \ldots \ldots p_n = 0$$

ist.

§ 46. Dass jene Ausdrücke für $x_1 \ldots . x_n$, nicht etwa blosse Rechnungsformen darstellen, sondern die vollkommenen Lösungen der gegebenen Gleichungen enthalten, wird noch deutlicher erhellen, wenn wir für irgend eine bestimmte Anzahl von Gleichungen statt p_1 etc. ihre Werthe substituiren. Man hat für drei Gleichungen

$$1)\ x_1 = \frac{p_0 \cdot p_2 \cdot p_3}{p_1 \cdot p_2 \cdot p_3},$$

wo

$$p_0 = (a_0 \dotplus b_0 \dotplus c_0),\ p_1 = (a_1 \dotplus b_1 \dotplus c_1),\ \text{etc.}$$

ist, und zwar a_0 gleichartig ist mit a_1 u. s. w. Substituiren wir diese Ausdrücke in obiger Gleichung, multipliciren durch, indem wir die Produkte der gleichartigen Grössen, da sie null werden, auslassen, und ordnen entsprechend mit Beobachtung des für äussere Produkte festgestellten Zeichengesetzes, so haben wir sogleich, wie man bei geringer Uebung ohne weiteres aus obiger Formel ablesen kann,

$$2)\ x_1 = \frac{a_0 b_2 c_3 - a_0 b_3 c_2 + a_2 b_3 c_0 - a_2 b_0 c_3 + a_3 b_0 c_2 - a_3 b_2 c_0}{a_1 b_2 c_3 - a_1 b_3 c_2 + a_2 b_3 c_1 - a_2 b_1 c_3 + a_3 b_1 c_2 - a_3 b_2 c_1},$$

worin wir, da alles entsprechend geordnet ist, wieder die gewöhn-

---

*) Die Gesetze der äusseren Multiplikation und Division lassen übrigens kein Heben im Zähler und Nenner zu, vergl. Kap. IV.

liche Multiplikationsbezeichnung einführen konnten. Dies ist die bekannte Formel, durch welche aus drei Gleichungen mit drei Unbekannten eine derselben bestimmt wird, und es zeigt sich, wie dieselbe vollkommen in der so sehr viel einfacheren Formel 1) enthalten ist.

Wir haben hier, um sogleich die Anwendbarkeit unserer Analyse auch an einem Beispiele, welches nicht mehr auf die drei Dimensionen beschränkt ist, darzuthun, etwas vorgegriffen, indem der Begriff der Zahl und der Division, den wir hier anwandten, erst den Gegenstand des vierten Kapitels ausmachen werden; wir werden jedoch späterhin noch einmal auf diesen Gegenstand der Anwendung zurückkommen, und dort das Verfahren auch ausdehnen auf Gleichungen höherer Grade.

Drittes Kapitel.

Verknüpfung der Ausdehnungsgrössen höherer Stufen.

§ 47. Durch die äussere Multiplikation sind höhere Ausdehnungsgrössen entstanden, die Verknüpfungen derselben haben wir bisher nur betrachtet, sofern gleichartige Ausdehnungsgrössen addirt werden sollten, indem die Addition sich hier auf den allgemeinen Begriff des Zusammendenkens gründete, welcher überhaupt die Addition des Gleichartigen (wenn dasselbe gleich bezeichnet ist) charakterisirt. Vermöge dieses Begriffs hatten wir die im vorigen Kapitel dargelegten Gesetze entwickelt. Das Grundgesetz der Multiplikation, dass man statt des zerstückten Faktors seine Stücke einzeln einführen, und die so gebildeten Produkte addiren dürfe, fand daher seine Beschränkung darin, dass die dadurch entstehenden Produkte, um sie nach den bisherigen Begriffen addiren zu können, gleichartig sein mussten. Um diese Beschränkung aufzuheben, werden wir daher den Begriff der Addition für höhere Ausdehnungsgrössen erweitern müssen. Der so erweiterte Begriff muss von der Art sein, dass er erstens bei gleichartigen Ausdehnungsgrössen in den gewöhnlichen umschlägt, und dass für ihn die Grundbeziehung der Addition zur Multiplikation gilt. Natürlich muss dann für dieselbe die Geltung der Additionsgesetze nachgewiesen werden, ehe jene Verknüpfung als Addition fixirt werden kann. Somit ist klar, dass, wenn es überhaupt eine Addition ungleichartiger Ausdehnungsgrössen höherer Stufen giebt, das Gesetz bestehen muss

$$A.b + A.c = A.(b + c),$$

wo b und c Strecken vorstellen. Nennen wir schon vorläufig diese Verknüpfung eine Addition, um einen bequemeren Wortausdruck zu haben, so würden wir die Definition aufstellen können:

> Zwei äussere Produkte n-ter Stufe, welche einen gemeinschaftlichen Faktor (n—1) ter Stufe haben, addirt man, indem man die ungleichen Faktoren addirt, und dieser Summe den gemeinschaftlichen Faktor auf dieselbe Weise hinzufügt, wie er den Stücken hinzugefügt war.

§. 48. Dieser formellen Definition müssen wir zuerst dadurch eine anschaulichere Bedeutung geben, dass wir untersuchen, wie weit sie reicht, d. h. welche Ausdehnungsgrössen man nach ihr addiren kann. Es leuchtet sogleich ein, dass zwei Ausdehnungsgrössen n-ter Stufe nur dann nach dem aufgestellten Begriffe summirbar sind, wenn sie demselben Systeme (n+1) ter Stufe angehören; wir werden aber zeigen, dass sie alsdann auch immer summirbar sind, indem je zwei Ausdehnungsgrössen n-ter Stufe A_n und B_n, welche demselben Systeme (n+1)ter Stufe angehören, sich stets auf einen gemeinschaftlichen Faktor (n—1)ter Stufe bringen lassen. Sind zuerst A_n und B_n gleichartig, so leuchtet es unmittelbar ein, indem wenn (n—1) einfache Faktoren von A_n konstant bleiben, der n-te aber sich beliebig durch Fortschreitung oder Rückschreitung verändert, auch das Produkt jeden beliebigen mit A_n gleichartigen Werth, also auch den Werth B_n annehmen kann. Hierin liegt zugleich, dass man jede Ausdehnung n-ter Stufe auf (n—1) beliebige Faktoren, welche demselben System n-ter Stufe angehören und von einander unabhängig sind, bringen kann. Sind A_n und B_n ungleichartig, so sei

$$A_n = a_1 . a_2 \ldots\ldots a_n,$$

wo $a_1 \ldots . a_n$ Strecken vorstellen, welche von einander unabhängig sind. Dann muss B_n nothwendig wenigstens Einen Faktor enthalten, welcher von den sämmtlichen Strecken $a_1 \ldots a_n$ unabhängig ist; es sei a_{n+1} ein solcher Faktor, und also

$$B_n = b_1 . b_2 \ldots b_{n-1} . a_{n+1}.$$

Da in einem System (n+1) ter Stufe nicht mehr als (n+1) von einander unabhängige Strecken angenommen werden können, so muss jeder von den Faktoren $b_1 \ldots b_{n-1}$ von jenen Strecken $a_1 \ldots a_{n+1}$ abhängig sein, d. h. sich als Summe darstellen lassen, deren Stücke diesen Strecken gleichartig sind. Denkt man sich nun jeden dieser Faktoren $b_1 \ldots b_{n-1}$ als solche Summe dargestellt, so kann man nun in jeder dasjenige Stück, was mit a_{n+1} gleichartig ist, weglassen, ohne den Werth des Produktes B_n zu ändern (vergl. § 35). Nach dieser Weglassung sei das Produkt $b_1 . b_2 \ldots b_{n-1}$ übergegangen in C_{m-1}, so ist also

$$B_n = C_{n-1} . a_{n+1}.$$

Die Faktoren von C_{n-1} sind nur noch von den Strecken $a_1 \ldots a_n$, d. h. von den Faktoren der Ausdehnungsgrösse A_n abhängig; oder mit andern Worten, sie gehören dem Systeme A_n an, folglich wird sich A_n nach der im Anfang dieses § angewandten Schlussfolge auf den Faktor C_{n-1} bringen lassen, wenn der n-te Faktor willkührlich gewählt werden darf; somit lassen sich beide Ausdehnungsgrössen A_n und B_n auf den gemeinschaftlichen Faktor C_{n-1} bringen, welcher von (n—1) ter Stufe ist oder, wie wir uns auch kürzer ausdrücken, beide haben eine Ausdehnungsgrösse (n—1)ter Stufe gemeinschaftlich. So wird nun die obige Definition so umgewandelt werden können:

> „Zwei Ausdehnungsgrössen n-ter Stufe, welche demselben System (n+1) ter Stufe angehören, werden addirt, indem man sie auf einen gemeinschaftlichen Faktor (n—1) ter Stufe bringt, und die Summe der ungleichen Faktoren mit diesem gemeinschaftlichen Faktor verknüpft.

§ 49. Um nun die Geltung der Additionsgesetze, oder vielmehr zunächst nur die der Grundgesetze nachzuweisen, haben wir zuerst die Vertauschbarkeit der Stücke darzuthun. Diese Stücke werden sich nach dem vorigen § darstellen lassen in der Form A . b und A . c. Nun ist

$$A . b + A . c = A . (b + c) = A . (c + b) = A . c + A . b,$$

also sind die Stücke vertauschbar. Das zweite Gesetz, dessen

Geltung nachgewiesen werden muss, ist, dass

$$(A+B)+C=A+(B+C)$$

sei, auch dann, wenn A, B, C Ausdehnungen n-ter Stufe in demselben Systeme (n + 1) ter Stufe sind, und die Addition den vorher bezeichneten Begriff haben soll. Wir haben zu dem Ende die Frage zu beantworten, was drei solche Ausdehnungen gemeinschaftlich haben werden. Nun ist schon im vorigen § gezeigt, dass je zwei derselben eine Ausdehnung (n—1) ter Stufe gemeinschaftlich haben müssen; so z. B. hat B sowohl mit A als mit C eine solche gemeinschaftlich; und da diese beiden Ausdehnungen (n—1)-ter Stufe, nämlich, welche B mit A, und welche es mit C gemeinschaftlich hat, demselben Systeme B *), also demselben Systeme n-ter Stufe angehören, so haben sie nach demselben Satze des vorigen § eine Ausdehnung (n—2) ter Stufe gemeinschaftlich, und diese ist somit allen 3 Grössen A, B, C gemeinschaftlich. Es sei D dieser gemeinschaftliche Faktor (n—2) ter Stufe, so werden sich jene drei Grössen, da überdies je zwei eine Ausdehnung (n—1) ter Stufe gemeinschaftlich haben, auf die Formen bringen lassen

$$A=D.b.c;\ B=D.a.c,\ C=D.a.b_1.$$

Nämlich je zwei derselben werden ausser D noch einen gemeinschaftlichen Faktor erster Stufe haben, dessen Grösse aber willkührlich ist. Dieser sei zwischen A und B c, zwischen B und C sei er a, und zwar sei die Grösse von a so bestimmt, dass $B=D.a.c$ sei; der gemeinschaftliche Faktor, auf welchen A und C gebracht werden können, sei ausser D der Faktor b, oder ein mit b gleichartiger b_1 und zwar seien b und b_1 so gewählt, dass

$$A=D.b.c \text{ und } C=D.a.b_1$$

sei. Nachdem nun A, B, C auf diese Form gebracht sind, zeigt sich, dass sich $(A+B)+C$ durch die folgenden Umgestaltungen in $A+(B+C)$ verwandeln lässt. Erstens

$$(A+B)+C=(D.b.c+D.a.c)+D.a.b_1.$$

Wir haben nun die durch die Klammer angedeutete Summation zu vollziehen. Nun lässt sich der Ausdruck $D.b.c+D.a.c$ zurück-

*) Wir benennen das System eben so wie die Ausdehnung, welche einen Theil von ihm bildet, weil keine Zweideutigkeit möglich ist.

führen auf $D.(b+a).c$; man kann nämlich zuerst in beiden Summanden c auf die letzte Stelle bringen, wobei die Vorzeichen sich ändern, dann kann man nach der Definition die Summation vornehmen, und endlich mit derselben Zeichenänderung den summirten Faktor wieder auf die alte Stelle bringen und erhält

$$(A+B)+C=D.(b+a).c+D.a.b_1.$$

Um nun diese beiden Glieder summiren zu können, hat man nur statt $D.a.b_1$ zu setzen $D.(b+a).b_1$, was verstattet ist, weil b mit b_1 gleichartig ist, und man den Faktoren, ohne das Resultat zu ändern, Stücke hinzufügen darf, welche den andern Faktoren gleichartig sind (§ 34). Führt man dann auf der rechten Seite die Summation aus, so hat man

$$(A+B)+C=D.(b+a).(c+b_1),$$

wodurch man die drei Glieder auf eins zurückgeführt hat *). In diesem Gliede kann man nun zuerst die Summe $b+a$ wieder auflösen und erhält auf der rechten Seite den Ausdruck

$$D.b.(c+b_1)+D.a.(c+b_1).$$

In dem ersten Gliede dieses Ausdrucks kann nun wieder (§ 34) das Stück b_1 weggelassen und das zweite Glied aufgelösst werden, dadurch verwandelt sich der ganze Ausdruck in $D.b.c+(D.a.c+D.a.b_1)$, d. h. in $A+(B+C)$ und man hat also in der That

$$(A+B)+C=A+(B+C).$$

§ 50. Es ist nun noch das dritte Grundgesetz (§ 6) zu erweisen, das nämlich das Resultat der Subtraktion eindeutig ist, oder dass, wenn das eine Stück unverändert bleibt, das andere aber sich ändert, auch die Summe sich ändern müsse. Es sei innerhalb eines Systems $(n+1)$ ter Stufe

$$A+B=C,$$

wo A, B und C von n-ter Stufe sind. Es ändere sich B in $B+D$, so wird nun

$$A+(B+D)=(A+B)+D=C+D$$

sein, und es ist zu zeigen, dass wenn $B+D$ von B verschieden ist, auch $C+D$ von C verschieden sein müsse. Das erstere setzt

*) Man könnte nun zeigen, dass der Ausdruck: $A+(B+C)$ sich auf dasselbe Glied zurückführen liesse, allein wir setzen den einmal eingeschlagenen Weg der fortschreitenden Umwandlung fort.

voraus, dass D nicht null sei, nun können wir aber zeigen, dass, wenn D nicht null ist, es auch zu einer Grösse (C) hinzugelegt, ihren Werth ändern müsse. Unmittelbar ist dies klar, wenn C und D gleichartig sind, indem das durch Zusammendenken des Gleichartigen hervorgegangene nothwendig von jedem der Stücke verschieden ist. Sind aber C und D verschiedenartig, so lässt sich leicht zeigen, dass ihre Summe mit beiden verschiedenartig ist (immer vorausgesetzt, dass keins von beiden null ist). Da alles in demselben Systeme (n+1) ter Stufe angenommen ist, so werden C und D sich auf einen gemeinschaftlichen Faktor (n—1)-ter Stufe bringen lassen. Es sei dieser E und

$$C = E . c, \ D = E . d; \text{ also } C + D = E(c + d).$$

Sind nun C und D verschiedenartig, so darf d nicht in dem Systeme E . c enthalten sein, also ist auch (c + d) nicht in ihm enthalten; also auch E (c + d) mit E . c verschiedenartig, also kann es ihm auch nicht gleich sein. Somit wird durch Hinzulegen der Grösse D auch die Grösse C geändert; wenn also das eine Stück jener Summe sich ändert, während das andere dasselbe bleibt, so muss auch die Summe sich ändern. Soll folglich die Summe und das eine Stück derselben unverändert bleiben, so muss es auch das andere, d. h. das Resultat der Subtraktion ist eindeutig. Da nun alle drei Grundgesetze der Addition und Subtraktion hier gelten, so gelten auch alle Gesetze derselben. Die Grundbeziehung dieser Addition zur Multiplikation ist noch nicht vollständig dargelegt; nach der Definition ist zwar

$$A . b + A . c = A . (b + c);$$

allein es ist auch zu zeigen, dass

$$(A + B) . c = A . c + B . c$$

ist, wenn A und B Grössen n-ter Stufe in einem Systeme (n+1)-ter Stufe sind. Dann kann man A = E . a, B = E . b setzen (nach § 48), und hat

$$A . c + B . c = E . a . c + E . b . c.$$

Der rechts stehende Ausdruck lässt sich, wenn man a und b zuerst auf die letzte Stelle bringt (wobei sich das Zeichen ändert), dann nach der Definition summirt, und endlich den Faktor (a + b) wieder auf die vorletzte Stelle zurückbringt (wobei das Zeichen wieder das ursprüngliche wird), verwandeln in E . (a + b) . c, d. h. in

$(A+B).c$, also die Richtigkeit jener Gleichung bewiesen. Da somit die Grundgesetze der Beziehung zwischen Addition und Multiplikation hier gelten, so gelten auch alle Gesetze dieser Beziehung, und unsere Verknüpfungsweise ist daher sowohl an sich, als auch in ihrer Beziehung als wahre Addition nachgewiesen. Somit können wir nun den Hauptsatz des vorigen Kapitels (§ 36) dahin erweitern:

„Für äussere Produkte gelten, wenn Produkte aus n einfachen Faktoren nur in einem Systeme $(n+1)$ter Stufe betrachtet werden, alle Gesetze der Addition und Subtraktion, und alle Gesetze der Beziehung zwischen ihnen und der Multiplikation, wenn man die für diese Verknüpfungen aufgestellten Begriffe festhält.“

§ 51. Auch dies Gesetz hat also noch eine Beschränkung in sich, was darin seinen Grund hat, dass wir höhere Ausdehnungen bisher nur addiren konnten, wenn sie einem und demselben Systeme nächst höherer Stufe angehörten. Wir müssen nun, um das Gesetz in seiner Allgemeinheit aufstellen zu können, auch zeigen, was unter der Summe von Ausdehnungen, welche in beliebig höheren Systemen liegen, verstanden sein könne. Wollten wir hier denselben Weg einzuschlagen versuchen, wie in den vorhergehenden Paragraphen, und also als Summe zweier Grössen $A.B$ und $A.C$, welche nicht demselben Systeme nächst höherer Stufe angehören, die Grösse $A.(B+C)$ auffassen, so würde dies zu nichts führen, da dann B und C auch Ausdehnungen höherer Stufen sind, welche nicht einem und demselben Systeme nächst höherer Stufen angehören, und also die eine Summe ihrer Bedeutung nach eben so unbekannt ist, wie die andere. Es bleibt uns also nichts übrig, als den Begriff der Summe in diesem Falle rein formell aufzufassen, ohne dass es möglich wäre, eine Ausdehnung aufzuweisen. welche als die Summe sich darstellte. Wir definiren daher die Summe von Ausdehnungen n-ter Stufe, welche einem höheren Systeme als dem $(n+1)$ter Stufe angehören, dadurch, dass die Grundgesetze der Addition auf dieselbe anwendbar sein sollen, d. h. also als „dasjenige, was konstant bleibt, welche Veränderungen man auch mit der Form der Summe durch Anwendung der Additions- und Subtraktions-Gesetze vornehmen mag.“ Es erscheint somit diese Summe nicht mehr als reine Ausdehnung, d. h. als solche, welche durch fortschreitende Multiplikation der Strecken gewonnen werden könnte, sondern sie tritt als Grösse von neuer Art, und zwar zunächst als Grösse von blos formeller Bedeutung hervor, die wir daher am passendsten mit dem Namen der Summengrösse belegen könnten; wir fassen sie mit der Ausdehnung unter dem Begriffe der Ausdehnungsgrösse zusammen. Um ihre konkrete Bedeutung zu gewinnen, müssten wir ihren Bereich ausmitteln, d. h. aufsuchen, wie sich die Form der Summe, die in dem Werth der Stücke besteht, ändern könne, ohne dass der Werth der Summe selbst sich ändere. Dadurch erhalten wir eine Reihe von konkreten Darstellungen jener formellen Summe, und die Gesammtheit dieser möglichen Darstellungen in Eins zusammengeschaut, wie die Arten einer Gattung (nicht wie die Theile eines Ganzen), würde uns den konkreten Begriff vor Augen legen.— Indessen da diese Summengrösse nicht eher als in einem Systeme vierter Stufe eintreten kann, sie also im Raume, als einem Systeme dritter Stufe, keine Anwendung findet, so versparen wir uns diese Darstellung bis zum siebenten Kapitel, in welchem sich die Bedeutung einer solchen Summe auf einem verwandten Gebiet ergeben, und sich durch Anschauungen sowohl der Geometrie, als besonders der Statik fruchtreich gestalten wird.

§ 52. Dagegen dürfen wir unsere Aufgabe nicht fallen lassen, das in diesem und dem vorigen Kapitel gewonnene Gesetz von allen Schranken, in denen es noch zusammengeengt ist, zu befreien, und also auch die Beziehung der Multiplikation zu dieser Addition aufzufassen. Aber da die formelle Summe keine Ausdehnung darstellt, so ist auch das äussere Produkt jener formellen Summe in eine Strecke noch nicht seiner Bedeutung nach bestimmt. Nun muss auch diese wiederum formell durch das Fortbestehen der multiplikativen Beziehung bestimmt werden, und wir haben somit, wenn es überhaupt eine solche Multiplikation jener Summengrössen geben soll, dieselbe so zu definiren, dass

$$(A + B + C + \ldots) \,.\, p = A \,.\, p + B \,.\, p + C \,.\, p + \ldots$$

sei. Doch dürfen wir dies nur dann festsetzen, wenn bei dem Konstantbleiben von $A + B + C + \ldots$ auch $A \,.\, p + B \,.\, p + C \,.\, p + \ldots$ konstant bleibt, indem das Wesen der Summe nur in diesem

Konstantbleiben besteht, und das Princip der Gleichheit das gleichzeitige Konstantbleiben erfordert. Also haben wir zu zeigen, dass, wenn

$$A + B + \ldots\ldots = P + Q + \ldots$$

ist, auch

$$A.p + B.p + \ldots = P.p + Q.p + \ldots$$

sein müsse. Dies ergiebt sich aber leicht, indem, wenn $A + B + \ldots$ der Summe $P + Q + \ldots$ gleich gesetzt wird, und beides formelle Summen sind, durch blosse Anwendung der Additionsgesetze (andere Anordnung, Zusammenfassung der Stücke, Auflösung der Stücke in kleinere Stücke) aus der einen die andere hervorgehen muss. Da nun jeder solchen Veränderung, welche ohne Aenderung des Gesammtwerthes verstattet ist, eine ebensolche mit den um den Faktor p vermehrten Grössen entspricht, so wird, wenn man mit diesen die entsprechenden Operationen, wie mit jenen vornimmt, gleichzeitig, während sich $A + B + \ldots\ldots$ in $P + Q + \ldots\ldots$ verwandelt, auch $A.p + B.p + \ldots$ in $P.p + Q.p + \ldots$ übergehen. Somit wird es gestattet sein, jene Definition festzustellen, welche hiernach nichts ist, als eine abgekürzte Schreibart.

§ **53.** Da ferner, wenn mit mehreren Strecken fortschreitend d. h. so multiplicirt wird, dass das jedesmal gewonnene Resultat mit dem nächstfolgenden Faktor multiplicirt wird, das Gesammtprodukt stets gleichen Werth behält, sobald das Produkt jener Strecken sich gleich bleibt, so können wir abkürzend statt jener Strecken, mit welchen fortschreitend multiplicirt ist, ihr Produkt setzen. Hierdurch ist der Begriff des Produktes zweier Ausdehnungen bestimmt, und so auch das Produkt einer formellen Summe in eine Ausdehnung, ein Produkt, was zwar im Allgemeinen wieder eine formelle Summe liefert, aber in besonderen Fällen auch in eine Ausdehnung übergehen kann.*)

Dass nun nach dieser Bestimmung allgemein

$$(A + B).P = A.P + B.P$$

---

*) Nämlich, wenn die Stücke der Summe von n-ter Stufe sind und einem System $(n + m)$ter Stufe angehören, so wird durch Multiplikation mit einer Ausdehnung $(m - 1)$ter Stufe desselben Systemes offenbar die formelle Summe in eine Ausdehnung verwandelt.

ist, ergiebt sich leicht. Denn es sei $P = c.d\ldots$, so ist

$$(A + B).P = (A + B).c.d\ldots$$

nach der eben festgesetzten Bestimmung, ferner

$$(A + B).c = A.c + B.c$$

nach § 52, also durch wiederholte Anwendung desselben Gesetzes

$$(A + B).c.d\ldots. = A.c.d\ldots + B.c.d\ldots, \text{ d. h. } (A + B).P = A.P + B.P$$

Ist der zweite Faktor zerstückt, so lässt sich das entsprechende Gesetz hier nur für reale Summen nachweisen, für diese ergiebt sich aus obiger Gleichung durch Vertauschung (wobei die Zeichen sich entweder in allen Gliedern oder in keinem ändern)

$$P.(A + B) = P.A + P.B$$

Für formelle Summen ist noch nichts über die Vertauschbarkeit der Faktoren festgesetzt und daher auch jene Schlussweise noch nicht anwendbar. Da wir überhaupt noch nichts über den Begriff eines Produktes, dessen zweiter Faktor eine formelle Summe ist, festgesetzt haben, so ist uns erlaubt für den Fall, dass der zweite Faktor eine formelle Summe ist, dieselbe Voraussetzung zu machen, wie für den Fall, wo der erste es ist, und also auch dann

$$P.(A + B) = P.A + P.B$$

zu setzen, und dies selbst auf den Fall zu übertragen, wo auch P eine formelle Summe darstellt.

§ 54. Nachdem wir nun alle bis dahin noch bestehenden Schranken aufgehoben, und die Geltung der multiplikativen Grundbeziehung für alle Ausdehnungsgrössen theils aus dem Begriffe nachgewiesen, theils durch Definitionen festgestellt haben: so gelten somit alle Gesetze dieser Beziehung, wie auch alle Gesetze der Addition und Subtraktion, und es sind auf diese Weise alle angegebenen Begriffe im allgemeinsten Sinne gerechtfertigt. Wir fassen daher, nachdem wir am Schlusse dieser Entwickelungsreihe angelangt sind, die Resultate derselben in folgenden Sätzen zusammen:

„Wenn alle Elemente einer Ausdehnung (in ihrer elementaren Darstellung*)) einer und derselben Erzeugung unterworfen d. h. statt jedes Elementes eine gleiche Strecke gesetzt wird,

---

*) Unter der elementaren oder konkreten Darstellung einer Ausdehnung verstehen wir das Gebilde, welchem diese Ausdehnung zugehört.

deren Anfangselement jenes Element ist, so ist die Gesammtheit der so gewonnenen Elemente die konkrete Darstellung einer Ausdehnung, welche als Theil des zugehörigen Systems aufgefasst, das Produkt jener Ausdehnung in diese Strecke ist, und wir nannten dasselbe ein äusseres."

Ferner: „wenn man eine Ausdehnung mit den einfachen Faktoren einer andern fortschreitend auf die angegebene Weise multiplicirt, so ist das Resultat als Produkt jener ersten Ausdehnung in diese letzte charakterisirt."

„Als Summe zweier Ausdehnungen n-ter Stufe in einem Systeme (n + 1) ter Stufe wurde diejenige Ausdehnung nachgewiesen, welche hervorgeht, wenn man jene beiden auf einen gemeinschaftlichen Faktor (n — 1) ter Stufe brachte, und die ungleichen Faktoren addirte."

„Als Summe zweier Ausdehnungen n-ter Stufe in einem System von höherer als (n + 1) ter Stufe ergab sich die formelle Summengrösse, welche dasjenige darstellte, was bei Anwendung der Additionsgesetze konstant blieb."

„Endlich als Produkt einer Summengrösse in eine andere Grösse wurde die Summe aufgefasst, welche hervorgeht, wenn jedes Stück des einen Faktors mit jedem des andern multiplicirt, und diese Produkte addirt werden."

Die Gültigkeit aller dieser Bestimmungen wurde dadurch dargethan, dass für die Addition die Grundgesetze derselben und für die Multiplikation die Grundbeziehungen derselben zur Addition nachgewiesen wurden, indem darin zugleich der Nachweis lag, dass alle Gesetze der Addition und Subtraktion und der Beziehung der Multiplikation zu beiden hier noch fortbestehen.

§ 55. Es bleibt uns nur noch übrig, die Gesetze, welche die äussere Multiplikation als solche charakterisiren, in allgemeinerer Form zu entwickeln. Wir hatten oben in § 35 als das Eigenthümliche dieser Art der Multiplikation das Gesetz dargestellt, dass man, wenn ein einfacher Faktor eines Produktes einen Summanden enthält, welcher mit einem der angränzenden Faktoren gleichartig ist, diesen Summanden ohne Werthänderung des Produktes weglassen kann; daraus ergab sich (§ 36), dass das Produkt von n einfachen Faktoren stets dann, aber auch nur dann als null erscheint, wenn sie von einander abhängig sind, d. h. von einem Systeme niederer Stufe als der n-ten umfasst werden. Dies können wir unmittelbar auf Faktoren beliebiger Stufen ausdehnen, wenn wir mehrere Ausdehnungen dann von einander abhängig setzen, wenn die Summe ihrer Stufenzahlen grösser ist als die des Systems, welches sie alle umfasst; denn dann wird die Anzahl der einfachen Faktoren, welche ihr Produkt enthält, grösser sein als die Stufenzahl des umfassenden Systems, also ihr Produkt in der That null sein. Also:

> „Das äussere Produkt ist null, wenn die Faktoren von einander abhängig sind, und hat einen geltenden Werth, wenn sie es nicht sind.“

Aus der Eigenthümlichkeit des äusseren Produktes ergab sich uns (§ 35), dass zwei einfache Faktoren vertauscht werden dürfen, wenn man zugleich das Vorzeichen des Produktes ändert; dies Gesetz erweiterten wir dahin, dass ein einfacher Faktor eine gerade Anzahl von einfachen Faktoren ohne, eine ungerade mit Zeichenwechsel überspringen dürfe. Da eine Reihe von einfachen Faktoren als Ausdehnung erschien, deren Stufenzahl der Anzahl jener einfachen Faktoren gleich ist, so folgt daraus zuerst, dass eine Ausdehnung von gerader Stufe einen einfachen Faktor, also auch jeden andern, ohne Zeichenwechsel überspringen dürfe, und wiederum, dass bei Vertauschung zweier beliebiger auf einanderfolgender Faktoren dann und nur dann Zeichenwechsel eintrete, wenn beide von ungerader Stufe sind.*) Dass nun dies Gesetz auch noch für Sum-

---

*) Es lässt sich dies, wenn a und b die beziehlichen Stufenzahlen der Ausdehnungen A und B sind, so ausdrücken, dass $A . B = (-1)^{a+b} B . A$ sei. — Wenn beide Faktoren noch durch einen dritten Faktor getrennt sind, so hängt bei der Vertauschung das Zeichen noch von diesem ab. So hat man z. B.

$$A . B . C = (-1)^{ab+bc+ca} C . B . A.$$

Für die formelle Auffassung der äusseren Multiplikation bemerke ich noch, dass man ihre Eigenthümlichkeit, wenn einmal die multiplikative Beziehung zur Addition festgestellt ist, auch durch das Gesetz, dass zwei einfache Faktoren mit Zeichenwechsel vertauschbar seien, vollkommen hätte charakterisiren können. Denn ist $a . b$ allgemein gleich $-b . a$, oder

$$a . b + b . a = 0,$$

so muss dies auch noch gelten, wenn $b = a$ wird, dann ist $a . a + a . a = 0$, also $2a . a = 0$ oder $a . a = 0$. Daraus folgt dann, dass überhaupt das Produkt zweie

mengrössen gelte, ist klar, indem es, wenn man mit den einzelnen Stücken durchmultiplicirt, für die einzelnen Produkte gelten muss. also auch für deren Summe. Also:

„Zwei aufeinander folgende Faktoren sind mit oder ohne Zeichenwechsel vertauschbar, je nachdem die Stufenzahlen beider Faktoren zugleich ungerade sind oder nicht."

§ 56. Die in diesem Kapitel entwickelten Gesetze lassen gegenwärtig nur eine theilweise Anwendung auf die Geometrie und Statik zu, indem die Summengrösse, welche zuerst in einem System vierter Stufe auftritt, hier keine Anwendung finden kann. Die Anwendungen beschränken sich daher nur auf die erste Hälfte dieses Kapitels (§ 47—50), und bestehen darin, dass die Gesetze, welche im vorigen Kapitel für jene Disciplinen festgestellt wurden, von ihren Schranken befreit, und von einem allgemeineren Gesichtspunkte angeschaut werden. Zuerst in der Geometrie haben wir den neuen Additionsbegriff auf die Flächenräume (als Ausdehnungen zweiter Stufe) zu übertragen.

Doch müssen wir dann an den Flächenräumen ihre Richtungen d. h. die Richtungen der Ebene, welcher sie angehören, festhalten; und also zwei Flächenräume als ungleichartig auffassen, wenn die Ebenen, denen sie angehören, eine Verschiedenheit in den Richtungen darbieten. Da nun die Flächenräume auf diese Weise aufgefasst Ausdehnungen zweiter Stufe sind, so werden sich zwei Flächenräume, da sie zugleich einem und demselben Systeme dritter Stufe (dem Raume) angehören, nach § 48 auf einen gemeinschaftlichen Faktor erster Stufe bringen, d. h. sich als Spathecke (Parallelogramme) von gleicher Grundseite darstellen lassen. Die Summe derselben wird somit ein Spatheck sein, welches dieselbe Grundseite hat, dessen Höhenseite aber die Summe der beiden Höhenseiten jener Spathecke ist. Hiernach kann man nun die Sätze von der Fortbewegung (§ 28 und 29) allgemeiner so aussprechen:

„Die geometrische*) Summe der Flächenräume, welche eine

---

gleichartiger Strecken null sei, woraus dann das den Begriff der äusseren Multiplikation charakterisirende Gesetz, wie wir es oben darstellten, hervorgeht.

*) Dieses Adjektivs bediene ich mich, wenn die zu summirenden Grössen noch nicht hinreichend als Grössen mit konstanter Richtung bezeichnet sind, um die Summe von der rein arithmetischen Summe zu unterscheiden.

gebrochene Linie bei ihrer Fortbewegung beschreibt, ist gleich dem Flächenraum, welchen eine gerade Linie, die mit jener gebrochenen gleichen Anfangspunkt und Endpunkt hat, beschreibt, wenn sie sich auf gleiche Weise fortbewegt",

oder noch allgemeiner, indem wir die Strecke vom Anfangspunkt zum Endpunkt der gebrochenen Linie die schliessende Seite derselben nennen.

„Die geometrische Summe der Flächenräume, welche eine gebrochene Linie bei gebrochener Bahn beschreibt, ist gleich dem Flächenraum, welchen die Seite, die die erstere schliesst, in einer Bahn beschreibt, die die zweite schliesst."

Für die Bewegung der Flächenräume hat man den Satz:

„Die Summe der Körperräume, welche eine beliebig gebrochene Fläche in beliebig gebrochener Bahn beschreibt, ist gleich dem Körperraum, welchen die geometrische Summe jener Flächenräume (die die gebrochene Fläche bilden) in der jene gebrochene schliessenden Bahn beschreibt."

§ 57. Auch für die Statik und Mechanik besteht die Anwendung dieses Kapitels in einer Erweiterung, welche jedoch hier so fruchtreich ist, dass nun erst der ganze Reichthum der Beziehungen hervortreten kann. Zuerst die Beschränkung, welche bei dem Gesammtmoment mehrerer Kräfte in Bezug auf einen Punkt hinzugefügt wurde (§ 41), fällt jetzt weg, und wir können daher sagen, unter dem Gesammtmoment mehrerer Kräfte in Bezug auf einen Punkt sei die Summe aller einzelnen auf jenen Punkt bezüglichen Momente verstanden; und zugleich ist klar, dass, wenn man durch diesen Punkt eine Strecke als Axe zieht, das Moment in Bezug auf diese Axe gefunden wird, wenn man diese Axe in jenes erste Moment multiplicirt. Sind z. B. $\alpha\beta$, $\gamma\delta$, ... die Kräfte, so ist ihr Gesammtmoment M_ϱ in Bezug auf einen Punkt ϱ gleich

$$[\varrho\alpha] \cdot [\alpha\beta] + [\varrho\gamma] \cdot [\gamma\delta] + \ldots\ldots;$$

und in Bezug auf eine Axe $\sigma\varrho$ ist das Moment derselben Kräfte gleich

$$[\sigma\varrho] \cdot [\varrho\alpha] \cdot [\alpha\beta] + [\sigma\varrho] \cdot [\varrho\gamma] \cdot [\gamma\delta] + \ldots\ldots,$$

oder gleich

$$[\sigma\varrho] \cdot M_\varrho.$$

Dass nun auch hier das Gesammtmoment der innern Kräfte in Bezug auf einen beliebigen Punkt null ist, bedarf wohl kaum eines Beweises, indem sogleich einleuchtet, dass der Beweis auf ähnliche Weise, nur noch einfacher, erfolgt, wie der oben (§ 42) für den beschränkteren Begriff geführte. Und damit ist klar, wie die sämmtlichen oben aufgestellten Sätze (§ 43 und 44) auch in dieser Verallgemeinerung noch gelten. Namentlich wird der in § 43 aufgestellte Hauptsatz jetzt so ausgesprochen werden können:

„Das Gesammtmoment aller Bewegungen, welche den einzelnen Punkten (eines Vereins von Punkten) innerhalb eines Zeitraums mitgetheilt werden, ist gleich dem Gesammtmoment der sämmtlichen Kräfte, welche dem Vereine dieser Punkte während jener Zeit von aussen mitgetheilt werden, und zwar in Bezug auf jeden beliebigen Punkt.“ *)

Wirken also namentlich keine Kräfte von aussen ein, so muss auch das Gesammtmoment aller mitgetheilten Bewegungen während jedes Zeitraumes null sein, d. h. das Gesammtmoment aller Bewegungen, welche den Punkten einwohnen, muss in der Zeit konstant sein. **) Dies Gesammtmoment stellt somit eine unveränderliche Ebene und in derselben einen konstanten Flächenraum dar; jene Ebene ist es, welche *La Place* die unveränderliche Ebene (*plan invariable*) nennt, und welche vermittelst unserer Wissenschaft sich auf die einfachste Weise durch Summation ergiebt. Die Schwierigkeit der Ableitung nach den sonst üblichen Methoden übersieht sich leicht, wenn man nur einen Blick wirft auf die in *La Grange's mecanique anal.* ***) oder in *La Place's mec. cel.* geführten Entwickelungen, und auf die komplicirten Formeln, in welchen dort die Darstellung fortschreitet.

§ 58. Wir könnten zwar schon hier die Hauptsätze für die Theorie der Momente aufstellen; da indessen die Betrachtung der Momente im zweiten Abschnitte sich noch weit einfacher gestalten

---

*) Die daraus hervorgehende Gleichung werden wir späterhin bei der Anwendung der Differenzialrechnung auf unsre Wissenschaft darstellen; s. § 105.

**) Es ist dies, wie man sich leicht überzeugt, das Princip der konstanten Flächenräume.

***) P. 262 — 269.

wird, so will ich hier nur ein Paar Beispiele geben, um zu zeigen, mit welcher Leichtigkeit sich durch Hülfe unserer Analyse die hierhergehörigen Aufgaben lösen lassen, und in welcher Ergiebigkeit die interessantesten Sätze daraus gleichsam hervorsprudeln. Zuerst sei die Aufgabe die, aus dem Momente in Bezug auf einen Punkt das in Bezug auf einen andern um eine Strecke von gegebener Länge und Richtung von ihm entfernten Punkt zu finden, wenn ausserdem die Gesammtkraft (die Summe der als Strecken dargestellten Kräfte) ihrer Länge und Richtung nach gegeben ist. Es seien σ und τ die beiden Punkte M_σ das gegebene auf den ersten Punkt bezügliche, M_τ das auf den zweiten bezügliche Moment, $[\alpha\beta]$, $[\gamma\delta]$ .... die Kräfte α, γ, ihre Angriffspunkte, s die Gesammtkraft ihrer Länge und Richtung nach, also

$$s = [\alpha\beta] + [\gamma\delta] + \dots$$

Dann ist

$$M_\sigma = [\sigma\alpha].[\alpha\beta] + [\sigma\gamma].[\gamma\delta] + \dots$$
$$M_\tau = [\tau\alpha].[\alpha\beta] + [\tau\gamma].[\gamma\delta] + \dots$$

Zieht man beide Gleichungen von einander ab, so erhält man, da

$$[\sigma\alpha] - [\tau\alpha] = [\sigma\alpha] + [\alpha\tau] = [\sigma\tau]$$

ist u. s. w., die Gleichung

$$M_\sigma - M_\tau = [\sigma\tau].([\alpha\beta] + [\gamma\delta] + \dots.) = [\sigma\tau].s,$$

wodurch die Aufgabe gelöst ist, und man hat den Satz gewonnen:

„Rückt der Beziehungspunkt um eine Strecke fort, so nimmt das Moment um das äussere Produkt der Gesammtkraft in diese Strecke zu." *)

Hierin liegt zugleich, dass das Moment dasselbe bleibt, wenn jenes äussere Produkt null ist, d. h. wenn der Beziehungspunkt in der Richtung der Gesammtkraft fortschreitet, oder anders ausgedrückt, dass

„die Momente in Bezug auf alle Punkte, welche in einer und derselben mit der Gesammtkraft parallelen Linie liegen, einander gleich sind.

Ferner

„Ist das Moment in Bezug auf irgend einen Punkt null, so ist

*) Hierbei ist das Wort „zunehmen" in demselben allgemeinen Sinne genommen, in welchem man auch sagen kann, 8 habe um (— 3) zugenommen, wenn 5 daraus geworden ist.

es in Bezug auf jeden andern Punkt gleich dem äusseren Produkt der Gesammtkraft in die Abweichung des letzten Punktes von dem ersten."

§ 59. Eine andere Aufgabe, welche die Abhängigkeit der Momente in Bezug auf Axen, die durch denselben Punkt gehen, auffasst, ist die, aus den Momenten in Bezug auf 3 Axen, die durch einen Punkt gehen und nicht in derselben Ebene liegen, das Moment in Bezug auf jede vierte Axe, die durch denselben Punkt geht, zu finden. Es seien a, b, c die drei Axen, A, B, C die auf sie bezüglichen Momente, $\alpha a + \beta b + \gamma c$, wo α, β, γ Zahlen vorstellen, die vierte Axe, deren zugehöriges Moment D gesucht wird.*) Das Moment in Bezug auf den Durchschnitt der drei Axen sei M, so ist nach § 57

$$A = a.M,\; B = b.M,\; C = c.M$$
$$D = (\alpha a + \beta b + \gamma c).M.$$

Lösen wir in dem letzten Ausdrucke die Klammer auf, so wird

$$D = \alpha a.M + \beta b.M + \gamma c.M$$
$$= \alpha A + \beta B + \gamma C.$$

Dies Resultat in Worten ausgedrückt:

„Aus den Momenten dreier Axen, die durch Einen Punkt gehen, ohne in Einer Ebene zu liegen, kann man das jeder andern Axe, die durch denselben Punkt geht, finden; und zwar herrscht zwischen den Momenten dieselbe Vielfachen-Gleichung, wie zwischen den Axen." **)

Wenn einer der Koefficienten null wird, so hat man den Satz:

„Aus den Momenten zweier Axen, die durch einen Punkt gehen, kann man das jeder andern Axe, die durch denselben Punkt geht, finden, und zwar herrscht zwischen den Momenten dieselbe Vielfachen-Gleichung wie zwischen den Axen."

Wir werden späterhin bei der allgemeineren Behandlung der Momente auch diesen Satz in viel allgemeinerer Form darstellen können.

*) Dass sich jede Strecke im Raume als Summe aus 3 Stücken darstellen lässt, welche 3 gegebenen Strecken parallel sind, ist oben gezeigt, darin liegt, dass sie sich als Vielfachensumme derselben darstellen lässt.

**) Der Kürze wegen sagen wir, zwischen Grössen bestehe eine Vielfachen-Gleichung, wenn die Glieder der Gleichung nur Vielfachen jener Grössen darstellen.

Viertes Kapitel.

Aeussere Division, Zahlengrösse.

§ 60. Die zur Multiplikation gehörige analytische Verknüpfung ist die Division; folglich wird nach dem allgemeinen Begriff der analytischen Verknüpfung (§ 5) das Dividiren darin bestehen, dass man zu dem Produkte und dem einen Faktor den andern sucht; und es wird vermöge dieser Erklärung jeder besonderen Art der Multiplikation eine ihr zugehörige Art der Division entsprechen; die äussere Division wird also darin bestehen, dass man zu dem äusseren Produkt und dem einen Faktor desselben den andern sucht. Es ist klar, dass hier, da die Faktoren des äusseren Produktes im Allgemeinen nicht vertauschbar sind, auch zwei Arten der Division zu unterscheiden sind, je nachdem nämlich der erste Faktor gegeben ist oder der zweite (vergl. § 11). Wir bezeichnen den gesuchten Faktor (Quotienten) so, dass wir das gegebene Produkt A (den Dividend) nach gewöhnlicher Weise über den Divisionsstrich, den gegebenen Faktor B (den Divisor) unter denselben setzen, diesem gegebenen Faktor aber einen Punkt folgen oder vorangehen lassen, je nachdem der gesuchte Faktor als folgender oder vorangehender Faktor aufgefasst werden soll. Also $\frac{A}{B.}$ bedeutet den Faktor C, welcher als zweiter Faktor mit B verknüpft A giebt, also welcher der Gleichung genügt:

$$B.C = A;$$

und $\frac{A}{.B}$ bedeutet den Faktor C, welcher als erster Faktor mit B verknüpft A giebt, d. h. der Gleichung genügt:

$$C.B = A;$$

oder beide Bestimmungen durch blosse Formeln ausgedrückt:

$$B.\frac{A}{B.} = A; \quad \frac{A}{.B}.B = A.$$

Hierbei haben wir dann nur festzuhalten, dass wenn die Stufenzahlen von der Art sind, dass die Faktoren direkt vertauschbar sind, beide Quotienten gleichen Werth haben, wenn sie hingegen nur mit Zeichenwechsel vertauschbar sind, beide Quotienten entgegengesetzten Werth haben.*) Daher wird man im ersteren Falle auch das Zeichen des Punktes im Nenner weglassen können, wenn man nicht etwa die Division noch ins Besondere als äussere bezeichnen will.

§ 61. Es kommt nun darauf an, aus der formellen Bestimmung die wesentliche Bedeutung des Quotienten zu ermitteln. Da das äussere Produkt zweier Ausdehnungen stets eine Ausdehnung giebt, welcher jene beiden untergeordnet sind und deren Stufenzahl die Summe ist aus den Stufenzahlen der Faktoren, so folgt zunächst, dass auch der Quotient nur dann eine Ausdehnung darstellen könne, wenn der Divisor dem Dividend untergeordnet ist, d. h. von dem System des Dividend ganz umfasst wird; und dass dann zugleich der Divisor von niederer Stufe sein muss als der Dividend, die Stufenzahl des Quotienten aber die Differenz ist zwischen denen des Dividend und Divisors. In jedem andern Falle kann also der Quotient keine Ausdehnung darstellen, sondern nur eine formelle Bedeutung haben, die wir vorläufig auf sich beruhen lassen. Umgekehrt zeigt sich aber auch, dass der Quotient jedesmal dann eine Ausdehnung darstellen muss, wenn jene Bedingung erfüllt ist, dass nämlich der Divisor dem Dividend untergeordnet sei. Nämlich nach § 48 kann man jede Ausdehnung n-ter Stufe auf (n—1) beliebige ihr untergeordnete Faktoren bringen, sobald diese nur von einander unabhängig sind, und somit kann man sie auch auf jede geringere Anzahl untergeordneter Faktoren bringen, d. h. sie als Produkt darstellen, dessen einer Faktor eine beliebige ihr untergeordnete Ausdehnung ist. Also

„Der Quotient ist nur dann, aber auch stets dann, eine Ausdehnung, wenn der Divisor dem Dividend untergeordnet und von niederer Stufe ist, und zwar ist seine Stufenzahl dann der Unterschied der beiden Stufenzahlen des Dividend und Divisors."

---

*) Da die Vertauschung der Faktoren nur dann einen Zeichenwechsel erfordert, wenn beide von ungerader Stufenzahl sind, das Produkt also von gerader, so werden auch beide Quotienten nur dann entgegengesetzten Werth haben, wenn der Dividend von gerader, der Divisor von ungerader Stufe ist; in jedem andern Falle werden sie gleichen Werth haben.

§ 62. Es bleibt nun zu untersuchen, ob in diesem Falle der Quotient eindeutig ist, oder mehrdeutig, und wie im letztern Falle die Gesammtheit seiner Werthe gefunden werden kann. Es sei $\frac{A}{B.}$ der zu untersuchende Quotient, und B der Grösse A untergeordnet. Nach dem vorigen § giebt es nun allemal eine Ausdehnung, welche mit B multiplicirt A giebt, d. h. welche als Quotient aufgefasst werden kann; es sei C eine solche, so dass also

$$B.C = A$$

ist, und die Frage ist die, ob es noch andere von C verschiedene Ausdehnungen gebe, welche statt C in diese Gleichung gesetzt werden können. Jedenfalls müsste dieselbe (§ 61) von derselben Stufe sein wie C. Jede von C verschiedene Ausdehnung derselben Stufe wird sich, wenn X eine beliebige Grösse derselben Stufe ist, darstellen lassen in der Form $C + X$, und es ist also X so zu bestimmen, dass

$$B.(C + X) = A$$

ist, wenn $C + X$ auch als ein Werth des Quotienten $\frac{A}{B.}$ erscheinen soll. Man hat dann

$$B.C + B.X = A = B.C,$$

d. h.

$$B.X = 0.$$

Nun giebt aber nach § 55 nur das Produkt zweier abhängiger Grössen, aber ein solches auch allemal null, folglich genügt ausser dem partiellen Werth C des Quotienten noch jede andere Grösse, welche von ihm um einen vom Divisor abhängigen Summanden verschieden ist, aber auch keine andere. Die Gesammtheit dieser Grössen, die von B abhängig sind, oder welche statt X gesetzt der Gleichung

$$B.X = 0$$

genügen, können wir nun nach der Definition des Quotienten mit $\frac{0}{B}$ bezeichnen, somit haben wir

$$\frac{B.C}{B.} = C + \frac{0}{B}.$$

Dies Resultat können wir in folgendem Satze darstellen:

„Wenn der Divisor (B) dem Dividend (A) untergeordnet und von niederer Stufe ist, so ist der Quotient nur partiell bestimmt, und zwar findet man, wenn man einen besonderen Werth (C) des Quotienten kennt, den allgemeinen, indem man den unbestimmten Ausdruck einer von dem Divisor (B) abhängigen Grösse zu jenem besondern Werth hinzuaddirt, oder es ist dann

$$\frac{B}{A.} = C + \frac{0}{A}{}^{*)}$$

Auf die Raumlehre übertragen sagt dieser Satz aus, dass erstens, wenn zu einem Spathecke (Parallelogramme) die Grundseite und der Flächenraum (nebst der Ebene, der er angehören soll) gegeben ist, dann die andere Seite, die wir Höhenseite genannt haben, nur partiell bestimmt sei, und dass, wenn ihr Anfangspunkt fest ist, der Ort ihres Endpunktes eine mit der Grundseite parallele gerade Linie sei; dass zweitens, wenn zu einem Spathe die Grundfläche und der Körperraum gegeben ist, die andere Seite (Höhenseite) nur partiell bestimmt sei, und der Ort ihres Endpunktes bei festem Anfangspunkt eine mit der Grundfläche parallele Ebene sei; und dass endlich, wenn zu einem Spathe die Höhenseite und der Körperraum gegeben ist, die Grundfläche partiell bestimmt sei, indem dieselbe als der veränderliche ebene Durchschnitt eines Prismas, dessen Kanten der Höhenseite parallel sind, erscheint. Dies letztere bedarf eines Nachweises. Ist nämlich eine Grundfläche als besonderer Werth jenes Quotienten gefunden, d. h. giebt sie wirklich mit der gegebenen Höhenseite äusserlich multiplicirt den gegebenen Körperraum, und stellt man sich diese Grundfläche in Form eines Spathecks vor, so wird man jedes andere Spatheck, was mit der gegebenen Höhenseite äusserlich multiplicirt dasselbe Produkt giebt, dadurch aus dem ersten gewinnen, dass man den Seiten des ersten beliebige mit der Höhenseite parallele Summanden hinzufügt, worin dann der ausgesprochene Satz liegt,

§ **63.** Aus dem Satze des vorigen § ergiebt sich, dass man die Gesetze der arithmetischen Division nicht ohne weiteres auf

*) Es ist dies unbestimmte Glied sehr wohl zu vergleichen mit der unbestimmten Konstanten bei der Integration, und das eigenthümliche Verfahren, welches dadurch herbeigeführt wird, ist hier dasselbe wie dort.

unsere Wissenschaft übertragen könne, namentlich dass man im Dividend und Divisor nicht gleiche Faktoren wegheben dürfe. Aber da überhaupt die Rechnung mit unbestimmten, wenn auch nur partiell unbestimmten Grössen, mannigfachen Schwierigkeiten unterliegt, und in der anderweitigen Analyse des Endlichen nichts vollkommen entsprechendes findet, so ist es am zweckmäsigsten, diesen unbestimmten Ausdruck durch bestimmte Ausdrücke zu ersetzen.

Es ergiebt sich nämlich, dass der Quotient ein bestimmter ist, sobald derselbe seiner Art nach gegeben d. h. das System gleicher Stufe bestimmt ist, dem er angehören soll, vorausgesetzt nämlich, dass dies System von dem des Divisors unabhängig, dem Systeme des Dividend aber untergeordnet sei. Wird diese Voraussetzung erfüllt, so ist in der That immer ein aber auch nur Ein Werth des Quotienten möglich, welcher in dem gegebenen Systeme liegt. Denn denkt man sich irgend eine diesem Systeme gleichartige Ausdehnung (C) mit dem Divisor multiplicirt, so wird das Produkt dem Dividend gleichartig sein, also auch durch Vergrösserung oder Verkleinerung jener Ausdehnung (C) dem Dividend gleich gemacht werden können, wobei diese Ausdehnung (C) selbst sich als Quotient darstellt. Aber auch nur Ein solcher Werth des Quotienten wird hervorgehen, es sei nämlich C ein solcher Werth des Quotienten $\frac{A}{B}$, so dass also $B.C = A$ ist; es verwandle sich C in eine ihm gleichartige Grösse $C + C_1$, wo C_1 nicht gleich null ist, so hat man $B.(C + C_1) = B.C + B.C_1 = A + B.C_1$; es ist also $B(C + C_1)$ nicht gleich A, da $B.C_1$, weil beide Faktoren nach der Voraussetzung von einander unabhängig sind, nicht null geben kann. Also jeder andere mit C gleichartige Werth genügt statt C gesetzt nicht der Gleichung

$$B.C = A,$$

d. h. kann nicht als ein Werth des Quotienten $\frac{A}{B}$ aufgefasst werden; also giebt es nur einen solchen. Dies Resultat kann man auch so ausdrücken: Wenn zwei gleiche Produkte einen gleichen Faktor haben, und der andere Faktor in beiden gleichartig, von dem ersten aber unabhängig ist, so ist auch dieser in beiden gleich.

Es kommt nun darauf an, für diesen bestimmten Quotienten eine angemessene Bezeichnung zu finden. Es sei P der Dividend, A der Divisor, B eine Grösse, welcher der Quotient gleichartig sein soll, A und B seien beide dem Systeme P untergeordnet, aber von einander unabhängig; dann wird P sich als Produkt von A_1 in B, wo A_1 mit A gleichartig ist, darstellen lassen, der Quotient wird also

$$\frac{A_1 . B}{A.}$$

sein; diesen können wir, sofern er mit B gleichartig sein soll, vorläufig mit

$$\frac{A_1}{A} B$$

bezeichnen. Also $\frac{A_1}{A} B$ soll die mit B gleichartige Grösse B_1 bezeichnen, welche der Gleichung

$$A_1 . B = A . B_1$$

genügt. *)

§ 64. Um nun die Bedeutung dieser Ausdrücke auszumitteln, haben wir die Verbindung eines und desselben Ausdrucks

---

*) Die Bezeichnung kann keine Zweideutigkeit hervorrufen, da wir bisher noch nicht einen Quotienten zweier gleichartiger Grössen kennen gelernt haben. Dabei bleibt vorläufig unentschieden, ob in dieser Bezeichnung $\frac{A_1}{A}$ in der That als Quotient und seine Verbindung mit B als Multiplikation aufzufassen sei; doch wird die Angemessenheit der Bezeichnung erst dann klar werden können, wenn wirklich jene Auffassung sich herausstellt. Durch einen Seitenblick auf die Zahlenlehre, mit welcher hier unsere Wissenschaft in Berührung tritt, ohne aber von ihr Sätze zu entlehnen, leuchtet ein, dass wenn A_1 ein Vielfaches von A ist, auch B_1 ein eben so Vielfaches von B sein müsse, und dass also, wenn wir unter $\frac{A_1}{A}$ die Zahl verstehen, welche angiebt, ein Wievielfaches A_1 von A sei, dann B_1 in der Form $\frac{A_1}{A}$ B dargestellt werden könne. Allein so einfach diese Anwendung der Zahlenlehre auch sein mag, so dürfen wir sie hier nicht aufnehmen, ohne unserer Wissenschaft zu schaden. Auch würde sich dieser Verrath an unserer Wissenschaft bald genug rächen durch die mannigfachen Verwickelungen und Schwierigkeiten, in die wir sehr bald durch den Begriff der Irrationalität gerathen würden. Wir bleiben daher, ohne uns durch die betrügerische Aussicht auf einen bequemen Weg verlocken zu lassen, unserer Wissenschaft getreu.

$\frac{A_1}{A}$ mit verschiedenen Grössen zu untersuchen Zunächst ergiebt sich, dass, wenn A, B, C von einander unabhängig sind, und

$$\frac{A_1}{A} B = B_1$$

ist, dann auch allemal

$$\frac{A_1}{A} C = \frac{B_1}{B} C$$

sein muss. Denn aus der ersten Gleichung hat man nach der Definition

$$A_1 . B = A . B_1 .$$

Und setzt man $\frac{A_1}{A} C = C_1$ so ist

$$A_1 . C = A . C_1 .$$

Multiplicirt man die erste dieser Gleichungen mit C, die zweite mit B (auf zweiter Stelle), so hat man

$$A_1 . B . C = A . B_1 . C$$

$$A_1 . B . C = A . B . C_1 .$$

Also auch

$$A . B_1 . C = A . B . C_1 .$$

Da nun $B_1 . C$ mit $B . C_1$ gleichartig ist, und der andere Faktor (A) sowohl als das Produkt auf beiden Seiten gleich ist, so muss (§63)

$$B_1 . C = B . C_1 ; \text{ d. h.}$$

$$\frac{B_1}{B} C = C_1 = \frac{A_1}{A} C$$

sein. Also wenn

$$\frac{A_1}{A} B = B_1$$

ist, so geben die Ausdrücke $\frac{A_1}{A}$ und $\frac{B_1}{B}$ mit jeder beliebigen von A.B unabhängigen Grösse verbunden dasselbe Resultat. Aber wir können nun zeigen, dass dies auch dann noch der Fall sein müsse, wenn beide Ausdrücke mit einer Grösse C verbunden sind, welche nur von A und von B unabhängig ist, ohne zugleich von dem Produkte A.B unabhängig zu sein. Zunächst erweisen wir dies für den Fall, dass C eine Strecke sei, die wir mit c bezeichnen wollen. Es sei also

$$\frac{A_1}{A}c = c_1 \text{ oder } A_1 . c = A . c_1,$$

wo c zwar von A und B unabhängig, aber von A.B abhängig sei. Um nun zu zeigen, dass dann, wenn

$$\frac{A_1}{A} B = B_1 \text{ ist, auch } \frac{B_1}{B} c = \frac{A_1}{A} c = c_1$$

sein müsse, suchen wir den Faktor c durch Hinzufügung einer von A.B unabhängigen Strecke p selbst davon unabhängig zu machen. Man erhält dann statt $A_1 . c$ den Ausdruck $A_1 . (c + p)$; diesem wird ein Ausdruck gleichgesetzt werden können, dessen erster Faktor A und dessen zweiter mit $(c + p)$ gleichartig ist, und also als Summe zweier mit c und p gleichartiger Stücke dargestellt werden kann, es sei derselbe $c_2 + p_1$ so hat man

$$A_1 . (c + p) = A . (c_2 + p_1).$$

Multiplicirt man diese Gleichung mit p, so erhält man

$$A_1 . c . p = A . c_2 . p \text{ oder, da } A_1 \, c = A \, c_1 \text{ ist,}$$

$$A . c_1 . p = A . c_2 . p$$

und daraus folgt, da die entsprechenden Faktoren gleichartig sind, nach § 63 die Gleichung

$$c_1 = c_2.$$

Führt man daher statt c_2 diesen Werth c_1 oben ein, so erhält man

$$A_1 . (c + p) = A . (c_1 + p_1).$$

Und da nun p von A.B unabhängig war, also auch $(c + p)$ davon unabhängig ist, so können wir nun das oben erwiesene Gesetz anwenden, dass

$$B_1 . (c + p) = B . (c_1 + p_1)$$

ist; also auch, mit p multiplicirt,

$$B_1 . c . p = B . c_1 . p;$$

und da hier die entsprechenden Faktoren gleichartig sind, so hat man

$$B_1 . c = B . c_1 \text{ oder } \frac{B_1}{B} . c = c_1 = \frac{A_1}{A} c$$

auch dann noch, wenn c von A.B abhängig ist. Nun können wir dies Resultat leicht ausdehnen auf den Fall, dass die Ausdrücke $\frac{A_1}{A}$ und $\frac{B_1}{B}$ welche der Gleichung

$$\frac{A_1}{A}B = B_1 \text{ oder } A_1 . B = A . B_1$$

entsprechen, mit einer beliebigen von A und von B unabhängigen Grösse höherer Stufe C verbunden sind. Es sei $C = c . d . e \ldots$, so lässt sich jede mit C gleichartige Grösse C_1 in der Form $c_1 . d . e \ldots$ darstellen, wie wir schon an mehreren Orten gezeigt haben. Ist also

$$\frac{A_1}{A}C = C_1 \text{ oder } A_1 . C = A . C_1,$$

so hat man nun durch jene Substitution

$$A_1 . c . d . e \ldots = A . c_1 . d . e \ldots,$$

woraus, vermöge der Gleichartigkeit der Faktoren, folgt (§ 63)

$$A_1 . c = A . c_1,$$

somit auch nach dem so eben erwiesenen Satze

$$B_1 . c = B . c_1,$$

also auch durch Wiederholung derselben Schlussreihe

$$B_1 . c . d . e \ldots = B . c_1 . d . e \ldots,$$

d. h.

$$B_1 . C = B . C_1 \text{ oder } \frac{B_1}{B}C = C_1 = \frac{A_1}{A}C.$$

Wir haben somit den allgemeinen Satz bewiesen:

„Wenn $\frac{A_1}{A}B = B_1$ ist, so ist auch in Bezug auf jede Grösse C, welche von A und von B unabhängig ist,

$$\frac{A_1}{A}C = \frac{B_1}{B}C.\text{“}$$

§ 65. Da nun der Begriff der Ausdrücke $\frac{A_1}{A}$ und $\frac{B_1}{B}$ nur bestimmt ist, so fern sie mit Grössen verbunden sind, die von A und B unabhängig sind, und für jede zwei solche Verbindungen, in welche $\frac{A_1}{A}$ und $\frac{B_1}{B}$ mit derselben Grösse eingehen, unter der Voraussetzung, dass

$$\frac{A_1}{A}B = B_1$$

ist, die Gleichheit dargethan ist, so folgt, dass wir berechtigt sind, die Ausdrücke $\frac{A_1}{A}$ und $\frac{B_1}{B}$ unter obiger Voraussetzung selbst einander gleichzusetzen, und dadurch den Begriff, den diese Ausdrücke an sich haben, zu bestimmen. Also

„Wenn $\frac{A_1}{A}B = B_1$ oder $A_1 . B = A . B_1$ ist (A und B von einander unabhängig gedacht), so setzen wir $\frac{A_1}{A}$ gleich $\frac{B_1}{B}$."

Es ist klar, wie hierdurch die Bedeutung von $\frac{A_1}{A}B$ auch dann bestimmt ist, wenn B von A abhängig ist; denn man hat nur eine Hülfsgrösse C anzunehmen, welche von A und B unabhängig ist, und C_1 so zu bestimmen, dass nach der angegebenen Definition $\frac{C_1}{C}$ gleich ist $\frac{A_1}{A}$, so ist durch Substitution des Gleichen

$$\frac{A_1}{A}B = \frac{C_1}{C}B,$$

und dadurch auch der Begriff des ersten Ausdrucks bestimmt. Namentlich ergiebt sich daraus, dass

$$\frac{A_1}{A}A = A_1$$

ist. Denn nimmt man eine Hülfsgrösse B, welche von A unabhängig ist, und setzt

$$\frac{A_1}{A} = \frac{B_1}{B}, \text{ d. h. } \frac{B_1}{B}A = A_1,$$

so muss auch nach dem allgemeinen Begriff des Gleichen

$$\frac{A_1}{A}A = \frac{B_1}{B}A$$

sein; der letztere Ausdruck ist aber, wie wir so eben zeigten, gleich A_1, also auch der erstere, was wir zeigen wollten. Hieraus nun folgt zugleich, dass der Ausdruck $\frac{A_1}{A}$ als Quotient aufgefasst werden könne, sobald seine Verbindung mit andern Grössen, wie wir sie bisher beschrieben, als Multiplikation dargethan ist, d. h. die Beziehung jener Verbindung zur Addition als eine multiplikative nachgewiesen ist.

§. 66. Zuerst ist $\frac{A_1}{A}(b + c) = \frac{A_1}{A}b + \frac{A_1}{A}c$. Nämlich $\frac{A_1}{A}(b + c)$ ist eine mit $b + c$ gleichartige Strecke, welche sich daher auch in

Stücken ausdrücken lassen muss, die mit b und c gleichartig sind; es seien dies b_1 und c_1, also

$$\text{*)} \ldots\ldots \frac{A_1}{A}(b+c)=b_1+c_1$$

$$\text{oder } A_1(b+c)=A(b_1+c_1).$$

Man multiplicire diese Gleichung mit c, so hat man

$$A_1 . b . c = A . b_1 . c,$$

also auch vermöge der Gleichartigkeit der Faktoren

$$A_1 . b = A . b_1 \text{ oder } \frac{A_1}{A} b = b_1 .$$

Auf dieselbe Weise ergiebt sich durch Multiplikation mit b, dass

$$\frac{A_1}{A} c = c_1$$

ist; substituirt man diese Ausdrücke für b_1 und c_1 in die obige Gleichung *), so hat man in der That

$$\frac{A_1}{A} . (b+c) = \frac{A_1}{A} b + \frac{A_1}{A} c.$$

Es ist dies nun auszudehnen auf den Fall, dass statt b und c Ausdehnungen höherer Stufen B und C eintreten. Die Summe derselben giebt nach § 47 nur dann eine Ausdehnung, wenn beide Ausdehnungen n-ter Stufe sich auf einen gemeinschaftlichen Faktor (n — 1)ter Stufe bringen lassen. Es sei daher

$$B = b . E \ , \ C = c . E.$$

Dann sei

$$\frac{A_1}{A} b = b_1 ; \frac{A_1}{A} c = c_1 , \text{ also } A_1 . (b+c) = A . (b_1+c_1),$$

so ist auch noch, wenn man diese Gleichung mit E multiplicirt,

$$A_1 . (b+c) . E = A . (b_1+c_1) . E$$

oder

$$A_1 . (bE+cE) = A . (b_1 E + c_1 E)$$

oder

$$\text{**)} \ldots \frac{A_1}{A}(B+C) = b_1 E + c_1 E.$$

Es ist aber, wenn man die Gleichungen, durch welche b_1 und c_1 bestimmt wurden, in Produktform darstellt und mit E multiplicirt,

$$A_1 . b . E = A . b_1 . E; \ A_1 . c . E = A . c_1 . E$$

also

$$\frac{A_1}{A}B = b_1 E$$

und auf dieselbe Weise

$$\frac{A_1}{A}C = c_1 . E.$$

Diese Ausdrücke für b_1 E und c_1 E in die obige Gleichung ··) substituirt, hat man

$$\frac{A_1}{A}(B + C) = \frac{A_1}{A}B + \frac{A_1}{A}C.$$

Gilt nun die multiplikative Beziehung für reale Summen, so gilt sie auch für formale, weil diese ihrem Begriffe nach nur durch jene bestimmt sind; da nämlich dann $B+C$ keine Ausdehnung darstellt, so hat auch

$$\frac{A_1}{A}(B+C)$$

nur die formelle Bedeutung, dass es

$$= \frac{A_1}{A}B + \frac{A_1}{A}C$$

gesetzt werde. Es gilt also die multiplikative Beziehung für diese Ausdrücke $\left(\frac{A_1}{A}\text{ etc.}\right)$ allgemein, und ihre Verknüpfung, wie wir sie aufgefasst haben, ist als wahre Multiplikation zu fassen. Also ist auch $\frac{A_1}{A}$ selbst ein wahrer Quotient*).

§ 67. Um eine anschaulichere Idee des Quotienten zu gewinnen, gehen wir zunächst von Strecken aus; es seien a und b von einander unabhängig, und

$$\frac{a_1}{a} = \frac{b_1}{b} \text{ oder } a_1 . b = a . b_1,$$

so hat man aus der letzten Gleichung

$$a_1 . b + b_1 . a = o,$$

---

*) Da die Stufenzahl des Quotienten die Differenz ist zwischen den Stufenzahlen des Dividend und Divisor, so ist $\frac{A_1}{A}$ als Ausdehnungs-Grösse 0-ter Stufe zu fassen, was auch damit übereinstimmt, dass wenn eine Ausdehnung mit ihr multiplicirt wird, sich deren Stufenzahl nicht ändert.

oder da man dem zweiten Faktor Stücke hinzufügen darf, die dem ersten gleichartig sind,

$$a_1 . (a + b) + b_1 . (a + b) = o,$$
$$(a_1 + b_1) . (a + b) = o,$$

d. h. $(a + b)$ und $(a_1 + b_1)$ sind gleichartig oder können als Theile desselben Systems erster St. aufgefasst werden. Nach der Erzeugungsweise des Systems erster St. mussten dann a_1 und b_1 entsprechende Theile von a und b sein. Schreibt man nun die ursprüngliche Gleichung als Proportion

$$a_1 : a = b_1 : b,$$

so gelangt man zu dem Satze: Vier Strecken stehen in Proportion, wenn die erste von der zweiten der entsprechende Theil ist, wie die dritte von der vierten. Nach dem Begriff des Quotienten zweier gleichartiger Grössen bleibt der Werth desselben ungeändert, wenn man Dividend und Divisor mit derselben unabhängigen Ausdehnung multiplicirt, den Quotienten erweitert; nämlich wenn

$$a_1 . b = a . b_1 ; \text{ also } \frac{a_1}{a} = \frac{b_1}{b}$$

ist, so ist auch

$$a_1 . E . b = a . E . b_1 , \text{ also}$$
$$\frac{a_1 . E}{a . E} = \frac{b_1}{b}, \text{ also} = \frac{a_1}{a}.$$

Somit kann man auch jedes Verhältniss durch eine beliebige Ausdehnung erweitern. Nun können wir sagen, dass $a_1 . E$ von $a . E$ der entsprechende Theil ist, wie a_1 von a, und somit haben wir den allgemeinen Satz: Vier Grössen stehen in Proportion, wenn die erste von der zweiten der entsprechende Theil ist, wie die dritte von der vierten.

§ 68. Wir haben nun die Verknüpfungen dieser neu gewonnenen Grössen, die wir Zahlengrössen nennen, sowohl unter sich, als mit den Ausdehnungsgrössen darzustellen. Die multiplikative Verknüpfung derselben mit den Ausdehnungsgrössen haben wir dargestellt, und ihre Beziehung zur Addition gesichert. Wir haben nun die rein multiplikativen Gesetze dieser Verknüpfung, d. h. die Vereinbarkeit und Vertauschbarkeit der Faktoren zu untersuchen. Es ergiebt sich, dass man in einem äusseren Produkt, worin Zahlengrössen vorkommen, diese jedem beliebigen Faktor zuordnen kann, ohne den Werth des Resultates zu ändern. In der That ist, $\frac{a_1}{a}$ mit α bezeichnet,

$$\alpha\,(B\,.\,C) = (\alpha B)\,.\,C.$$

Denn es sei αB oder $\frac{a_1}{a}B = B_1$, oder

$$a_1\,.\,B = a\,.\,B_1,$$

so hat man durch Multiplikation mit C

$$a_1\,.\,B\,.\,C = a\,.\,B_1\,.\,C;$$

also auch nach der Definition

$$\frac{a_1}{a}(B.C) = B_1.C, \text{ oder}$$

$$\alpha\,(B\,.\,C) = (\alpha B)\,.\,C.$$

Was die Vertauschbarkeit anbetrifft, so ist die Bedeutung des Ausdrucks $A\alpha$, wo A eine beliebige Ausdehnung, α aber eine Zahlengrösse ist, noch nicht festgesetzt; und wir können diese Bedeutung nach der Analogie bestimmen. Nämlich da die Ausdehnungsgrösse nullter Stufe als Ausdehnungsgrösse von gerader Stufe erscheint, eine solche aber in einem äusseren Produkt beliebig geordnet werden darf, so können wir feststellen, dass unter $A\alpha$ dasselbe verstanden sein solle, wie unter αA, woraus dann folgt,

„dass die Stellung einer Zahlengrösse innerhalb eines äusseren Produktes ganz gleichgültig ist.“

Was endlich den Quotienten einer Ausdehnung durch eine Zahlengrösse betrifft, so ist dessen Bedeutung aus dem allgemeinen Begriff der Division sogleich klar, und die Eindeutigkeit dieses Quotienten, so lange der Divisor nicht 0 wird, ergiebt sich leicht. In der That es sei

$$\frac{B}{\alpha} = X, \quad \alpha = \frac{a}{a_1},$$

wo a von B unabhängig sei, so hat man

$$\alpha X = B, \quad \frac{a}{a_1}X = B, \quad a\,.\,X = a_1\,.\,B,$$

und wir haben oben gezeigt, dass es nur Einen mit B gleichartigen Werth X giebt, welcher dieser letzten Gleichung genügt, während jene Gleichartigkeit in den vorhergehenden Gleichungen ausgesagt ist.

§ 69. Zu dem Begriffe des Produktes mehrerer Zahlengrössen gelangen wir vom fortschreitenden Produkte aus. Setzen wir das Produkt

$$P . \alpha\beta\gamma \ldots\ldots = P_1, \qquad \cdot)$$

wo die Ausdehnung P mit den Zahlengrössen α, β, γ, ... fortschreitend, d. h. so multiplicirt werden soll, dass das Resultat jeder früherer Multiplikation mit der nächstfolgenden Zahlengrösse multiplicirt wird: so entsteht die Aufgabe, eine Zahlengrösse zu finden, mit welcher P multiplicirt sogleich dasselbe Resultat P_1 gebe. Zu dem Ende seien α, β, γ,... dargestellt in den Formen $\frac{A_1}{A}$, $\frac{B_1}{B}$, $\frac{C_1}{C}$...., so dass P, A, B, C.... alle von einander unabhängig seien. Multiplicirt man dann beide Seiten der obigen Gleichung ·) mit A.B.C..., so kann man nach dem vorigen § die Zahlengrössen α, β, γ... oder $\frac{A_1}{A}$, $\frac{B_1}{B}$, $\frac{C_1}{C}$, ... jedem beliebigen dieser Faktoren zuordnen, also auch $\frac{A_1}{A}$ dem A u. s. w., und erhält dadurch

$$P . A_1 . B_1 . C_1 \ldots . = P_1 . A . B . C \ldots$$

Also ist, da P_1 dem P gleichartig ist, nach der Definition des Quotienten

$$P_1 = P \frac{A_1 . B_1 . C_1 \ldots}{A . B . C \ldots .}.$$

Somit haben wir das Gesetz, dass

$$„P \frac{A_1}{A} \frac{B_1}{B} \frac{C_1}{C} \ldots . = P_1 \frac{A_1 . B_1 . C_1 \ldots}{A . B . C \ldots .}“$$

ist, zunächst zwar nur, wenn P von A.B.C... unabhängig ist, aber demnächst auch, wenn P hiervon abhängig ist. Um dies zu zeigen, stellen wir zuerst die Zahlengrössen α, β, γ... oder die Quotienten $\frac{A_1}{A}$.... in neuen Formen $\left(\frac{\mathit{A}_1}{\mathit{A}} \text{etc.}\right)$ dar, so dass P von $\mathit{A}.\mathit{B}.\mathit{\Gamma}$.... unabhängig ist, so werden wir nun das obige Gesetz anwenden können, und eine Zahlengrösse ϱ erhalten, welche statt der fortschreitenden Faktoren $\frac{A_1}{A}$,... $\left(\text{oder } \frac{\mathit{A}_1}{\mathit{A}} \ldots\right)$ gesetzt werden kann und welche gleich $\frac{\mathit{A}_1 . \mathit{B}_1 . \mathit{\Gamma}_1 \ldots .}{\mathit{A} . \mathit{B} . \mathit{\Gamma} \ldots .}$ ist. Nimmt man nun eine Ausdehnung Q zu

Hülfe, welche so wohl von A . B . C .... als auch von diesen neuen Grössen $\mathit{A} . \mathit{B} . \Gamma$... unabhängig ist, so ergiebt sich Q $\alpha\ \beta\ \gamma$.... vermöge der ersten Grössen gleich

$$Q\,\frac{A_1 . B_1 . C_1 \ldots}{A . B . C \ldots\ldots},$$

vermöge der zweiten aber gleich

$$Q\varrho.$$

Also ist

$$\varrho = \frac{A_1 . B_1 . C_1 \ldots}{A . B . C}.$$

Nun war aber

$$P . \alpha\beta\gamma \ldots = P\varrho$$

vermöge der zweiten Reihe von Formen, also ist auch vermöge des gefundenen Werthes für ϱ

$$P\,\frac{A_1}{A}\,\frac{B_1}{B}\,\frac{C_1}{C} \ldots = P\,\frac{A_1 . B_1 . C_1 \ldots}{A . B . C}.$$

Es ist also das obige Gesetz in seiner ganzen Allgemeinheit bewiesen.

§ 70. Hieraus gehen sogleich zwei für die Verknüpfung der Zahlengrössen höchst wichtige Folgerungen hervor, nämlich erstens, dass, wenn für irgend eine Grösse P die fortschreitende Multiplikation mit mehreren Zahlengrössen α, β, γ... durch die Multiplikation mit einer bestimmten Zahlengrösse ϱ ersetzt wird, dies auch für jede andere Grösse gilt, die statt P gesetzt wird, indem nämlich der für ϱ im vorigen § gewonnene Ausdruck gänzlich unabhängig ist von P, und nur von den Zahlengrössen α, β, ... abhängt; zweitens dass die Zahlengrössen auch beliebig unter sich vertauscht werden können, weil man in dem Produkt $\frac{A_1 . B_1 \ldots.}{A . B \ldots}$ im Zähler und Nenner gleiche Vertauschungen vornehmen kann, indem dadurch in beiden gleiche Zeichenänderungen, also für den Werth des Quotienten gar keine hervorgeht. Die erste dieser Folgerungen berechtigt uns, das Produkt $\alpha\beta\gamma$... selbst gleich ϱ zu setzen. Also:

„Unter dem Produkte mehrerer Zahlengrössen ist diejenige Zahlengrösse zu verstehen, welche in ihrer Multiplikation mit irgend einer Ausdehnung dasselbe Resultat liefert, als wenn diese Ausdehnung fortschreitend mit den Faktoren jenes Produktes multiplicirt wird.“

Hiernach ist also, wenn A, B, C... von einander unabhängig sind,

$$\frac{A_1}{A}\frac{B_1}{B}\frac{C_1}{C}\ldots = \frac{A_1 . B_1 . C_1 \ldots.}{A . B . C \ldots.}.$$

Die zweite Folgerung, die wir vorher ableiteten, sagt nun aus, dass man Zahlengrössen als Faktoren unmittelbar vertauschen könne.

§ 71. Um nun die Geltung aller Gesetze arithmetischer Multiplikation und Division (s. § 6) für die Zahlengrössen nachzuweisen, haben wir noch die Eindeutigkeit des Quotienten $\frac{\beta}{\alpha}$, so lange α nicht null ist, darzuthun. Es bedeutet nach der allgemeinen Definition analytischer Verknüpfungen $\frac{\beta}{\alpha}$ diejenige Grösse, welche mit α multiplicirt β giebt; es sei nun $\alpha\gamma$ gleich β, so haben wir zu zeigen, dass, wenn zugleich $\alpha\gamma'$ gleich β sei, γ nothwendig gleich γ' sein müsse, vorausgesetzt noch immer, dass α nicht null sei. Es soll also, wenn A irgend eine Ausdehnung vorstellt, voraus gesetzt werden, dass

$$A\beta = A(\alpha\gamma) = A(\alpha\gamma')$$

sei; da man aber nach dem vorigen §. statt mit dem Produkte, mit den einzelnen Faktoren multipliciren kann, so hat man auch

$$(A\alpha)\gamma = (A\alpha)\gamma'.$$

Nun haben wir aber bei der Definition der Zahlengrösse festgesetzt, dass zwei Zahlengrössen, welche mit derselben Ausdehnung multiplicirt gleiches Resultat geben, auch als gleich betrachtet werden müssen. Ist nun α nicht null, so ist $A\alpha$ eine wirkliche Ausdehnung, also nach der angeführten Bestimmung $\gamma = \gamma'$, d. h. der Quotient zweier Zahlengrössen eindeutig, so lange der Divisor nicht null ist. Da nun auf der Vertauschbarkeit und Vereinbarkeit der Faktoren, wie auch auf der Eindeutigkeit des Quotienten in dem angegebenen Umfange, alle Gesetze arithmetischer Multiplikation und Division beruhen (§ 6) und dieselben Gesetze auch für die Verknüpfung der Zahlengrössen mit den Ausdehnungen gelten (§ 68), so ergiebt sich, dass

„alle Gesetze arithmetischer Multiplikation und Division für die

Verknüpfung der Zahlengrössen unter sich und mit den Ausdehnungsgrössen gelten." *)

Hierdurch ist nun zugleich der wesentliche Zusammenhang zwischen der arithmetischen und der äusseren Multiplikation dargethan, indem jene als specielle Gattung von dieser erscheint für den Fall nämlich, dass die Faktoren Ausdehnungsgrössen nullter Stufe sind. Wir bedienen uns daher für die Multiplikation der Zahlengrössen beliebig bald des Punktes bald des unmittelbaren Aneinanderschreibens, indem das letztere uns oft bequem ist, um die Klammern zu ersparen und dadurch die Uebersicht zu erleichtern.

§ 72. Um zur Addition zweier Zahlengrössen (α und β) zu gelangen, haben wir zunächst den Ausdruck

$$\alpha C + \beta C = C_1$$

zu betrachten, und die Zahlengrösse zu suchen, mit welcher C multiplicirt werden muss, damit derselbe Werth C_1 hervorgehe. Zu dem Ende seien α, β dargestellt in den Formen $\frac{a_1}{a}$ und $\frac{a_2}{a}$, wo a von C unabhängig sei. Die obige Gleichung verwandelt sich dann in

$$\frac{a_1}{a} C + \frac{a_2}{a} C = C_1$$

und durch die Multiplikation mit a in

$$a_1 . C + a_2 . C = a . C_1, \text{ oder } (a_1 + a_2) C = a C_1,$$

also

$$C_1 = \frac{a_1 + a_2}{a} C.$$

Wir haben somit den Satz gewonnen, dass

$$\text{„}\frac{a_1}{a} C + \frac{a_2}{a} C = \frac{a_1 + a_2}{a} C\text{"}$$

sei, und zwar zunächst nur, wenn a von C unabhängig ist, aber auf dieselbe Weise wie in § 70 lässt sich dies auf den Fall der Abhängigkeit ausdehnen. Aus diesem Satze nun geht hervor, dass wenn

$$\alpha C + \beta C = \gamma C$$

ist, dann auch, weil der Ausdruck für γ nur von α und β und nicht

*) Wir entlehnen dabei nichts aus der Arithmetik, als nur den Namen, indem wir die Gesetze dieser Verknüpfungen in dem ersten Kapitel § 6 unabhängig dargethan haben.

von C abhängig ist, dieselbe Gleichung für jeden Werth von C fortbesteht, und darin liegt die Berechtigung in diesem Falle $\alpha + \beta$ gleich γ zu setzen. Also wir setzen

$$\alpha + \beta = \gamma,$$

wenn

$$\alpha C + \beta C = \gamma C$$

ist, wo C irgend eine Ausdehnung bezeichnet, d. h. nach der Definition ist

$$„\alpha C + \beta C = (\alpha + \beta) C“$$

Um nun diese Verknüpfung als wahre Addition nachzuweisen, haben wir die Geltung der additiven Grundgesetze und der additiven Beziehung zur Multiplikation darzuthun. Zuerst liegt die Vertauschbarkeit der Stücke direkt in der Definition, da auch die Stücke αC und βC vertauschbar sind. Um die Vereinbarkeit der Stücke nachzuweisen gehen wir darauf zurück, dass

$$(\alpha C + \beta C) + \gamma C = \alpha C + (\beta C + \gamma C)$$

ist; diese Gleichung verwandelt sich, wenn man das in der Definition dargelegte Gesetz auf jeder Seite zweimal anwendet, in

$$[(\alpha + \beta) + \gamma] C = [\alpha + (\beta + \gamma)] C,$$

woraus folgt

$$(\alpha + \beta) + \gamma = \alpha + (\beta + \gamma).$$

Endlich ist auch das Resultat der Subtraktion eindeutig. Denn wird der Werth von β in der Gleichung

$$\alpha + \beta = \gamma$$

gesucht, so erhalten wir, wenn $\alpha = \frac{a_1}{a}$, $\beta = \frac{a_2}{a}$, $\gamma = \frac{a_3}{a}$ gesetzt wird, nach dem obigen die Gleichung

$$a_1 + a_2 = a_3,$$

oder

$$a_2 = a_3 - a_1.$$

Also hat a_2 einen bestimmten Werth, also auch $\frac{a_2}{a}$ oder β, d. h. $\gamma - \alpha$ hat nur Einen Werth, das Resultat der Subtraktion ist eindeutig. Da somit die Grundgesetze der Addition und Subtraktion gelten, so gelten auch alle Gesetze derselben.

§ 73. Es bleibt uns nur noch übrig, die Beziehung dieser Addition zur Multiplikation darzustellen, und zu zeigen, dass

$$\alpha(\beta+\gamma)=\alpha\beta+\alpha\gamma$$

ist. Es ist nach der Definition des Produktes (§ 70)

$$P.\alpha(\beta+\gamma)=P\alpha.(\beta+\gamma),$$

wo der Punkt zugleich die Stelle der Klammern vertreten soll, der Ausdruck der rechten Seite ist aber nach dem vorigen §

$$=P\alpha.\beta+P\alpha.\gamma$$
$$=P.\alpha\beta+P.\alpha\gamma.$$

Also ist wiederum nach dem vorigen §, da

$$P.\alpha(\beta+\gamma)=P.\alpha\beta+P.\alpha\gamma$$

ist, auch $\alpha(\beta+\gamma)=\alpha\beta+\alpha\gamma$. Durch Verknüpfung dieses Resultates mit den früher gewonnenen gelangen wir nun zu dem allgemeinen Lehrsatze:

„Alle Gesetze der arithmetischen Verknüpfungen gelten auch für die Verknüpfungen der Zahlengrössen unter sich und mit den Ausdehnungen; und alle Gesetze der äusseren Multiplikation und ihrer Beziehung zur Addition und Subtraktion bleiben bestehen, auch wenn man die Zahlengrösse als Ausdehnungsgrösse null-ter Stufe nimmt, nur dass das Resultat der Division mit ihr ein bestimmtes wird."

Wenden wir den Begriff der Abhängigkeit, wie wir ihn in § 55 für Ausdehnungen aufstellten, auch auf die Zahlengrössen an, als Ausdehnungsgrössen null-ter Stufe, so zeigt sich, dass diese immer unter sich und von allen Ausdehnungsgrössen unabhängig gedacht werden müssen, wenn nicht etwa eine dieser Grössen null wird. Die Null hingegen erscheint nach § 32 immer als abhängig. Auf der andern Seite erscheinen die Zahlengrössen stets als einander gleichartig.

§ 74. Da wir schon in den Anwendungen zu den vorigen Kapiteln der leichteren Uebersicht wegen die Zahlengrösse mit aufgenommen hatten: so bleibt uns hier nur noch übrig, die hier gewählte Methode auf die Geometrie anzuwenden. Es ist als ein wesentlicher Uebelstand bei den bisherigen Darstellungen der Geometrie zu betrachten, dass man bei der Behandlung der Aehnlichkeitslehre auf diskrete Zahlenverhältnisse zurückzugehen pflegt. Dies Verfahren, was sich zuerst leicht darbietet, verwickelt, wie wir schon oben andeuteten, bald genug in die schwierigen Untersuchungen über inkommensurable Grössen; und es rächt sich das Aufgeben des rein geometrischen Verfahrens gegen ein dem ersten Anscheine nach leichteres durch das Auftreten einer Menge schwieriger Untersuchungen von ganz heterogener Art, welche über das Wesen der räumlichen Grössen nichts zur Anschauung bringen. Allerdings kann man sich nicht der Aufgabe entziehen, die räumlichen Grössen zu messen und das Resultat dieses Messens in einem Zahlenbegriff auszudrücken. Allein diese Aufgabe kann nicht in der Geometrie selbst hervortreten, sondern nur dann, wenn man ausgerüstet einerseits mit dem Zahlenbegriff, andrerseits mit den räumlichen Anschauungen, jenen auf diese anwendet, also in einem gemischten Zweige, welchen wir im allgemeinen Sinne mit dem Namen der Messkunde belegen können, und von welchem die Trigonometrie ein besonderer Zweig ist.*) Bis auf diesen Zweig nun die Aehnlichkeitslehre oder auch noch gar die Flächeninhaltslehre hinausschieben zu wollen, wie es zwar nicht der Form nach, aber dem Gehalte nach in der That bisher geschehen ist, hiesse die (reine) Geometrie ihres wesentlichen Inhaltes berauben. Nun finden wir zu dem Wege, den wir hier verlangen, in der neueren Geometrie mannigfache Vorarbeiten, in unserer Wissenschaft aber ist uns der Weg selbst aufs vollkommenste vorgezeichnet.

§ 75. Es bieten sich hier zwei Ausgangspunkte dar, welche jedoch ihrem Wesen nach zusammenfallen, wie verschieden auch ihr Ausdruck klingen mag. Nämlich vier Strecken, von denen die beiden ersten und die beiden letzten unter sich parallel sind, aber nicht diese mit jenen, stehen in Proportion, nach der ersten Betrachtungsweise, wenn das Spatheck aus der ersten und vierten gleich ist dem aus der zweiten und dritten, nach der zweiten Betrachtungsweise, wenn die Summe aus der ersten und dritten (im Sinne unserer Wissenschaft) parallel ist mit der Summe aus der zweiten und vierten. Schon aus der in § 67 geführten Entwickelung geht die wesentliche Uebereinstimmung beider Betrachtungsweisen hervor, indem wenn

$$a_1 . b = a . b_1$$

*) Die Zahlengrösse, wie wir sie in unserer Wissenschaft entwickelt haben, erscheint nicht als diskrete Zahl, d. h. nicht als eine Menge von Einheiten, sondern in stetiger Form, als Quotient stetiger Grössen, und setzt daher den diskreten Zahlenbegriff keinesweges voraus.

war, daraus hervorging, dass

$$(a_1 + b_1) . (a + b) = 0 \text{*)}$$

d. h. beide Summen $(a + b)$ und $(a_1 + b_1)$ parallel waren, und ebenso würde aus der letzten Gleichung die erste folgen; und es ist also gleichgültig, von welcher der beiden Gleichungen wir die Gültigkeit der Proportion

$$a_1 : a = b_1 : b$$

abhängig machen. Wir wollen die zweite Betrachtungsweise als die geometrische einfachere wählen und können dieselbe so ausdrücken: Wenn zwei Dreiecke parallele Seiten haben, so sagen wir, dass zwei beliebige parallele Seiten beider sich verhalten, wie zwei andere in entsprechender Folge genommen; denn wenn a und b zwei Seiten des einen, und a_1 und b_1 die damit parallelen Seiten des andern sind, so sind eben dann und nur dann $a + b$ und $a_1 + b_1$ einander parallel. Hierbei ist wohl zu beachten, dass auf dieser Stufe vier Strecken, als Strecken d. h. mit festgehaltener Länge und Richtung aufgefasst, nur dann als proportionirt erscheinen, wenn sie paarweise parallel sind, und diese parallelen Strecken stellen wir dann in der Proportion auf die beiden ersten und auf die beiden letzten Stellen.

§ 76. Der eigentliche Nerv der Entwickelung beruht nun darin, die Proportion als Gleichheit zweier Verhältnisse nachzuweisen, so dass, wenn

$$a : a_1 = b : b_1, \text{ und}$$
$$a : a_1 = c : c_1$$

ist, auch

$$b : b_1 = c : c_1$$

sei. Um den geometrischen Ansdruck dieses Satzes zu finden, setzen wir **)

$$a = AB,\ a_1 = AC$$
$$b = BD,\ b_1 = CE;$$

dann würden, wenn die erste Proportion bestehen soll, die Punkte A, D, E eine gerade Linie bilden müssen, weil $a + b$, d. h. (AD) parallel sein soll, $a_1 + b_1$, d. h. AE, ebenso sei

*) Die Formeln sind hier nur Repräsentanten geometrischer Sätze, die ein jeder leicht aus denselben herauslesen kann, s. Fig. 12, a.

**) S. Fig. 12, b.

$$c = BF, \ c_1 = CG,$$

so werden wieder vermöge der zweiten Proportion die Punkte A, F, G eine gerade Linie bilden; soll nun auch die dritte Proportion richtig sein, so müsste DF parallel mit EG sein; es ist also zu zeigen, dass, wenn die Ecken eines Dreiecks in geraden Linien fortrücken, die sich in Einem Punkte schneiden, und zwei von den Seiten parallel bleiben, auch die dritte parallel bleiben müsse. Dieser Satz ergiebt sich sogleich, wenn die beiden Dreiecke oder (was auf dasselbe zurückläuft) die drei Linien, in welchen sich die Ecken bewegen, nicht in derselben Ebene liegen. In diesem Falle darf man nur durch je zwei der von A ausgehenden Linien eine Ebene gelegt denken, und durch den Punkt C eine mit BDF parallele Ebene legen, so wird diese die drei ersten Ebenen in Kanten schneiden, welche mit den Seiten jenes Dreiecks BDF parallel sind, und wovon zwei mit CE und CG zusammenfallen; somit wird auch die dritte mit EG zusammenfallen, also EG mit DF parallel sein.

§ 77. Liegen jene Linien in Einer Ebene, so hat man nur von B und C zwei ausserhalb der Ebene liegende einander parallele Linien zu ziehen, welche durch eine von A aus gezogene Linie in den Punkten H und I geschnitten werden. Dann ist nach dem Satze des vorigen § erstens HD parallel IE, zweitens HI parallel IG, also vermöge des Parallelismus dieser beiden Linienpaare wieder nach demselben Satze DF parallel mit EG. Somit haben wir allgemein bewiesen, dass wenn die Ecken eines Dreiecks sich in geraden Linien fortbewegen, die durch einen Punkt gehen, und zwei Seiten parallel bleiben, auch die dritte es bleibt; oder dass, wenn zwei Streckenpaare einem und demselben Streckenpaare proportionirt sind, sie auch unter einander proportionirt sein müssen, sobald die drei Streckenpaare 3 verschiedene Richtungen darbieten.

§ 78. Der Begriff einer Proportion zwischen vier parallelen Strecken hat in dem Vorigen noch keine Bestimmung erfahren. In der That ist dieser Fall, obgleich arithmetisch der einfachste, doch geometrisch der verwickeltste, sofern zu 3 parallelen Strecken die vierte Proportionale geometrisch nur durch zu Hülfe nehmen einer neuen Richtung erfolgt, Nach dem Princip der im vorigen § geführten Entwickelung haben wir ein Streckenpaar einem ihm parallelen als proportionirt zu setzen, wenn beide einem und demselben Streckenpaare proportionirt sind; denn sind sie es mit Einem solchen, so sind sie es nach dem vorigen § auch mit jedem andern, welches dem vorherangenommenen selbst proportionirt ist. Es gilt somit, wenn wir diese Definition noch zu Hülfe nehmen, allgemein der Satz, dass zwei Streckenpaare, welche einem und demselben Streckenpaare proportionirt sind, es auch unter einander sein müssen. Somit können wir auch die Proportion, wie wir ihren Begriff geometrisch bestimmten, in der That als Gleichheit zweier Ausdrücke darstellen, deren jeden wir ein Verhältniss nennen. Geometrisch sagt dies Resultat, indem man die proportionirten Strecken an Einen Punkt anlegt, zunächst nur aus, dass wenn die Ecken eines Dreiecks oder überhaupt eines Vielecks sich in geraden Linien bewegen, die durch Einen Punkt gehen, und die übrigen Seiten dabei sich parallel bleiben, auch die letzte sich parallel bleiben müsse, und eben so jede Diagonale. Oder betrachtet man dies sich ändernde Vieleck in zweien seiner Zustände, so hat man den Satz: „Wenn die geraden Linien, welche die entsprechenden Ecken zweier Vielecke von gleicher Seitenzahl verbinden, durch Einen Punkt gehen, und alle entsprechenden Seitenpaare bis auf eines parallel sind, auch dies eine Paar parallel sein müsse." Jene Vielecke heissen dann bekanntlich „ähnlich und ähnlich liegend," jener Eine Punkt ihr „Aehnlichkeitspunkt." Umgekehrt ergiebt sich, dass zwei Dreiecke, welche parallele Seiten haben, auch ähnlich und ähnlich liegend sind, oder dass die geraden Linien, welche ihre entsprechenden Ecken verbinden, durch Einen Punkt gehen. Hieraus wieder folgt, dass in ähnlichen und ähnlich liegenden Figuren die Durchschnittspunkte zweier entsprechender Diagonalenpaare mit dem Aehnlichkeitspunkte in Einer g. L. liegen und überhaupt, dass, wenn man die Verbindungslinien entsprechender Punktenpaare und ebenso die Durchschnittspunkte entsprechender Linienpaare als entsprechend setzt, dann jedesmal in ähnlichen und ähnlich liegenden Figuren je zwei entsprechende Punkte mit dem Aehnlichkeitspunkte in gerader Linie liegen, je zwei entsprechende Linien aber parallel sind. Hiermit sind dann die Sätze für die Aehnlichkeit, so weit man sie auf dieser Stufe (ohne den Begriff der Länge aufzunehmen) ableiten kann, entwickelt, und überall auf dem Begriff des Aehnlichkeitspunktes basirt. Es ist aber auch leicht abzusehen, wie

8

dem ganz entsprechend, wenn man noch den Begriff der Länge, wie es in der Geometrie gewöhnlich geschieht, sogleich mit aufnimmt, alle Sätze der Aehnlichkeit selbst genau in der Form, in welcher man sie gewöhnlich aufstellt, dargestellt werden können, ohne dass man irgend den Begriff der Zahl aufzunehmen Ursache hätte. Auf die weitere Darlegung dieses Gegenstandes kann ich mich um so weniger einlassen, da die Entwickelung dem zweiten Theile dieses Werkes parallel gehen würde.

§ 79. Nachdem wir so das Princip der Entwickelung für die Geometrie dargelegt haben, können wir uns wohl der Mühe überheben, die Entwickelung noch auf die Proportionalität der Flächenräume auszudehnen. Auch erscheint es überflüssig, für die Verknüpfungen der Zahlengrössen, wie wir sie in der abstrakten Wissenschaft formell bestimmt haben, noch die entsprechenden Sätze der Geometrie aufzustellen, da dieselben ihres Formalismus wegen nur für die Analyse eine Bedeutung haben, und mehr als blosse analytische Abkürzungen erscheinen, als dass sie eigenthümliche räumliche Verhältnisse darlegten. Interessant ist es noch zu bemerken, wie bei der rein geometrischen Darstellung wie auch in der abstrakten Wissenschaft die Betrachtung vom Raume aus zur Ebene, und dann erst von dieser zur geraden Linie führt, und dass somit diejenige Betrachtung, in welcher alles räumlich aus einander tritt, sich räumlich entfaltet, auch als die der Raumlehre eigenthümliche und für sie als die einfachste erscheint, während, wenn die Gebilde in einander liegen, dann auch alles noch verhüllt erscheint, wie der Keim in der Knospe, und erst seine räumliche Bedeutung gewinnt, wenn man das Ineinanderliegende in Beziehung setzt zu dem räumlich Entfalteten.

Fünftes Kapitel.

Gleichungen, Projektionen.

§ 80. Nachdem wir in den vorigen Kapiteln die Verknüpfungsgesetze kennen gelernt haben, welchen die Ausdehnungsgrössen unterliegen, so bleibt uns nun übrig, diese Gesetze auf die Auflösung und Umgestaltung der Gleichungen, welche zwischen solchen Grössen statt finden können, anzuwenden. Da die Glieder auf beiden Seiten einer Gleichung als zu addirende oder zu subtrahirende alle von gleicher Stufe sein müssen, so können wir der Gleichung selbst diese Stufenzahl beilegen, und also unter einer Gleichung n-ter Stufe eine solche verstehen, deren Glieder von n-ter Stufe sind. Zunächst haben wir uns nun die Frage zu stellen, was für Umgestaltungen wir mit solchen Gleichungen vornehmen dürfen, oder wie wir andere Gleichungen daraus ableiten können. Dass man die Glieder derselben mit Aenderung der Vorzeichen von einer Seite auf die andere bringen kann, ist klar, und es fragt sich also nur noch nach den Umgestaltungen, welche eine Gleichung durch Multiplikation und Division erleiden kann. Dabei wollen wir annehmen, dass alle Glieder auf dieselbe (linke) Seite gebracht seien, und also die andere (rechte) Seite gleich Null ist. Nun ist klar, dass, wenn man beide Seiten der Gleichung mit einer und derselben Ausdehnungsgrösse multiplicirt, dann die rechte Seite null bleibt, auf der linken aber statt der ganzen Summe die einzelnen Glieder multiplicirt werden können. Man kann also, indem man alle Glieder einer Gleichung jedesmal mit derselben Ausdehnungsgrösse multiplicirt, eine Reihe neuer Gleichungen aus derselben ableiten, welche im Allgemeinen (wenn der hinzutretende Faktor nicht etwa von nullter Stufe ist) von höherer Stufe sind als die gegebene. Ist die gegebene Gleichung von m-ter Stufe, und ist das System, welchem alle Glieder angehören, und welches wir das Hauptsystem der Gleichung nennen, von n-ter Stufe, so kann man insbesondere jene Gleichung mit einer Ausdehnung von ergänzender d. h. von (n-m)ter Stufe, welche gleichfalls dem Hauptsysteme angehört, multipliciren, und erhält dadurch eine Gleichung von n-ter Stufe, deren Glieder alle einander gleichartig sind. Hiernach kann man also aus jeder Gleichung, deren Glieder ungleichartig sind, insbesondere eine Reihe von Gleichungen ableiten, deren jede lauter gleichartige Glieder enthält.

§ 81. Obgleich man nun aus einer Gleichung beliebig viele Gleichungen höherer Stufen ableiten kann, so kann man doch nicht umgekehrt aus einer der letzteren die ursprüngliche Gleichung herstellen. In der That, wenn man aus der ursprünglichen Gleichung

$$\mathcal{A}=0,$$

in welcher $\mathcal{A}$ ein Aggregat von beliebig vielen Gliedern bedeutet, durch Multiplikation mit einer beliebigen Ausdehnung L eine neue Gleichung

$$\mathcal{A}.\mathrm{L}=0$$

abgeleitet hat; so folgt nun, wenn nur die Richtigkeit der letzten Gleichung gegeben ist, keinesweges daraus die Richtigkeit der ersteren; vielmehr folgt aus jener letzten nur

$$\mathcal{A}=\frac{0}{\mathrm{L}},$$

in welcher nach dem vorigen Kapitel $\frac{0}{\mathrm{L}}$ jede von L abhängige Grösse, die Null mit einschlossen, darstellt. Die Gleichung $\mathcal{A}=0$ wird sich daher nur dann ergeben, wenn vorausgesetzt ist, dass $\mathcal{A}$ keinen von L abhängigen geltenden Werth habe, oder mit andern Worten, wenn die Glieder, als deren Summe $\mathcal{A}$ gedacht ist, einem von L unabhängigen Systeme angehören; d. h. „wenn die Glieder einer Gleichung alle einen gemeinschaftlichen Faktor L auf derselben Stelle haben, und die sämmtlichen übrigen Faktoren aller Glieder einem von diesem gemeinschaftlichen Faktor unabhängigen Systeme angehören, so kann man den Faktor L in allen Gliedern weglassen.“

§ 82. Durch Verknüpfung der Verfahrungsarten der beiden vorigen Paragraphen gelangen wir nun zu einem Verfahren, um aus einer Gleichung andere Gleichungen derselben Stufe abzuleiten. In der That ist

$$\mathrm{A}+\mathrm{B}+\ldots.=0$$

die ursprüngliche Gleichung, so erhalten wir durch Multiplikation mit L (nach § 80) die Gleichung

$$\mathrm{A}.\mathrm{L}+\mathrm{B}.\mathrm{L}+\ldots=0.$$

Wollen wir nun hierauf das Verfahren von § 81 anwenden, um den Faktor L wegzuschaffen, so müssen wir die Glieder dieser Gleichung in solcher Form darstellen, dass die Faktoren, mit welchen L multiplicirt ist, ins Gesammt einem von L unabhängigen Systeme angehören. Es sei G ein solches System und A′, B′.... seien Ausdehnungen, welche diesem System angehören, und die Beschaffenheit haben, dass

$$A'.L = A.L,\ B'.L = B.L, \ldots.$$

sei, so hat man die Gleichung

$$A'.L + B'.L + \ldots. = 0,$$

und daraus nach dem vorigen §

$$A' + B' + \ldots. = 0,$$

eine Gleichung, welche von derselben Stufe ist, wie die ursprüngliche. Ein jedes Glied der letzten Gleichung ist aus dem entsprechenden der ersten dadurch hervorgegangen, dass man in dem Systeme G eine Grösse gesucht hat, welche mit einer von G unabhängigen Grösse L multiplicirt dasselbe giebt, wie das entsprechende Glied der ursprünglichen Gleichung, und es zeigt sich sogleich, dass, wenn eine solche Grösse möglich ist, auch immer nur Eine möglich sei. Nimmt man nämlich zwei solche an, etwa A' und A'', welche aus A auf die angegebene Weise entstanden sein sollen, so müssen sie nach der Voraussetzung mit L multiplicirt gleiches Resultat geben (nämlich A L); wir erhalten also die Gleichung

$$A'.L = A''.L$$

und da das System G, welchem A' und A'' angehören, von L unabhängig sein soll, so kann man nach § 81 hier L weglassen und hat

$$A' = A'',$$

d. h. beide Werthe fallen in Einen zusammen; es ist also in der That nur Eine solche Grösse möglich. Wir nennen hier A' die Projektion oder Abschattung*), A die projicirte oder abgeschattete Grösse, G das Grundsystem, das System L das Leitsystem, und sagen, dass A' die Projektion oder Abschattung von A auf G nach (gemäss) dem Leitsystem L sei. Also „unter der Projektion oder Abschattung einer Grösse (A) auf ein Grundsystem (G) nach einem Leitsysteme (L), verstehen wir diejenige Grösse, welche dem Grundsysteme angehörend, mit einem Theil des Leitsystems gleiches Produkt liefert, wie die projicirte oder abgeschattete Grösse (A).“ Wir können somit den im Anfange dieses § entwickelten Satz in der Form aussprechen:

---

*) Die Namen Projektion und Abschattung sollen nicht überall dasselbe bedeuten, ihr Unterschied wird aber erst im zweiten Abschnitte dieses Theiles heraustreten; auf die hier betrachteten Grössen angewandt, fallen beide Begriffe zusammen.

„Eine Gleichung bleibt als solche bestehen, wenn man alle ihre Glieder in demselben Sinne abschattet (projicirt);“

oder auch, wenn man Ein Glied auf die eine Seite allein geschafft denkt,

„die Abschattung (Projektion) einer Summe ist gleich der Summe aus den Abschattungen der Stücke.“ *)

§ 83. Um der Betrachtungsweise eine grössere Anschaulichkeit zu geben, haben wir zu untersuchen, wann die Abschattung null, und wann sie unmöglich wird. Soll die Abschattung A′ null werden, so muss auch, da

$$A'.L = A.L$$

ist, das Produkt A.L null, d. h. A von L abhängig sein; aber auch umgekehrt, herrscht diese Abhängigkeit, so muss, weil das System, dem jeder geltende Werth von A′ angehören soll, von L unabhängig ist, also das Produkt A′.L nicht gleich null machen kann, A′ selbst null sein. Also ist die Abschattung dann, aber auch nur dann null, wenn die abgeschattete Grösse vom Leitsystem abhängig ist. Da endlich jede dem Systeme G angehörige Grösse, mit L multiplicirt, dem Systeme G.L angehören muss, so wird A′.L, also auch das ihm Gleiche A.L, nothwendig dem Systeme G.L angehören, wenn die Abschattung möglich sein soll; wobei der Nullwerth, wie immer, als jedem beliebigen Systeme angehörig und von ihm abhängig betrachtet wird. Aber auch umgekehrt, wenn A.L dem Systeme G.L angehört, so ist die Abschattung allemal möglich; denn wenn A.L nicht null ist, und es dem Systeme G.L angehört, so müssen die einfachen Faktoren von A.L sich als Summen von Stücken darstellen lassen, welche denen von G.L gleichartig sind; also muss dann namentlich A sich auf diese Weise darstellen lassen; aber diejenigen Stücke, welche mit den Faktoren von L gleichartig sind, kann man, ohne den Werth des Produktes A.L zu ändern, weglassen; thut man dies, und nennt die so gewonnene Grösse, welche nun statt A eintritt, A′, so sind die Faktoren von A′ nur von G abhängig, A′ gehört also zugleich dem Systeme G an, ist also die Ab-

*) Ich ziehe in dem Ausdruck der Sätze den Namen Abschattung vor, weil in dieser Form die Sätze allgemein sind, und auch für die später zu entwickelnden Grössen bestehen bleiben.

schattung von A; ist aber A.L gleich null, so haben wir schon nachgewiesen, dass die Abschattung auch null, also möglich ist. Somit hat sich ergeben, dass die Abschattung allemal dann, aber auch nur dann, möglich ist, wenn das Produkt der abgeschatteten Grösse in das Leitsystem dem Produkte des Grundsystems in das Leitsystem angehört. — Da, wenn A.L nicht null ist, die angeführte Bedingung mit der Bedingung identisch ist, dass A dem Systeme G.L angehöre, so können wir die Resultate dieses § auch in folgendem Satze zusammenfassen:

„Ist die abzuschattende Grösse von dem Leitsysteme abhängig, so ist die Abschattung 0; ist sie davon unabhängig, so hat die Abschattung allemal dann einen geltenden Werth, wenn die abzuschattende Grösse dem aus dem Grund- und Leitsysteme zusammengesetzten Systeme angehört; in jedem andern Falle ist sie unmöglich.“

Wenden wir den Begriff der Abschattung auch auf die Grössen null-ter Stufe d. h. auf die Zahlengrössen an, so haben wir nur zu beachten, dass die Allgemeinheit der Gesetze es erfordert, dieselben als jedem beliebigen Systeme angehörig, aber, wenn sie nicht null sind, als von ihnen unabhängig zu betrachten (s. Kap. 4). Daraus geht dann hervor, dass die Zahlengrössen bei der Abschattung sich nicht ändern.

§ 84. Wir gehen nun zur Abschattung eines Produktes über, um dieselbe mit den Abschattungen seiner Faktoren zu vergleichen. Es sei A.B das Produkt, A′ und B′ die Abschattungen von A und B auf das Grundsystem G nach dem Leitsysteme L, so hat man die Gleichungen

$$A'.L = A.L \text{ und } B'.L = B.L.$$

Die Abschattung des Produktes A.B wird nun diejenige Grösse sein, welche, dem Systeme G angehörend, mit L multiplicirt ein Produkt giebt, welches gleich A.B.L ist. Da nun A.L gleich ist A′.L, so kann ich in dem Produkte A.B.L statt A den Werth A′ setzen, wie sich sogleich durch zweimalige Vertauschung und Zusammenfassung ergiebt.*) Somit erhalte ich

*) In der That kann ich A.B.L entweder gleich A.L.B oder gleich —A.L.B setzen, dann die Faktoren A.L zu einem Produkt zusammenfassen,

$$A.B.L = A'.B.L = A'.B'.L,$$

letzteres, weil $B.L$ gleich ist $B'.L$. Da nun A' und B' beide dem Systeme G angehören, so gehört auch $A'.B'$ ihm an, und da zugleich, wie wir eben zeigten,

$$A.B.L = A'.B'.L$$

ist, so ist in der That $A'.B'$ die Abschattung von $A.B$; also hat man den Satz:

„Die Abschattung eines Produktes ist das Produkt aus den Abschattungen seiner Faktoren, wenn alle Abschattungen in demselben Sinne genommen (d. h. Grundsystem und Leitsystem dieselben) sind;"

oder mit dem früheren Resultate zusammengefasst:

„Eine richtige Gleichung bleibt richtig, wenn man ihre Glieder, oder die Faktoren ihrer Glieder, alle in demselben Sinne abschattet."

Hat man ins Besondere die Gleichung

$$A_1 = \alpha A, \text{ oder } \frac{A_1}{A} = \alpha,$$

wo α eine Zahlengrösse bezeichnen soll, so folgt daraus, wenn A'_1 und A' die Abschattungen von A_1 und A sind, die Gleichung

$$A'_1 = \alpha A' \text{ oder } \frac{A'_1}{A'} = \alpha,$$

d. h. der Werth eines Quotienten zweier gleichartiger Grössen ändert sich nicht, wenn man statt derselben die in gleichem Sinne genommenen Abschattungen setzt. Oder allgemeiner sucht man die Abschattung eines Quotienten $\frac{A}{.B}$, so hat man, da dieser Quotient jede Grösse C bezeichnet, welche der Gleichung

$$C.B = A$$

genügt, durch Abschattung der einzelnen Faktoren in gleichem Sinne die neue Gleichung

$$C'.B' = A' \text{ oder } C' = \frac{A'}{.B'},$$

---

statt dieses Produktes das ihm gleiche $A'.L$ setzen, und dann die vorige Ordnung wiederherstellen, wobei, wenn das *minus*-Zeichen eingetreten war, sich nothwendig das ursprüngliche Zeichen wiederherstellt.

d. h. statt einen Quotienten abzuschatten, kann man Zähler und Nenner in demselben Sinne abschatten. Fassen wir daher Addition, Subtraktion, äussere Multiplikation und Division unter dem dem allgemeinen Begriffe der Grundverknüpfungen zusammen, so können wir den allgemeinen Satz aufstellen, welcher die früheren in sich schliesst:

„Statt das Ergebniss einer Grundverknüpfung abzuschatten, kann man deren Glieder in demselben Sinne abschatten.“

§ 85. Es bietet sich uns hier die Aufgabe dar, die Abschattung analytisch auszudrücken, wenn die Grösse, welche abgeschattet werden soll, und der Sinn der Abschattung, d. h. Grundsystem und Leitsystem gegeben sind. Doch beschränken wir uns hier nur auf den Fall, dass die abzuschattende Grösse mit dem Grundsysteme von gleicher Stufe ist, indem die Lösung im allgemeineren Falle zwar auch schon hier leicht zu bewerkstelligen ist, jedoch zu einem Ausdrucke führen würde, der an Einfachheit dem später zu entwickelnden Ausdrucke (s. Kap. 9) sehr nachstehen würde. Es sei A die abzuschattende Grösse, L ein Theil des Leitsystems, G des Grundsystems, und A und G seien von gleicher Stufe, so wird die Abschattung A′ mit G gleichartig sein müssen, also

$$A' = xG$$

gesetzt werden können, wo x eine Zahlengrösse ist. Multiplicirt man diese Gleichung mit L, so hat man

$$A' . L = xG . L$$

oder da $A'.L$ nach dem Begriff der Abschattung gleich $A.L$ ist, so hat man

$$A . L = x G . L, \text{ also } x = \frac{A . L}{G . L}$$

und daraus

$$A' = \frac{A . L}{G . L} G,$$

was der gesuchte analytische Ausdruck ist. Den Wortausdruck dieses Resultats versparen wir uns bis zur Behandlung des allgemeinen Falles.

§ 86. Dagegen müssen wir den Faden wieder anknüpfen, den wir oben (81) fallen liessen. Wir hatten nämlich dort gezeigt, wie man zwar aus einer Gleichung

$$A + B + \ldots = 0$$

durch Multiplikation mit einer beliebigen Ausdehnung L eine neue Gleichung

$$A.L + B.L + \ldots = 0$$

ableiten, aber aus dieser im Allgemeinen nicht wieder die ursprüngliche herleiten könne; es kommt also jetzt darauf an, aus jener Gleichung einen Verein von Gleichungen dieser Art abzuleiten, welcher jene eine ersetze, d. h. aus welchem sich jene erste wiederum ableiten lässt. Ins Besondere liess sich der Faktor L so auswählen, dass nach der Multiplikation der einzelnen Glieder mit diesem Faktor eine Gleichung aus lauter gleichartigen Gliedern hervorging, und da solche Gleichungen als die einfachsten erscheinen, so wird es besonders darauf ankommen, jene erste Gleichung durch Gleichungen dieser Art zu ersetzen.*) Die Entwickelung der folgenden Paragraphen zeigte, wie die Gleichung

$$A.L + B.L + \ldots\ldots = 0$$

ersetzt werden konnte durch eine Gleichung zwischen den Abschattungen auf ein und dasselbe Grundsystem nach dem Leitsystem L, also, wenn A', B' ... solche Abschattungen von A, B ... darstellen, durch die Gleichung

$$A' + B' + \ldots = 0;$$

und die Aufgabe, die wir uns stellten, ist also identisch mit der, eine Gleichung zu ersetzen durch einen Verein von Gleichungen, welche durch Abschattungen der ersteren hervorgehen, und namentlich eine Gleichung zwischen ungleichartigen Gliedern durch solche Abschattungsgleichungen, deren Glieder alle gleichartig sind. Es sei die ursprüngliche Gleichung von m-ter Stufe, und ihr Hauptsystem d. h. das System, welchem alle ihre Glieder ins Gesammt angehören, von n-ter Stufe, und zwar sei dies letztere dargestellt als Produkt von n unabhängigen einfachen Faktoren a.b..... Alsdann wird nach dem Begriffe des Systems n-ter Stufe sich jeder einfache Faktor eines jeden Gliedes der gegebenen Gleichung als Summe darstellen lassen, deren Stücke jenen Faktoren a, b,... gleichartig sind, also in der Form $a_1 + b_1 + \ldots\ldots$ Denkt man sich

*) Wir sagen überhaupt, dass sich zwei Vereine von Gleichungen gegenseitig ersetzen, wenn man aus jedem der beiden Vereine den andern ableiten kann.

jeden einfachen Faktor jedes Gliedes der gegebenen Gleichung auf diese Weise dargestellt, und führt die Multiplikation aus, so dass die Klammern verschwinden, so erhält man eine Summe von Gliedern, deren jedes mit einem der Produkte zu m Faktoren aus a, b,... gleichartig ist. Multiplicirt man nun die Gleichung mit (n-m) von den Faktoren a, b...., so bleiben nur diejenigen Glieder von geltendem Werthe, welche mit dem Produkte der m übrigen Faktoren jener Reihe a, b,... gleichartig sind, indem alle andern wenigstens Einen einfachen Faktor enthalten, der mit den neu hinzutretenden Faktoren gleichartig ist, also bei dieser Multiplikation verschwinden. Nun kann man aber wiederum nach § 81 die hinzugetretenen Faktoren hinweglassen, indem das System, dem die übrigen angehören, von dem System der hinzutretenden unabhängig ist. Man erhält auf diese Weise einen Verein richtiger Gleichungen, wenn man, nachdem die ursprüngliche Gleichung auf die angegebene Weise umgestaltet ist, jedesmal die gleichartigen Glieder zu einer Gleichung vereinigt. Und da die sämmtlichen so gewonnenen Gleichungen bei ihrer Addition die ursprüngliche wiedergeben, so haben wir einen Verein von Gleichungen gewonnen, welcher die ursprüngliche genau ersetzt, und die Aufgabe ist gelöst. Somit haben wir den Satz:

> „Wenn man in einer Gleichung m-ter Stufe, deren Glieder einem Systeme n-ter Stufe angehören, jeden einfachen Faktor eines jeden Gliedes als Summe darstellt, deren Stücke n von einander unabhängigen Strecken gleichartig sind, und durchmultiplicirt, so kann man jede Reihe von gleichartigen Gliedern, welche daraus hervorgehen, zu Einer Gleichung zusammenfassen und erhält dadurch einen Verein von Gleichungen, welcher die ursprüngliche ersetzt.“

Oder, da jede dieser Gleichungen ersetzt wird durch eine Gleichung, welche aus der ursprünglichen durch Multiplikation mit (n-m) von den Faktoren a, b.... hervorgeht,

> „wenn man eine Gleichung m-ter Stufe, deren Glieder einem Systeme n-ter Stufe angehören, nach und nach mit jedem Produkt zu (n-m) Faktoren, welches sich aus n von einander unabhängigen Strecken jenes Systems bilden lässt, multipli-

cirt, so erhält man einen Verein von Gleichungen, welcher die ursprüngliche ersetzt."

Da die Glieder, welche bei dem vorhergehenden Satze in jeder abgeleiteten Gleichung erschienen, sich unmittelbar als Abschattungen der Glieder, welche in der ursprünglichen Gleichung vorkamen, zu erkennen geben, so können wir den gewonnenen Satz auch vermittelst des Begriffs der Abschattungen aussprechen, haben jedoch für den bequemeren Ausdruck noch eine Reihe neuer Begriffe aufzustellen.

§ 87. Nämlich die Betrachtungsweise des vorigen § führt uns zu dem Begriffe der Koordinatensysteme oder Richtsysteme, welche wir jedoch in einem viel ausgedehnteren Sinne auffassen, als dies gewöhnlich geschieht. Auch erlaube ich mir, die sonst üblichen Benennungen, welche namentlich, wenn sie der durch die Wissenschaft geforderten Erweiterung unterworfen werden sollen, als sehr schleppend erscheinen, und überdies fremden Sprachen entlehnt sind, durch einfachere zu ersetzen. Ich nenne die n Strecken a, b, ..., welche ein System n-ter Stufe bestimmen, (also alle von einander unabhängig sind,) sofern jede Strecke des Systems durch sie ausgedrückt werden soll, die Richtmasse erster Stufe oder die Grundmasse dieses Systems, ihren Verein ein Richtsystem, die Produkte von m Grundmassen (mit Festhaltung der ursprünglichen Ordnung derselben) Richtmasse m-ter Stufe, das Richtmass n-ter Stufe, das Hauptmass, die Systeme der Richtmasse m-ter Stufe endlich nennen wir Richtgebiete m-ter Stufe, die Systeme der Grundmasse ins Besondere Richtaxen (Koordinatenaxen). Ergänzende Richtmasse nennen wir solche, die mit einander multiplicirt das Hauptmass geben, und die ihnen zugehörigen Richtgebiete nennen wir gleichfalls ergänzende.

§ 88. Durch die in § 86 geführte Entwickelung ist klar, wie jede Ausdehnung m-ter Stufe, welche einem Systeme n-ter Stufe angehört, sich als Summe darstellen lässt von Stücken, welche den Richtmassen m-ter Stufe, die zu jenem Systeme gehören, gleichartig sind. Diese Stücke nun nennen wir Richtstücke jener Grösse, so dass also jede Grösse als Summe ihrer Richtstücke erscheint, die Zahlengrössen, welche hervorgehen, wenn die Richtstücke einer Grösse durch die entsprechenden (gleichartigen) Richtmasse dividirt werden, die **Zeiger** der Grösse, so dass also jede Grösse als Vielfachen-Summe*) der Richtmasse gleicher Stufe erscheint. Die Richtstücke einer Grösse erster Stufe sind es, welche sonst auch Koordinaten genannt werden. Eine Grösse im Sinne des Richtsystems abschatten (projiciren), heisst sie auf eins der Richtgebiete gemäss dem ergänzenden Richtgebiete abschatten.

§ 89. Wenden wir diese Begriffe auf die in § 86 aufgestellten Sätze an, so gehen dieselben in folgende über:

„In einer Gleichung kann man statt aller Glieder die Richtstücke oder Zeiger derselben setzen, welche einem beliebigen, aber alle demselben Richtmasse zugehören, und führt man dies in Bezug auf alle Richtmasse derselben Stufe aus, so erhält man einen Verein von Gleichungen, welcher die gegebene ersetzt."

Die in § 86 abgeleiten Gleichungen sind nämlich eben diese Gleichungen zwischen den Richtstücken, und aus ihnen erhält man die Zeigergleichungen durch Division mit dem jedesmal zugehörigen Richtmasse.**) Ferner:

„Aus einer Gleichung kann man einen sie ersetzenden Verein von Gleichungen ableiten, indem man jene Gleichung nach und nach mit den sämmtlichen Richtmassen, deren Stufenzahl die der Gleichung zu der des Hauptsystems ergänzt, multiplicirt."

§ 90. Wenn wir eine als Summe ihrer Richtstücke dargestellte Grösse m-ter Stufe mit einem Richtmasse von ergänzender d. h. (n—m)ter Stufe multipliciren, so fallen alle Richtstücke bis auf eins weg, und dies eine erscheint daher als Abschattung jener Grösse auf das Richtgebiet m-ter Stufe gemäss dem ergänzenden Richtgebiete, und alle Richtstücke jener Grösse erscheinen also als im Sinne des Richtsystems erfolgte Abschattungen auf die verschiedenen Richtgebiete gleicher Stufe. Wir können daher sagen,

„eine Gleichung m-ter Stufe werde ersetzt durch einen Verein von Gleichungen, welche durch Abschattung auf die verschie-

*) Jedes Produkt einer Grösse in eine Zahlengrösse nennen wir nämlich ein Vielfaches der ersteren, und unterscheiden davon das Mehrfache, bei welchem jene Zahlengrösse eine ganze Zahl sein muss.

**) Diese Zeigergleichungen, als Gleichungen zwischen blossen Zahlengrössen, vermitteln am vollständigsten den Uebergang zur Arithmetik.

denen Richtgebiete m-ter Stufe im Sinne des Richtsystems hervorgeht.“ *)

Zugleich ergiebt sich hieraus ein einfacher analytischer Ausdruck für die Richtstücke oder Zeiger einer Grösse. Es werde nämlich das einem Richtmasse A zugehörige Richtstück P′ einer Grösse P gesucht, B sei das zu A gehörige ergänzende Richtmass, so hat man, da P′ die Abschattung von P auf A nach B ist (s. § 85)

$$P' = \frac{P \,.\, B}{A \,.\, B} A,$$

also ist der zugehörige Zeiger gleich

$$\frac{P \,.\, B}{A \,.\, B},$$

d. h.

„der einem Richtmass A zugehörige Zeiger einer Grösse ist gleich einem Bruche, dessen Zähler das Produkt der Grösse in das ergänzende Richtmass und dessen Nenner das Produkt jenes ersten Richtmasses in das ergänzende ist.“

§ 91. Wenden wir die in diesem Kapitel entwickelten Begriffe auf die Geometrie an, so ergiebt sich zunächst für die Ebene nur Eine Art der Projektion (Abschattung),**) indem eine Strecke auf eine gegebene gerade Linie nach einer gegebenen Richtung projicirt werden kann. Das Richtsystem für die Ebene bietet nur zwei Grundmasse und zwei ihnen zugehörige Richtaxen dar. Als Hauptmass erscheint der Flächenraum des von den beiden Grundmassen gebildeten Spathecks (Parallelogramms). Im Raume treten drei Arten der Projektion hervor, nämlich es werden entweder Strecken oder Flächenräume auf eine gegebene Ebene nach einer gegebenen Richtung projicirt, oder es werden Strecken auf eine gegebene gerade Linie parallel einer gegebenen Ebene projicirt. Das Richtsystem für den Raum bietet drei Grundmasse und drei ihnen zugehörige Richtaxen dar, ferner 3 Richtebenen als Richtgebiete zweiter Stufe, und 3 ih-

---

*) Dass eine Gleichung m-ter Stufe in einem System n-ter Stufe durch so viel einfache Gleichungen ersetzt werde, als es Kombinationen aus n Elementen zur m-ten Klasse gebe, bedarf wohl kaum einer Erwähnung.

**) Wir ziehen bei dieser Anwendung wieder den Namen der Projektion vor, aus Gründen, die späterhin von selbst einleuchten werden.

nen zugehörige Richtmasse zweiter Stufe, welche die Flächenräume der aus je zwei Grundmassen beschriebenen Spathecke mit Festhaltung der Richtungen ihrer Ebenen darstellen. Als Hauptmass erscheint das von den 3 Grundmassen beschriebene Spath (Parallelepipedum). Interessant erscheint hier besonders die Darstellung eines Flächenraums von bestimmter Richtung als Summe seiner Richtstücke, nämlich als Summe dreier Flächenräume, welche den drei Richtebenen angehören. Da die Sätze, welche sich über Projektionen und Richtsysteme in der Geometrie aufstellen lassen, in unserer Wissenschaft schon ganz in der Form aufgestellt sind, in welcher sie für die Geometrie auszusprechen wären, so können wir uns der Wiederholung derselben hier überheben.

§ 92. Dagegen wollen wir das Problem der Koordinatenverwandlung zunächst für die Geometrie und demnächst auch allgemein für unsre Wissenschaft lösen. Es seien a, b, c drei Grundmasse und e_1, e_2, e_3 drei neue von einander unabhängige Grundmasse, welche als Vielfachensummen jener ursprünglichen Grundmasse gegeben sind, so ist nun die Aufgabe; eine Grösse p, einestheils wenn sie als Vielfachensumme der ursprünglichen Grundmasse gegeben ist, als Vielfachensumme der neuen Grundmasse darzustellen, und umgekehrt, wenn sie in der letzteren Form gegeben ist, sie in der ersteren darzustellen, in beiden Fällen sind die Zeiger zu suchen. Diese Aufgaben sind nun in der That durch den Satz in § 90, welcher die Zeiger finden lehrt, gelöst. Danach ist in Bezug auf die erste Aufgabe der zu e_1 gehörige Zeiger von p gleich

$$\frac{p \, . \, e_2 \, . \, e_3}{e_1 \, . \, e_2 \, . \, e_3}$$

und in Bezug auf die zweite der zu a gehörige Zeiger von p gleich

$$\frac{p \, . \, b \, . \, c}{a \, . \, b \, . \, c}$$

und durch diese so höchst einfachen Ausdrücke ist das Problem der Koordinatenverwandlung in seiner grössten Allgemeinheit gelöst Die zweite Aufgabe ist besonders bei der Theorie der Kurven und Oberflächen von Wichtigkeit, indem dieselben dadurch bestimmt werden, dass zwischen den Zeigern einer Strecke, welche von einem als Anfangspunkt der Koordinaten angenommenen Punkte nach einem Punkte der Kurve oder Oberfläche gezogen ist, eine Gleichung aufgestellt wird. Es sei $p = xa + yb + zc$ diese Strecke, und

$$f(x, y, z) = 0$$

die Gleichung, welche eine Oberfläche bestimmt; sucht man nun die Gleichung derselben Oberfläche zunächst für denselben Anfangspunkt der Koordinaten, aber in Bezug auf neue Richtaxen und auf die ihnen zugehörigen Richtmasse, e_1, e_2, e_3, so hat man, wenn $p = u_1e_1 + u_2e_2 + u_3e_3$ ist, die Gleichung

$$f\left(\frac{p.b.c}{a.b.c}, \frac{a.p.c}{a.b.c}, \frac{a.b.p}{a.b.c}\right) = 0,$$

eine Gleichung, welche, wenn man statt p seinen Werth substituirt, als Gleichung zwischen den neuen Variabeln u_1, u_2, u_3 erscheint. Will man auch den Anfangspunkt der Koordinaten etwa um die Strecke e verlegen, so hat man nun, wenn q die Strecke ist, von dem neuen Anfangspunkt nach demselben Punkte der Oberfläche, nach welchem der entsprechende Werth von p gerichtet, und

$$q = v_1e_1 + v_2e_2 + v_3e_3$$

ist, nur in der obigen Gleichung statt p seinen Werth $q + e$ einzuführen, um die verlangte Gleichung zu erhalten, oder ist $e = \alpha a + \beta b + \gamma c$, so hat man, wie sich sogleich ergiebt,

$$f\left(\frac{q.b.c}{a.b.c} + \alpha, \frac{a.q.c}{a.b.c} + \beta, \frac{a.b.q}{a.b.c} + \gamma\right) = 0$$

als die verlangte Gleichung zwischen den neuen Variabeln v_1, v_2, v_3. Will man diese Gleichung als blosse Zahlengleichung darstellen, so hat man nur die neuen Grundmasse auf bestimmte Weise als Vielfachensummen der ursprünglichen darzustellen und in die Gleichung einzuführen. Es sei

$$\begin{aligned} e_1 &= \alpha_1 a + \beta_1 b + \gamma_1 c \\ e_2 &= \alpha_2 a + \beta_2 b + \gamma_2 c \\ e_3 &= \alpha_3 a + \beta_3 b + \gamma_3 c, \end{aligned}$$

so zeigt sich unmittelbar, wie sich die verlangte Gleichung darstellt in der Form

$$\begin{gathered} f(\alpha + \alpha_1 v_1 + \alpha_2 v_2 + \alpha_3 v_3, \beta + \beta_1 v_1 + \beta_2 v_2 + \beta_3 v_3, \\ \gamma + \gamma_1 v_1 + \gamma_2 v_2 + \gamma_3 v_3) = 0, \end{gathered}$$

eine Gleichung, welche an Einfachheit nichts zu wünschen übrig lässt. Für den allgemeinsten Fall der abstrakten Wissenschaft ergiebt sich die Lösung unserer Aufgabe mit derselben Leichtigkeit. In der That ist eine Grösse P als Vielfachensumme gewisser Richtmasse gegeben, und man will dieselbe als Vielfachen-Summe anderer Richtmasse ausdrücken, so hat man den zu einem derselben A gehörigen Zeiger, wenn B das zu A gehörige ergänzende Richtmass ist, nach § 90 gleich

$$\frac{P.B}{A.B}.$$

§ 93. Was nun die Anwendung auf die Theorie der Gleichungen betrifft, so haben wir schon oben (§ 45) die Methode, Gleichungen des ersten Grades mit mehreren Unbekannten durch Hülfe unserer Analyse aufzulösen, vor weggenommen. Wir setzen diesen Gegenstand hier fort, indem wir die durch unsere Wissenschaft dargebotene Methode, aus Gleichungen höherer Grade mit mehreren Unbekannten die Unbekannten zu eliminiren, darlegen. Es seien zwei Gleichungen höherer Grade mit mehreren Unbekannten gegeben, es soll eine derselben, etwa y, eliminirt, also eine Gleichung zwischen den übrigen Unbekannten aufgestellt werden. Die gegebenen Gleichungen seien nach Potenzen von y geordnet:

$$a_m y^m + \ldots\ldots\ldots + a_1 y + a_0 = 0$$
$$b_n y^n + \ldots\ldots\ldots + b_1 y + b_0 = 0,$$

wo $a_m \ldots a_0$ und $b_n \ldots b_0$ beliebige Funktionen der andern Unbekannten sind, a_0 und b_0 aber nicht gleich 0 sein sollen. Multiplicirt man die erste Gleichung nach der Reihe mit $y, y^2 \ldots y^n$, die letzte nach und nach mit $y, y^2 \ldots y^m$, so erhält man $m+n$ neue Gleichungen. Betrachtet man die Koefficienten einer jeden dieser $m+n$ Gleichungen als unter sich gleichartig, hingegen die der verschiedenen Gleichungen als von einander unabhängig (auch wenn sie bis dahin mit demselben Buchstaben bezeichnet waren), so erhält man, wenn man die so aufgefassten Gleichungen im Sinne unserer Wissenschaft addirt, eine Gleichung von der Form

$$e_{m+n} y^{m+n} + \ldots\ldots \quad e_1 y = 0.$$

Multipliciren wir diese Gleichung mit dem äusseren Produkt $e_2 . e_3 \ldots e_{m+n}$, so fallen alle Glieder bis auf das letzte nach den

Gesetzen der äusseren Multiplikation weg, und wir erhalten die Gleichung

$$e_1 . e_2 . e_3 \ldots\ldots e_{m+n} y = 0,$$

oder, da y nicht null sein kann, weil dann in den gegebenen Gleichungen wider die Voraussetzung a_0 und b_0 gleich null sein würden, so hat man

$$e_1 . e_2 . e_3 \ldots\ldots e_{m+n} = 0$$

als die verlangte Eliminationsgleichung.

Zweiter Abschnitt.

Die Elementargrösse.

Erstes Kapitel.

Addition und Subtraktion der Elementargrössen erster Stufe.

§ 94. Ich knüpfe den Begriff der Elementargrössen an die Lösung einer einfachen Aufgabe, durch die ich zuerst zu diesem Begriffe gelangte, und die mir überhaupt zu dessen genetischer Entwickelung am geeignetsten zu sein scheint.

Aufgabe. Es seien drei Elemente α_1, α_2, β_1 und ausserdem ein Element ϱ gegeben; man soll das Element β_2 finden, welches der Gleichung $[\varrho\alpha_1]+[\varrho\alpha_2]=[\varrho\beta_1]+[\varrho\beta_2]$ genügt.

Auflösung. Schafft man die Glieder der linken Seite auf die rechte, so hat man, da $-[\varrho\alpha]=[\alpha\varrho]$, und $[\alpha\varrho]+[\varrho\beta]=[\alpha\beta]$ ist, die Gleichung

$$[\alpha_1\beta_1]+[\alpha_2\beta_2]=0,$$

durch welche das Element β_2 auf eine einfache Weise bestimmt ist.

Um dies Resultat der Anschauung naher zu bringen, wollen wir es auf die Geometrie anwenden, und also die Elemente als Punkte annehmen, so finden wir den Punkt β_2, indem wir $[\alpha_2\beta_2]$ entgegengesetzt gleich mit $[\alpha_1\beta_1]$ machen. — Das Interessante bei dieser Auflösung ist, dass das Element β_2 ganz unabhängig von ϱ bestimmt ist, und da wir aus der letzten Gleichung, welche in der Auflösung vorkommt, durch das umgekehrte Verfahren wieder die erste in Bezug auf jedes beliebige ϱ ableiten können, so haben wir zugleich den Satz, dass, wenn die Gleichung

$$[\varrho\alpha_1]+[\varrho\alpha_2]=[\varrho\beta_1]+[\varrho\beta_2]$$

für irgend einen Punkt ϱ gilt, sie auch für jeden andern Punkt gilt, der statt ϱ eingeführt werden mag. Dieser Satz lässt sich direkt ableiten, doch wollen wir ihn vorher verallgemeinern; denn es ist klar, wie das angegebene Verfahren auch noch anwendbar bleibt, wenn man statt der zwei Elemente α_1, α_2 und β_1, β_2 beliebig viele, nur auf beiden Seiten eine gleiche Anzahl, einführt, ja, da unter den Elementen beliebig viele zusammen fallen können, auch dann noch, wenn zu den Strecken auf beiden Seiten beliebige Koefficienten hinzutreten, sobald nur die Summe dieser Koefficienten auf beiden Seiten dieselbe ist. In der That es sei

$$i_1[\varrho\alpha_1]+\ldots\ldots i_n[\varrho\alpha_n]=k_1[\varrho\beta_1]+\ldots\ldots k_m[\varrho\beta_m],$$

wo die Grössen $i_1 \ldots\ldots$ und $k_1 \ldots\ldots$ Zahlengrössen darstellen, und es sei zugleich

$$i_1+\ldots\ldots i_n=k_1+\ldots\ldots k_m,$$

so können wir zeigen, dass die erste Gleichung auch fortbesteht für jeden Punkt σ, der statt ϱ eingeführt wird. Denn es ist

$$[\varrho\alpha]=[\varrho\sigma]+[\sigma\alpha],\ [\varrho\beta]=[\varrho\sigma]+[\sigma\beta].$$

Führt man diese Ausdrücke in Bezug auf die betreffenden Zeiger ($1\ldots n$, $1\ldots m$) in die obige Gleichung ein, löst die Klammern auf und fasst die Glieder, welche $[\varrho\sigma]$ enthalten auf jeder Seite zusammen, so erhält man auf jeder Seite $[\varrho\sigma]$ multiplicirt mit der Summe der Koefficienten, und da diese auf beiden Seiten gleich ist, so hebt sich das so gewonnene Glied auf beiden Seiten auf, und man behält

$$i_1[\sigma\alpha_1]+\ldots\ldots i_n[\sigma\alpha_n]=k_1[\sigma\beta_1]+\ldots\ldots k_m[\sigma\beta_m],$$

d. h. die Gleichung besteht fort in Bezug auf jedes Element, was statt ϱ eingeführt werden mag. Also:

„Wenn man von einem Elemente ϱ Strecken nach beliebig vielen festen Elementen zieht, und zwei beliebige Vielfachensummen derselben, deren Koefficienten aber gleiche Summe haben, einander gleich sind, so besteht diese Gleichheit fort, wie sich auch das Element ϱ ändern mag.“

Ist ins Besondere die Summe der Koefficienten in dem Ausdrucke $i_1 [\varrho\alpha_1] + \ldots . i_n [\varrho\alpha_n]$ null, so ergiebt sich, indem man auf die oben angegebene Weise, nämlich statt $[\varrho\alpha]$ überall $[\varrho\sigma] + [\sigma\alpha]$, substituirt, jener Ausdruck gleich

$$i_1 [\sigma\alpha_1] + \ldots i_n [\sigma\alpha_n],$$

weil nämlich das Glied $(i_1 + \ldots i_n)$ $[\varrho\sigma]$ wegen des ersten Faktors null wird. Also:

„Wenn man von einem veränderlichen Elemente ϱ Strecken nach beliebig vielen festen Elementen zieht, so ist jede Vielfachensumme dieser Strecken, deren Koefficientensumme null ist, eine konstante Grösse.“

Auch geht aus der Art, wie sich die Gleichungen dieses Paragraphen aus einander ableiten lassen, unmittelbar hervor, dass, wenn zwei beliebige Vielfachensummen jener Strecken in Bezug auf dieselben zwei Anfangselemente ϱ und σ einander gleich sind, auch ihre Koefficientensummen gleich sein, und daher ihre eigene Gleichheit bei jeder Aenderung von ϱ fortbestehen müsse, und ebenso dass, wenn eine solche Vielfachensumme in Bezug auf zwei Anfangs-Elemente ϱ und σ gleichen Werth behält, ihre Koefficientensumme null ist, und sie selbst daher bei jeder Aenderung von ϱ denselben Werth behält.

§ 95. Um die Resultate des vorigen § einfacher einkleiden zu können, führen wir einige Benennungen ein, die wir auch für die Geometrie festhalten. Nämlich wir verstehen unter der Abweichung eines Elementes α von einem Elemente ϱ die Strecke $[\varrho\alpha]$, unter der Gesammt-Abweichung einer Elementenreihe von einem Elemente ϱ die Summe aus den Abweichungen der einzelnen Elemente jener Reihe von dem Elemente ϱ. Fallen unter jenen Elementen mehrere (m) in eins (α) zusammen, so wird auch die Abweichung dieses Elementes $[\varrho\alpha]$, ebenso oft (m-mal) in jener Summe vorkommen. Hierdurch gelangen wir zu einer Erweiterung des Begriffs; nämlich nennen wir einen Verein von Elementen, deren jedes mit einer bestimmten Zahlengrösse behaftet ist, einen Elementarverein, so werden wir unter der Gesammtabweichung eines Elementarvereins von einem Elemente ϱ eine Vielfachensumme aus den Abweichungen der jenem Vereine angehörigen Elemente von dem Element ϱ verstehen müssen, deren Koefficienten die Zahlengrössen sind, mit welchen die zugehörigen Elemente behaftet sind. Die Summe dieser Zahlengrössen nennen wir das Gewicht*) des Elementarvereins, so wie die Zahlengrössen, mit welchen die einzelnen Elemente behaftet sind, die ihnen zugehörigen Gewichte. Besteht also der Elementarverein aus den Elementen α, β,.... und den zugehörigen Gewichten $\mathfrak{a}, \mathfrak{b}, \ldots.$, so ist die Abweichung jenes Elementarvereins von einem Elemente ϱ gleich

$$\mathfrak{a}[\varrho\alpha] + \mathfrak{b}[\varrho\beta] + \ldots.$$

Somit haben wir denn die Sätze:

„Wenn zwei Elementarvereine von demselben Elemente um Gleiches**) abweichen, und ihr Gewicht gleich ist, oder wenn sie von denselben zwei Elementen um Gleiches abweichen; so weichen sie auch von jedem andern Elemente um Gleiches ab, und im letztern Falle ist ihr Gewicht gleich"

und

„Ein Elementarverein, dessen Gewicht null ist, weicht von je zwei Elementen um Gleiches ab, und ein Elementarverein, welcher von zwei Elementen um Gleiches abweicht, hat null zum Gewicht, und weicht von allen Elementen um Gleiches ab***)."

§ 96. Iedes Gebilde wird dadurch als Grösse fixirt, dass der Bereich seiner Gleichheit und Verschiedenheit bestimmt wird. Wir bezeichnen daher zwei Elementarvereine als gleiche Grössen und zwar als gleiche Elementargrössen, wenn ihre Abweichungen von denselben Elementen jedesmal gleichen Werth haben. Ein Elementarverein wird also zur Elementargrösse, wenn man von der besonderen Art seiner Zusammensetzung absieht, und nur die Abweichungswerthe festhält, welche er mit anderen Elementen bildet, so dass also eine Elementargrösse auf verschiedene Weise als Elementarverein dasein kann, und jeder Elementarverein als eine be-

*) Der Name „Gewicht" ist auch sonst in der Mathematik (in der Wahrscheinlichkeitsrechnung) im abstrakten Sinne gebräuchlich, und bedarf wohl hier keiner Rechtfertigung.

**) D. h. die Abweichungen sollen gleich sein.

***) Dabei versteht sich von selbst, dass auch jedes einzelne Element sowohl für sich, als wenn es mit einer Zahlengrösse behaftet ist, als Elementarverein aufgefasst werden kann, indem die Gewichte der übrigen Elemente null sind.

sondere Verkörperung einer Elementargrösse oder, wie wir es oben bezeichneten, als elementare oder konkrete Darstellung einer Elementargrösse aufzufassen ist. Hiernach versteht es sich nun schon von selbst, dass unter der Abweichung und dem Gewichte einer Elementargrösse dasselbe zu verstehen ist, was wir unter der Abweichung und dem Gewichte des Elementarvereins verstanden, welchem sie angehört, und dass zwei Elementargrössen nur dann gleich sein können, wenn sie gleiches Gewicht und gleiche Abweichungswerthe darbieten, dass aber schon die Gleichheit der Elementargrössen erfolgt, wenn auch nur irgend zwei solche Werthe als gleich dargethan sind. Unsere Aufgabe ist nun, die Art der Verknüpfung auszumitteln, in welche die verschiedenen Elemente und die zugehörigen Zahlengrössen eines Elementarvereins eingehen müssen, wenn als das Resultat der Verknüpfung die Elementargrösse erscheinen soll. Die Verknüpfungen sind von zwiefacher Art, einestheils nämlich zwischen einem Element und der zugehörigen Zahlengrösse, dem Gewichte, andererseits zwischen den mit Gewichten behafteten Elementen und überhaupt zwischen den Elementarvereinen, sofern sie ihren Abweichungen nach betrachtet werden, d. h. zwischen den Elementargrössen unter sich. Betrachten wir zuerst diese letzte Verknüpfungsweise, so ist klar, dass die Gesammtabweichung eines Elementarvereins dieselbe bleibt, in welcher Ordnung man die einzelnen Theile dieses Vereins nehmen, und wie man sie unter sich zu besonderen Vereinen zusammenfassen mag, und dass endlich, wenn man zu Elementarvereinen, welche verschiedene Abweichung darbieten, Elementarvereine, welche gleiche Abweichungen darbieten, hinzufügt, die so erzeugten Gesammtvereine auch verschiedene Abweichungen darbieten müssen; und zwar wird dies alles der Fall sein, weil es für die Addition der Strecken gilt. Diese Vertauschbarkeit und Vereinbarkeit der Glieder, und auf der andern Seite das Gesetz, dass, wenn das eine Glied der Verknüpfung konstant bleibt, das Resultat nur dann konstant bleibe, wenn auch das andere Glied es bleibt, bestimmt jene Verknüpfung nach § 6 als eine additive, und die Gesetze der Addition und Subtraktion gelten allgemein für diese Verknüpfung. Was nun die Verknüpfung des Elementes mit dem zugehörigen Gewichte betrifft, so leuchtet ein, dass, wenn in einem Elementarvereine dasselbe Element mehrmals und zwar mit verschiedenen Gewichten behaftet vorkommt, man statt dessen das Element einmal und zwar mit der Summe der Gewichte behaftet setzen kann, ohne dass die Abweichung des Vereins geändert wird, wie dies aus den Gesetzen der Multiplikation von Zahlengrössen mit Strecken bekannt ist. Bezeichnet man daher vorläufig diese zweite Verknüpfungsweise durch das Zeichen $\frown$, so hat man, wenn α ein Element, m und n die Gewichte sind,

$$m \frown \alpha + n \frown \alpha = (m + n) \frown \alpha,$$

eine Gleichung, welche das multiplikative Grundgesetz in Bezug auf das erste Verknüpfungsglied darstellt, und da die Verknüpfung einer Zahlengrösse mit einem Verein aus mehreren Elementen noch nicht ihrem Begriffe nach gegeben ist, also auch die andere Seite jenes Grundgesetzes noch nicht hervortreten kann, so ist jene Verknüpfung, so weit sie überhaupt bestimmt ist, als eine multiplikative bestimmt. Fassen wir dies zusammen, so ist die Elementargrösse eines Vereins von Elementen α, β, ... mit den zugehörigen Gewichten $\mathfrak{a}$, $\mathfrak{b}$, ... gleich

$$\mathfrak{a}\alpha + \mathfrak{b}\beta + \ldots\ldots,$$

d. h. sie ist als Vielfachensumme der Elemente dargestellt, deren Koefficienten die den Elementen zugehörigen Gewichte sind, und zugleich ist dadurch die Addition der Elementargrössen unter sich bestimmt.

§ 97. Um nun die multiplikative Verknüpfung allgemeiner darzustellen, haben wir die Multiplikation einer Zahlengrösse mit einer Elementargrösse so zu definiren, dass auch die andere Seite des multiplikativen Grundgesetzes fortbesteht; dies geschieht, indem wir festsetzen, dass eine Vielfachensumme von Elementen mit einer Zahlengrösse multiplicirt werde, wenn man die Koefficienten derselben mit dieser Zahlengrösse multiplicirt. Nämlich dann ergiebt sich sogleich, wenn a und b beliebige Elementargrössen, d. h. Vielfachensummen von Elementen darstellen, die Geltung der beiden multiplikativen Grundgesetze

$$ma + na = (m + n)\,a$$

und

$$ma + mb = m(a + b).$$

Dass nun auch das Resultat der Division mit einer Zahlengrösse, sobald diese nicht null ist, ein bestimmtes sei, ergiebt sich leicht, indem verschiedene Elementargrössen, d. h. solche, deren Abweichungen von denselben Elementen Verschiedenheiten darbieten, auch nachdem sie mit derselben Zahlengrösse, die nicht null ist, multiplicirt sind, verschiedene Abweichungen darbieten müssen, also verschieden bleiben. Und ebenso leicht ergiebt sich auch, dass, wenn wir gleichartige Elementargrössen solche nennen, welche aus derselben Elementargrösse durch Multiplikation mit Zahlengrössen hervorgegangen sind, der Quotient zweier gleichartiger Elementargrössen, wenn nicht der Divisor null ist, eine bestimmte Zahlengrösse liefert. Somit gelten alle Gesetze arithmetischer Multiplikation und Division für die fragliche Verknüpfung. Die Verknüpfung des Elementes ϱ mit andern Elementen oder Elementargrössen, wie sie bei der oben eingeführten Bezeichnung der Abweichung eintritt, behalten wir dem folgenden Kapitel vor.

§ 98. Es erschien bisher die Elementargrösse im Allgemeinen als eine Vielfachensumme von Elementen, und wir müssen uns die Aufgabe stellen, eine Elementargrösse, welche in dieser Form gegeben ist, in möglichst einfacher Form darzustellen. Zunächst machen wir den Versuch, sie in Einem Gliede, also als vielfaches Element darzustellen. Es sei daher

$$\mathfrak{a}\alpha+\mathfrak{b}\beta+\ldots\ldots=x\sigma$$

gesetzt, wo σ ein Element, x sein Gewicht bezeichnet; da das Gesammtgewicht auf beiden Seiten gleich sein muss, so erhalten wir sogleich

$$x=\mathfrak{a}+\mathfrak{b}+\ldots\ldots$$

und wir haben nur noch σ so zu bestimmen, dass die Gesammt-Abweichung von irgend einem Elemente ϱ auf beiden Seiten gleich ist und erhalten

$$\mathfrak{a}[\varrho\alpha]+\mathfrak{b}[\varrho\beta]+\ldots\ldots=(\mathfrak{a}+\mathfrak{b}+\ldots.)[\varrho\sigma],$$

d. h.

$$[\varrho\sigma]=\frac{\mathfrak{a}[\varrho\alpha]+\mathfrak{b}[\varrho\beta]+\ldots.}{\mathfrak{a}+\mathfrak{b}+\ldots.},$$

wodurch σ bestimmt ist, sobald $\mathfrak{a}+\mathfrak{b}+\ldots.$ einen geltenden Werth hat, d. h.

„Eine Elementargrösse, deren Gewicht nicht null ist, lässt sich als ein mit gleichem Gewichte behaftetes Element darstellen, und zwar ist die Abweichung dieses Elementes von einem Elemente ϱ gleich der durch das Gewicht dividirten Abweichung der Elementargrösse von demselben Elemente.“ Setzt man übrigens in jener Gleichung, welche für jedes Element ϱ gilt, dies Element mit σ identisch, so hat man, weil $[\sigma\sigma]$ null ist, mit Weglassung des Divisors die Gleichung

$$o = \mathfrak{a}[\sigma\alpha] + \mathfrak{b}[\sigma\beta] + \ldots,$$

d. h. die Gesammtabweichung einer Vielfachensumme von Elementen von dem Summenelement (σ) ist gleich null.

§ 99. Ist das Gewicht der Elementargrösse null, so haben wir schon gezeigt, dass dann die Abweichungen der Elementargrösse von je zwei Elementen gleich gross sind; ist diese Abweichung daher in Bezug auf irgend ein Element null, so ist sie es auch in Bezug auf jedes andere, und jene Elementargrösse kann dann einem beliebigen Elemente mit dem Gewichte null gleichgesetzt werden, wie dies auch die Formel des vorigen § schon darlegt, oder sie kann selbst gleich null gesetzt werden. Ist aber die Abweichung einer solchen Elementargrösse (deren Gewicht null ist) von irgend einem Elemente gleich einer Strecke von geltender Grösse, so ist auch die Abweichung derselben von jedem andern Elemente derselben Strecke gleich, und diese Strecke, welche jene konstante Abweichung misst, repräsentirt daher jene Elementargrösse vollständig, so dass zu gleichen Elementargrössen, deren Gewichte null sind, auch gleiche Abweichungswerthe und umgekehrt gehören. Werden nun solche Elementargrössen zu einander addirt oder mit Zahlengrössen multiplicirt, so geht der Abweichungswerth des Resultates aus denen jener Elementargrössen durch dieselbe Addition oder Multiplikation hervor, es tritt also zwischen solchen Elementargrössen und ihren Abweichungswerthen weder an sich, d. h. in ihrem Begriffsumfange, noch in ihren Verknüpfungen, irgend ein Unterschied hervor, und wir sind somit berechtigt, jene Elementargrösse und ihren Abweichungswerth als gleich zu definiren, ja wir sind dazu gezwungen, wenn wir nicht durch unnütze Unterscheidungen den Gegenstand verwirren wollen. Wir setzen daher eine Elementargrösse, deren Gewicht null ist, derjenigen konstanten Strecke gleich, um welche jene Grösse von beliebigen Elementen abweicht, oder wir verstehen unter der Abweichung einer Strecke von einem Element jene Strecke selbst, und die Strecke erscheint als eine besondere Art von Elementargrössen. Um dies noch anschaulicher zu übersehen, können wir zunächst nachweisen, dass sich jede Elementargrösse, deren Gewicht null ist, als Differenz zweier Elemente ($\beta - \alpha$) darstellen lässt, deren eins (α) willkührlich ist. In der That da das Gesammtgewicht dieser Differenz gleichfalls null ist, so kommt es nur darauf an, dass in Bezug auf irgend ein Element (ϱ) die Abweichungen gleich sind. — Die Abweichung jener Differenz von ϱ ist $[\varrho\beta] - [\varrho\alpha]$, d. h. sie ist gleich $[\alpha\beta]$, und dadurch ist nicht blos das Element β bestimmt, wenn α gegeben ist, sondern auch die konstante Abweichung der gegebenen Elementargrösse selbst gefunden, und es folgt daraus ferner, dass

$$[\alpha\beta] = \beta - \alpha$$

ist. Beide stellen also nur verschiedene Bezeichnungen dar, und da die erstere willkührlich, die letztere nothwendig ist, so werden wir von jetzt an am liebsten jene von Anfang an nur als vorläufig dargestellte Bezeichnung gegen die letzte fallen lassen, und also künftig eine Strecke, welche, wenn α als ihr Anfangselement gesetzt wird, β zum Endelement hat, mit $\beta - \alpha$ bezeichnen*). Fassen wir das Ergebniss beider Paragraphen zusammen, so zeigt sich,

> „dass eine Elementargrösse erster Stufe, denn so bezeichnen wir die bisher behandelte Elementargrösse im Gegensatz gegen die später zu behandelnden, sich, wenn ihr Gewicht einen geltenden Werth hat, als vielfaches Element, wenn ihr Gewicht null ist, als Strecke darstellen lässt, und zwar erhält man jedesmal diesen Werth, indem man die Gewichte gleich setzt, und die Abweichungen von irgend einem Elemente, wobei die Abweichung einer Strecke von einem Elemente jener Strecke selbst gleich gesetzt, und das Gewicht einer Strecke null gesetzt wird."

---

*) Es ist hier noch zu erwähnen, dass die Formel des vorigen § für diesen Fall die Elementargrösse als unendlich entferntes Element mit dem Gewichte null darstellt, falls man nämlich die Division mit null gelten lassen will; aber die bestimmte Bedeutung dieses Ausdrucks tritt eben erst durch die hier gegebene Darstellung an's Licht.

§ **100.** Da nach dem vorigen § die Strecke als eine besondere Gattung von Elementargrössen erster Stufe erschien, so lässt sich die Summe einer Strecke und eines einfachen oder vielfachen Elementes gleichfalls als Elementargrösse auffassen, und den Begriff dieser Summe, der durch das Frühere schon bestimmt ist, wollen wir nun näher vor Augen rücken. Suchen wir zuerst die Summe $(\alpha + p)$ eines Elementes α und einer Strecke p, so muss, da das Gewicht dieser Summe **1** ist, dieselbe wieder gleich einem einfachen Elemente β gesetzt werden. Man hat dann aus der Gleichung

$$\alpha + p = \beta$$

die neue Gleichung

$$\beta - \alpha = p,$$

d. h. $\alpha + p$ bedeutet das Element β, in welches α übergeht, wenn es sich um p ändert, oder dessen Abweichung von α gleich p ist. Betrachten wir die Summe eines vielfachen Elementes $m\alpha$ und einer Strecke p, so haben wir, da das Gewicht der Summe m ist, die Gleichung

$$m\alpha + p = m\beta$$

und daraus

$$m(\beta - \alpha) = p, \text{ oder } \beta - \alpha = \frac{p}{m},$$

d. h. $m\alpha + p$ bedeutet das mfache eines Elementes β, dessen Abweichung von α der mte Theil der Strecke p ist. Oder fassen wir beides zusammen und drücken es auf allgemeinere Weise aus, indem wir zugleich bedenken, dass, wenn β von α um $\frac{p}{m}$ abweicht, dann $m\beta$ von α um p abweiche, so ergiebt sich,

> „dass die Summe einer Elementargrösse von geltendem Gewichtswerthe und einer Strecke eine Elementargrösse ist, welche mit der ersteren gleiches Gewicht hat, und von dem Elemente der ersteren um die hinzuaddirte Strecke abweicht.“

§ **101.** Wollen wir die in diesem Kapitel gewonnenen Resultate auf die Geometrie anwenden, so haben wir nur statt der Elemente uns Punkte vorzustellen; und behalten wir dann die übrigen Benennungen, welche in diesem Kapitel eingeführt wurden, namentlich die Benennungen „Gewicht, Abweichung, Elementargrösse“

hier in derselben Bedeutung bei, so erhalten wir auch dieselben Sätze, von denen wir jedoch die interessantesten in anschaulicherer Form darlegen wollen. Stellt man sich zunächst n Punkte $\alpha_1 \ldots \alpha_n$ vor, so lässt sich stets ein Punkt σ finden, dessen Abweichung von jedem beliebigen Punkte ϱ der n-te Theil ist von der Gesammt-Abweichung jener n Punkte von demselben Punkte ϱ, und dieser Punkt ist durch eine solche Gleichung

$$[\varrho\sigma] = \frac{[\varrho\alpha_1] + \ldots [\varrho\alpha_n]}{n}$$

vollkommen bestimmt. Dieser Punkt ist es, welchen man den Punkt der mittleren Entfernung zwischen jenen n Punkten zu nennen pflegt, den ich aber kürzer als deren Mitte bezeichnet habe (vergl. § 24). Drücken wir nun den obigen Satz geometrischer aus, so können wir sagen:

„Zieht man von einem veränderlichen Punkte ϱ die Strecken nach n festen Punkten, so geht die von ϱ aus mit der Summe dieser Strecken gezogene Parallele durch einen festen Punkt σ, welcher die Mitte zwischen jenen n Punkten heisst, und dessen Entfernung von ϱ der n-te Theil jener Summe ist.“ Oder wenn wir auch den Begriff der Summe vermeiden wollen „Zieht man von einem veränderlichen Punkte ϱ die Strecken nach n festen Punkten, und legt diese Strecken, ohne ihre Richtung und Länge zu ändern, stetig, d. h. so an einander, dass der Endpunkt einer jeden Strecke jedesmal der Anfangspunkt der nächstfolgenden wird, und macht ϱ zum Anfangspunkt der ersten, so geht die Linie, welche die so gebildete Figur schliesst, durch einen festen Punkt σ, welcher die Mitte der n Punkte ist, und von der schliessenden Seite nach dem Punkte ϱ zu den n-ten Theil abschneidet.“ Hieraus ergiebt sich eine höchst einfache Konstruktion der Mitte, und zugleich das Gesetz, dass die Strecken, welche von der Mitte nach den n Punkten gezogen werden, stetig an einander gelegt eine geschlossene Figur geben, oder dass sie den Seiten einer geschlossenen Figur gleich und parallel sind.

§ 102. Es ist klar, wie die im vorigen § aufgestellten Gesetze auch noch gelten, wenn sich mehrere der festen Punkte vereinigen, wenn man dann nur die Anzahl derselben festhält, und auch dann noch, wenn man diese Punkte mit beliebigen positiven oder negativen Zahlengrössen, welche wir auch hier Gewichte nennen können, multiplicirt denkt, so lange nur die Summe der Gewichte einen geltenden Werth hat; nennen wir dann wieder die Gesammtheit der so mit Gewichten behafteten Punkte einen Punktverein, so können wir den Satz aussprechen: „Wenn man von einem veränderlichen Punkte ϱ nach den Punkten eines festen Punktvereins Strecken zieht, diese Strecken, ohne ihre Richtung zu ändern, mit den zugehörigen Gewichten multiplicirt, und die so gewonnenen Strecken von ϱ aus stetig an einander legt, so geht die die Figur schliessende Seite durch einen festen Punkt σ, welcher die Mitte jenes Punktvereins ist, und dessen Entfernung von ϱ so oft in der schliessenden Seite enthalten ist, als das Gesammtgewicht beträgt.“ Ist das Gesammtgewicht null, so fällt, wie sich aus der Formel

$$[\varrho\sigma] = \frac{\mathfrak{a}[\varrho\alpha] + \mathfrak{b}[\varrho\beta] + \cdots}{\mathfrak{a} + \mathfrak{b} + \cdots}$$

ergiebt, der Punkt σ ins Unendliche, und die schliessende Seite geht dann durch denselben unendlich entfernten Punkt, d. h. hat eine konstante Richtung. Dies ergiebt sich noch einfacher und zugleich bestimmter aus den Sätzen, die wir für den Fall, dass das Gesammtgewicht null ist, oben aufgestellt hatten, und es folgt daraus zugleich, dass diese schliessende Seite zugleich eine konstante Länge hat. Es erscheint also als Mitte des Punktvereins, wenn das Gesammtgewicht null ist, ein unendlich entfernter Punkt, oder was dasselbe ist eine konstante Richtung, also nicht ein (endlich liegender) Mittelpunkt, sondern eine Mittelaxe. Da dieser Fall ein besonderes Interesse darbietet, so sprechen wir ihn noch einmal mit mögstlichster Vermeidung aller Kunstausdrücke aus:

„Zieht man von einem veränderlichen Punkte ϱ die Strecken nach einer Reihe fester Punkte, zu welchen eine Reihe von Zahlengrössen, deren Summe null ist, gehört, und man legt diese Strecken, nachdem man sie, ohne ihre Richtung zu verändern, mit den zugehörigen Zahlen multiplicirt hat, stetig an einander, so hat die schliessende Seite konstante Richtung und Länge, und kann die Axe jenes Punktvereins genannt werden*).

---

*) Sollten die Resultate dieses § in rein geometrische Form gekleidet werden, so müsste man statt der Gewichte parallele Strecken nehmen, deren Grössen das Verhältniss der Gewichte darstellten.

§ **103.** In Bezug auf die Statik stellen wir sogleich das Hauptgesetz auf, nämlich

„Wenn die Punkte eines Vereins von parallelen Kräften gezogen werden, welche den Gewichten jener Punkte proportional, aber von veränderlicher Richtung sind, so ist das Gesammtmoment jener Kräfte in Bezug auf die Mitte jenes Vereins null, in Bezug auf jeden andern Punkt gleich dem Moment der an der Mitte angebrachten Gesammtkraft.“

Der Beweis ist höchst einfach, ist nämlich σ die Mitte des Vereins $\mathfrak{a}\alpha$, $\mathfrak{b}\beta$, ..., und sind $\mathfrak{a}p$, $\mathfrak{b}p$, ... die Kräfte, durch welche die Punkte α, β etc. gezogen werden, so hat man das Gesammtmoment in Bezug auf σ gleich

$$\mathfrak{a}[\sigma\alpha]\,.\,p+\mathfrak{b}[\sigma\beta]\,.\,p\,.....$$
$$=(\mathfrak{a}[\sigma\alpha]+\mathfrak{b}[\sigma\beta]+....)\,.\,p=o,$$

da der erste Faktor nach dem vorigen § null ist. Für jeden andern Punkt ϱ hat man das Moment gleich

$$(\mathfrak{a}[\varrho\alpha]+\mathfrak{b}[\varrho\beta]+....)\,.\,p,$$

und da der erste Faktor gleich $(\mathfrak{a}+\mathfrak{b}+...)\,[\varrho\sigma]$ ist, gleich

$$[\varrho\sigma]\,.\,(\mathfrak{a}+\mathfrak{b}+...)\,.\,p,$$

d. h. gleich dem Moment der an σ angebrachten Gesammtkraft. Es ist bekannt genug, dass von der ersteren Eigenschaft die Mitte, wenn die Gewichte als physische Gewichte aufgefasst werden, der Schwerpunkt heisst. Da die physischen Gewichte immer als positiv erscheinen, so hat der zweite Fall hier keine direkte Anwendung. Denkt man sich aber einen in eine Flüssigkeit getauchten Körper, welcher von dieser Flüssigkeit rings umgeben ist, und rechnet man die Kraft, mit welcher jedes Theilchen durch sein physisches Gewicht nach unten, und die, mit welcher es durch den Druck der Flüssigkeit (welcher dem physischen Gewichte der verdrängten Flüssigkeit gleich ist) nach oben getrieben wird, zusammen, und betrachtet die Gesammtkraft als mathematisches Gewicht des betreffenden Theilchens, so hat man ebenso wohl positive als negative Gewichte. Wenn ins Besondere der Körper in der Flüssigkeit schwebt, so ist die Summe jener Gewichte null, und statt des mit einem Gewicht behafteten Schwerpunktes tritt nun eine bestimmte Strecke als Summe des Punktvereines auf, welchen der in der Flüssigkeit schwebende Körper darstellt. Diese Strecke kann ins Besondere null werden; dann schwebt der Körper in jeder Lage im Gleichgewicht; hingegen in jedem andern Falle bestimmt die Richtung der Strecke die Axe, welche die senkrechte Lage annehmen muss, wenn der in der Flüssigkeit schwebende Körper im Gleichgewichte sein soll. Wie die Richtung und Länge dieser Strecke, welche für die Statik, wie wir im nächsten § zeigen werden, eine bestimmte und einfache Bedeutung hat, gefunden werden könne, ergiebt sich sogleich aus dem folgenden Satze, welcher eine unmittelbare Folgerung aus dem Begriffe der Summe mehrer Elementargrössen ist, nämlich aus dem Satze:

„Wenn ein Körper aus mehreren einzelnen Körpern zusammengefügt ist, so findet man aus den Schwerpunkten und den Gewichten der einzelnen Körper den Schwerpunkt und das Gewicht des Ganzen, oder die Strecke, welche beides vertritt, indem man die Summe aus den mit den betreffenden Gewichten behafteten Schwerpunkten nimmt."

In unserm Falle ist der Schwerpunkt des Körpers an sich und der des verdrängten Wassers zu nehmen und beide mit den betreffenden Gewichten, welche entgegengesetzt bezeichnet sind, zu multipliciren; und da für den Fall, dass der Körper schwebt in der Flüssigkeit, die Gewichte gleich sind, so erhält man als Summe dies Gewicht multiplicirt mit der gegenseitigen Abweichung beider Schwerpunkte, die Axe geht also durch beide Schwerpunkte und ist null, wenn dieselben zusammenfallen.

§ **104.** Eine ungleich wichtigere Anwendung des letzten Falles, in welchem statt des Summenpunktes eine Axe erscheint, ist die auf den Magnetismus. Gauss hat gezeigt*), dass die magnetischen Intensitäten innerhalb eines magnetischen Körpers allemal zur Summe null geben. Denkt man sich diese Intensitäten den zugehörigen Punkten (oder Theilchen) als mathematische Gewichte beigelegt, so wird die Summe des so gebildeten Punktvereins eine Strecke von bestimmter Richtung und Länge sein. Um die Bedeutung dieser Strecke für die Theorie des Magnetismus kennen zu lernen, denken wir uns eine magnetische Kraft, welche, wie etwa der Erdmagnetismus, oder die Kraft eines entfernten Magneten, die

---

*) in seiner Abhandlung „*Intensitas vis magneticae.*"

einzelnen Punkte in parallelen Richtungen den magnetischen Intensitäten proportional forttreibt, so ist das Moment dieser Kräfte in Bezug auf irgend einen Punkt ϱ gleich

$$\mathfrak{a}[\varrho\alpha].\mathrm{p}+\mathfrak{b}[\varrho\beta].\mathrm{p}+\ldots.$$

wenn $\mathfrak{a}\mathrm{p}$, $\mathfrak{b}\mathrm{p}$, die den magnetischen Intensitäten $\mathfrak{a}$, $\mathfrak{b}$, ... proportionalen auf die Punkte α, β, ... wirkenden Kräfte sind; es verwandelt sich aber jener Ausdruck, wenn man den gemeinschaftlichen Faktor p ausserhalb einer Klammer setzt, und bedenkt, dass dann die von der Klammer eingeschlossene Grösse jener konstanten Strecke, welche die Summe des Punktvereins darstellt, und von uns mit a bezeichnet werden soll, gleich ist, in

$$\mathrm{a}.\mathrm{p},$$

d. h. das Moment jener Kräfte ist in Bezug auf je zwei Punkte gleich gross, nämlich, wenn wir a die magnetische Axe, und p die einwirkende magnetische Kraft (wie sie auf einen Punkt von der zur Einheit genommenen Intensität wirkt) nennen, gleich dem äusseren Produkt der magnetischen Axe in die einwirkende magnetische Kraft. Gleichgewicht ist also vorhanden, wenn dies Produkt null ist, d. h. die magnetische Axe in der Richtung der einwirkenden Kraft liegt. Der Begriff der magnetischen Axe, wie ich ihn hier dargestellt habe, ist von dem sonst gangbaren nur dadurch verschieden, dass sie hier als eine Strecke von bestimmter Richtung und Länge dargestellt ist, während man sonst nur die Richtung aufzufassen pflegt. Die Gründe, warum ich diesen Begriff modificirt habe, ohne die Benennung zu ändern, ergeben sich leicht, da einerseits die Wissenschaft die Verknüpfung der Richtung und Länge jener Strecke zu einem Begriffe fordert, und andrerseits aus dem, was man über die magnetische Axe aussagt, jedesmal sogleich hervorgeht, ob die Länge in den Begriff mit aufgenommen ist, oder nicht, so dass also keine Verwechselung möglich ist. Dass man bisher in der Theorie des Magnetismus beides stets gesondert betrachtet hat, liegt nur darin, weil die Einheit von Richtung und Länge, wie wir sie in dem Begriffe der Strecke aufgefasst haben, bisher in der Geometrie keine Stelle fand. Uebrigens beweist schon die ausserordentliche Einfachheit, in welcher vermöge dieses Begriffes und der durch unsere Wissenschaft gebotenen Verknüpfung das magnetische Moment sich darstellt, die Unentbehrlichkeit unserer Analyse für die Theorie des Magnetismus hinlänglich.

Anmerkung. Wir sind hier zu dem ersten und einzigen Punkte gelangt, in welchem unsere Wissenschaft an schon anderweitig bekanntes heranstreift. Nämlich in dem barycentrischen Kalkül von Möbius wird gleichfalls eine Addition einfacher und vielfacher Punkte dargelegt, zwar zunächst nur als eine kürzere Schreibart, aber doch mit derselben Rechnungsmethode, wie wir sie in den ersten Paragraphen dieses Kapitels, wenn gleich in grösserer Allgemeinheit, dargelegt haben. Was jedoch dort gänzlich fehlt, ist die Auffassung der Summe als Einer Grösse für den Fall, dass die Gewichte zusammen null betragen. Was den scharfsinnigen Verfasser jenes Werkes daran hinderte, diese Summe als Strecke von konstanter Länge und Richtung aufzufassen, ist ohne Zweifel die Ungewohntheit, Länge und Richtung in Einem Begriffe zusammenzufassen. Wäre jene Summe dort als Strecke fixirt, so wäre daraus der Begriff der Addition und Subtraktion der Strecken, wie wir ihn in § 1 dargestellt haben, für die Geometrie harvorgegangen; und unsere Wissenschaft hätte einen zweiten Berührungspunkt mit jenem Werke gefunden; auch würde dann der barycentrische Kalkül selbst eine viel freiere und allgemeinere Behandlung gewonnen haben.

§ 105. Es scheint mir hier der geeignetste Ort, um die Anwendung unserer Wissenschaft auf die Differenzialrechnung wenigstens anzudeuten. Um zu einer solchen Anwendung zu gelangen, müssen wir die durch unsere Wissenschaft gewonnenen Grössen als Funktionen darstellen. Dies geschieht am einfachsten, wenn die unabhängige Veränderliche als Zahlengrösse gesetzt wird, etwa gleich t. Dann wird sich jede Grösse P in der Form

$$P = A + Bt^1 + Ct^2 + \ldots..,$$

oder noch allgemeiner in der Form

$$P = A_m t^m + A_n t^n + \ldots.$$

darstellen lassen, wo A, B, C.... oder A_m, A_n, ... nothwendig Grössen von derselben Stufe sind wie P, und als unabhängig von t gedacht werden müssen. Setzen wir dann diesen Ausdruck als Funktion von t gleich f(t), also

$$P = f(t),$$

und setzen wir ferner

$$dP = f(t+dt) - f(t),$$

so erhalten wir im allgemeinen Falle

$$\frac{dP}{dt} = mA_m t^{m-1} + nA_n t^{n-1} + \ldots.$$

Als der einfachste Fall erscheint hier der, dass P, also auch A_m, A_n .... Elementargrössen erster Stufe sind. Nimmt man dann ins Besondere an, dass P ein konstantes Gewicht habe, so wird es sich, wenn man die Grössen jetzt als Grössen erster Stufe mit kleinen Buchstaben bezeichnet, in der Form darstellen lassen

$$p = a + b_m t^m + b_n t^n \ldots,$$

wo b_m, b_n,... Strecken darstellen, a und p also Elementargrössen von gleichem Gewichte. Dann erhält man

$$\frac{dp}{dt} = mb_m t^{m-1} + nb_n t^{n-1} + \ldots.$$

und $\frac{dp}{dt}$ stellt also eine Strecke dar. Man übersieht leicht, dass, wenn p den Ort eines Punktes in der Zeit t darstellt, dann $\frac{dp}{dt}$ die Geschwindigkeit desselben ihrer Grösse und Richtung nach, und $\frac{d^2p}{dt^2}$ seine Beschleunigung auf dieselbe Weise darstellt. Durch die Einführung dieser Betrachtungsweise in die Mechanik gelangt man mit Anwendung unserer Analyse auf's Leichteste zu der Lösung mancher Probleme, die sonst als verwickelt erscheinen; doch würde mich die weitere Verfolgung dieses Gegenstandes zu weit von meinem Ziele abführen.

Zweites Kapitel.

Aeussere Multiplikation, Division und Abschattung der Elementargrössen.

§ 106. Der Begriff der Abweichung, wie wir ihn der Entwickelung des vorigen Kapitels zu Grunde legten, enthält dem Keime nach den Begriff des Produktes zweier Elementargrössen in sich.

Wir verstanden dort unter der Abweichung eines Elementes α von einem andern Elemente ϱ die Strecke, welche von ϱ nach α geführt werden kann, und bezeichneten dieselbe mit $[\varrho\alpha]$; ebenso verstanden wir unter der Abweichung eines Elementarvereines von einem Elemente ϱ die Vielfachensumme aus den Abweichungen seiner Elemente von demselben Elemente ϱ, wenn man als Koefficienten dieser Vielfachensumme die den betreffenden Elementen zugehörigen Zahlengrössen (Gewichte) nimmt. Wir bestimmten darauf die einem Elementarverein entsprechende Elementargrösse so, dass sie statt desselben gesetzt werden konnte, sobald es sich nur um die Abweichung handelte, und setzten eben die Gleichheit der Abweichungen als einzige Bedingung für die Gleichheit der Elementargrössen; daraus ergab sich dann, dass die einem Elementarvereine zugehörige Elementargrösse wiederum die mit den zugehorigen Gewichten als Koefficienten versehene Vielfachensumme der Elemente sei, also die entsprechende Vielfachensumme der Elemente, wie die Gesammt-Abweichung jenes Vereins eine Vielfachensumme aus den Abweichungen der Elemente war. Bezeichnen wir daher gleichfalls die Abweichung einer Elementargrösse a von einem Elemente ϱ mit $[\varrho a]$, so haben wir

$$[\varrho(\mathfrak{a}\alpha+\mathfrak{b}\beta+\ldots)]=\mathfrak{a}[\varrho\alpha]+\mathfrak{b}[\varrho\beta]+\ldots;$$

und so auch, da die Gesammtabweichung eines Elementarvereins die Summe ist aus den Abweichungen ihrer Theile,

$$[\varrho(a+b+c+\ldots)]=[\varrho a]+[\varrho b]+\ldots,$$

wenn a, b, ... beliebige Elementargrössen vorstellen. Späterhin hatten wir das Produkt einer Zahlengrösse in eine Elementargrösse, d. h. in eine Vielfachensumme von Elementen als eine Vielfachensumme definirt, welche aus der ersteren durch Multiplikation ihrer Koefficienten mit jener Zahlengrösse hervorgeht, und daraus folgt nun, dass man die Abweichung einer m-fachen Elementargrösse findet, wenn man die der einfachen mit m multiplicirt, also dass

$$[\varrho(ma)]=m[\varrho a]$$

ist*). Kurz es zeigt sich, dass die multiplikative Grundbeziehung

---

*) Hieraus ergiebt sich übrigens, dass man in der ersten Gleichung dieses Paragraphen auch statt der Elemente α, β, ... die Elementargrössen a, b, ... einführen könnte.

für die fragliche Verknüpfung von ϱ mit einer Elementargrösse, sowohl an sich als auch in Bezug auf das Hinzutreten von Zahlenfaktoren gilt, sobald man nur den zweiten Faktor als gegliedert betrachtet. Ueberdies zeigt sich, da $[\varrho\varrho]$ null ist, und $[\varrho\alpha]$ gleich $-[\alpha\varrho]$, dass diese Multiplikation eine äussere sein würde.

§ **107**. Ehe wir nun zu dem vollständigen Begriffe des äusseren Produktes der Elementargrössen übergehen, wollen wir den Begriff der Elementarsysteme feststellen. Dieser Begriff gründet sich wie der der Ausdehnungssysteme (§ 16) auf den Begriff der Abhängigkeit. Wir nennen eine Elementargrösse erster St. abhängig von andern Elementargrössen, wenn sie sich als Vielfachensumme derselben darstellen lässt, hingegen nennen wir mehrere Elementargrössen erster St. unabhängig, wenn zwischen ihnen keine Abhängigkeit in dem angegebenen Sinne statt findet, d. h. keine von ihnen sich als Vielfachensumme der übrigen darstellen lässt. Nun verstehen wir unter einem Elementarsysteme n-ter Stufe die Gesammtheit der Elemente, welche von n Elementen abhängig sind, während diese n Elemente von einander unabhängig sind. Sind nun α, β, γ.... die n von einander unabhängigen Elemente, und ich betrachte zwei von ihnen abhängige Elemente, ϱ und σ, so wird auch ihre Differenz sich als Vielfachensumme jener n Elemente darstellen lassen; diese Differenz, welche die gegenseitige Abweichung beider Elemente darstellt, hat zum Gewichte null, und man erhält daher $\varrho-\sigma$ in der Form dargestellt:

$$\varrho-\sigma=\mathfrak{a}\alpha+\mathfrak{b}\beta+\mathfrak{c}\gamma+\ldots..,$$

wo zugleich

$$\mathfrak{a}+\mathfrak{b}+\mathfrak{c}+\ldots.=0$$

ist. Drückt man vermittelst der letzten Gleichung irgend einen der Koefficienten z. B. $\mathfrak{a}$ durch die übrigen aus, so erhält man, indem man diesen Werth in die erste einführt,

$$\varrho-\sigma=\mathfrak{b}(\beta-\alpha)+\mathfrak{c}(\gamma-\alpha)+\ldots...$$

d. h. die gegenseitige Abweichung zweier Elemente eines Elementar-Systems n-ter Stufe ist als Vielfachensumme von (n—1) Strecken darstellbar, welche von einem der n Elemente, die das System bestimmen, nach den übrigen gelegt sind; und umgekehrt jede Strecke, die sich als Vielfachensumme dieser (n—1) Strecken darstellen lässt, führt auch von einem Elemente jenes Systems nothwendig wieder zu einem Elemente desselben Systems. Wir können daher auch sagen, ein Elementarsystem n-ter Stufe sei die Gesammtheit der Elemente, deren gegenseitige Abweichungen einem und demselben Ausdehnungssystem (n—1)ter Stufe angehören, oder, wenn man sich so ausdrücken will, es sei die elementare Darstellung eines Ausdehnungssystemes (n—1)ter Stufe. Noch bemerke ich, dass es im Begriffe des Elementarsystems unmittelbar liegt, dass n Elemente dann und nur dann von einander unabhängig sind, wenn sie keinem niederen Elementarsystem als dem n-ter Stufe angehören.

§ 108. Um nun sogleich zu dem Begriff der äusseren Multiplikation beliebig vieler Elementargrössen erster Stufe zu gelangen; haben wir nur den allgemeinen (formellen) Begriff der äusseren Multiplikation auf diese Grössen anzuwenden. Der Begriff der Multiplikation ist schon dadurch bestimmt, dass man in einem Produkte von zwei Faktoren, von denen der eine aus zwei gleichartigen Stücken besteht, statt dieses Faktors seine Stücke einzeln einführen, und die so gebildeten Produkte, welche wieder als gleichartig zu betrachten sind, addiren darf. Dies Produkt mehrerer Grössen erster Stufe (die wir als solche einfache Faktoren genannt haben) wird als ein äusseres dadurch bestimmt, dass ohne Werthänderung desselben in jedem einfachen Faktor solche Stücke, welche mit einem der beiden zunächststehenden Faktoren gleichartig sind, weggelassen werden können. Durch diese Grundgesetze bestimmen wir also auch den Begriff der Multiplikation von Elementargrössen erster Stufe, und halten zugleich alle in dem ersten Abschnitte für Ausdehnungsgrössen gegebenen Begriffs-Bestimmungen auch für Elementargrössen fest, und da auf jenen Grundgesetzen und den hinzutretenden Begriffs-Bestimmungen alle im ersten Abschnitte bewiesenen Gesetze beruhen, so gelten sie auch alle für Elementargrössen, also namentlich alle Gesetze der äusseren Multiplikation, der formellen Addition und Subtraktion, der Division und der Abschattung; in Bezug auf die letzte bemerken wir nur noch, dass der Name Projektion hier nicht gebraucht werden darf, weil er in Bezug auf Elementargrössen, wie sich später zeigen wird, einen gänzlich andern Begriff in sich schliesst, als wir bisher mit dem Namen der Abschattung bezeichneten. — Unsere Aufgabe bleibt daher ins Besondere, unserm Begriffe die möglichste Anschaulichkeit zu geben, und seine konkrete Darstellung vor Augen zu legen.

§ **109.** Die Hauptsache ist hier, auszumitteln, wann zwei Produkte einander gleichgesetzt werden können, indem dadurch der Begriffsumfang der Grösse, welche das Produkt darstellt, bestimmt wird. Da nun durch jene formellen Grundgesetze der Begriff des Produktes vollkommen bestimmt sein soll, so haben wir zwei Produkte dann, aber auch nur dann, einander gleich zu setzen, wenn sich vermittelst jener Grundgesetze (oder der daraus abgeleiteten) das eine Produkt in das andere verwandeln lässt. Es sei daher ein Produkt aus n Elementargrössen erster Stufe der Betrachtung unterworfen. Zunächst ist klar, dass wenn die Gewichte dieser n Elementargrössen alle einzeln genommen null sind, also jede derselben als Ausdehnungsgrösse erster Stufe erscheint, auch ihr Produkt eine Ausdehnungsgrösse n-ter Stufe liefert. In jedem andern Falle, und wenn auch nur Ein einfacher Faktor ein geltendes Gewicht hat*), lässt sich jenes Produkt als Produkt eines Elementes in eine Ausdehnungsgrösse (n—1)ter Stufe darstellen. Denn wir können zuerst den Faktor, von welchem wir voraussetzen, dass sein Gewicht nicht null sei, auf die erste Stelle bringen; sollte sich dabei das Vorzeichen des Produktes ändern, so können wir statt dessen das Zeichen irgend eines Faktors ändern. Ist nun $a\alpha$ jener Faktor, dessen Gewicht a nicht null sein soll, so können wir nun den übrigen Faktoren, wenn ihr Gewicht noch nicht null ist, ein beliebiges Vielfaches von α als Stück hinzufügen, ohne den Werth des Produktes zu ändern, und dadurch das Gewicht jedes der übrigen Faktoren auf null bringen. Nachdem dies geschehen ist, sind also die übrigen (n—1) Faktoren Strecken geworden; ihr Produkt, welches eine Ausdehnungsgrösse (n—1)ter Stufe ist, sei Q, so ist die Elementargrösse gleich

$$a\alpha . Q;$$

und dies wiederum, da a eine Zahlengrösse ist, gleich

$$\alpha . aQ = \alpha . P,$$

wenn aQ gleich P gesetzt wird. Es ist also die oben aufgestellte

*) d. h. ein solches, welches nicht null ist.

Behauptung erwiesen; aber noch mehr, da das zu den einzelnen Faktoren hinzuzuaddirende Vielfache von α, wenn es das Gewicht derselben null machen soll, ein bestimmtes ist, so ergiebt sich dadurch ein bestimmter Werth von Q, also auch von P. Um nun zu zeigen, dass P immer einen bestimmten Werth behält, welche Formveränderung man auch vorher mit jenem Produkte vorgenommen hat, haben wir nur festzuhalten, dass alle Formveränderungen eines Produktes, welche den Werth desselben ungeändert lassen, darauf beruhen, dass man jedem einfachen Faktor Stücke hinzufügen kann, welche den übrigen Faktoren gleichartig sind. Lassen wir nun in dem ursprünglichen Produkte zunächst den Faktoren $\mathfrak{a}\alpha$ ungeändert, fügen aber irgend einem andern Faktor ein Stück hinzu, welches irgend einem der übrigen Faktoren, etwa dem Faktor $\mathfrak{b}\beta$ gleichartig ist, z. B. das Stück $m\beta$, wo m eine Zahlengrösse bedeutet, so hat man nachher, um das Gewicht dieses vermehrten Faktors auf null zu bringen, noch ausser dem, was vorher zu subtrahiren war, die Grösse $m\alpha$ zu subtrahiren, somit erscheint das jenem Faktor hinzugefügte gleich $m(\beta-\alpha)$; aber der Faktor $\mathfrak{b}\beta$ verwandelt sich bei derselben Umwandlung in $\mathfrak{b}(\beta-\alpha)$; also bleibt auch nach der bezeichneten Umwandlung das dem einen Faktor hinzugefügte Stück dem andern gleichartig, d. h. das Produkt Q, also auch P behält denselben Werth. Somit haben wir gezeigt, dass der Werth P, welcher als zweiter Faktor erscheint, ein bestimmter ist, wenn α unverändert bleibt; nun kann aber α um jede Strecke wachsen, welche dem Systeme P angehört; es sei dieselbe p_1, so hat man

$$(\alpha+p_1).P=\alpha.P,$$

d. h. es kann sich das Element α in jedes dem Elementarsysteme, was durch α und P bestimmt ist, angehörige Element verwandeln, während P immer denselben Werth behält, und hiermit ist der Begriffsumfang bestimmt. Wir nennen nun ein Produkt von n Elementargrössen erster Stufe oder eine Summe von solchen Produkten eine Elementargrösse n-ter Stufe, und ein solches Produkt, dessen einfache Faktoren nicht sämmtlich Strecken sind, eine starre Elementargrösse. Somit haben wir den Satz gewonnen, „dass eine starre Elementargrösse n-ter Stufe sich als Produkt eines Elementes in eine Ausdehnung (n—1)ter Stufe darstellen lässt dass diese Ausdehnung, welche wir die **Ausweichung** jener Elementargrösse nennen, durch dieselbe vollkommen bestimmt sei, dass aber als Element jedes beliebige angenommen werden kann, was dem durch die einfachen Faktoren der Elementargrösse bestimmten Systeme angehört." Die starre Elementargrösse erscheint daher überhaupt als Einheit des durch sie bedingten Elementarsystems und der ihr zugehörigen Ausweichung; und durch das Ineinanderschauen beider, d. h. durch das Zusammenfassen beider Anschauungen in eine ist die Begriffseinheit einer Elementargrösse von höherer Stufe, oder, was dasselbe ist, eines Produktes von Elementargrössen erster Stufe gegeben. Wir wollen nun die Anschauung der starren Elementargrösse dadurch vollenden, dass wir sie als bestimmten Theil des Elementarsystems, dem sie angehört, darzustellen suchen.

§ **110.** Nach dem im vorigen § aufgestellten Begriff ist das Produkt zweier Elemente α, β die an das durch α und β bestimmte Elementarsystem gebundene und dadurch gleichsam erstarrte Strecke $\alpha\beta$. Den Begriff der Strecke gründeten wir auf den des einfachen Ausdehnungsgebildes erster Stufe. Darunter verstanden wir die Gesammtheit der Elemente, in die ein erzeugendes Element bei stetiger Fortsetzung derselben Aenderung überging; das erzeugende Element in seinem ersten Zustande nannten wir das Anfangselement des Gebildes, in seinem letzten das Endelement, beide Elemente die Gränzelemente und alle übrigen Elemente des Gebildes bezeichneten wir als **zwischen** jenen Gränzelementen liegende. Somit können wir auch sagen, das einfache Gebilde $\alpha\beta$ sei die Gesammtheit der zwischen α und β liegenden Elemente, wobei es vermöge des Begriffs des Stetigen gleichgültig ist, ob wir die Gränzelemente selbst, weil sie an sich keine Ausdehnung darstellen, mit hinzunehmen oder nicht. Dies Gebilde nun wird als Elementargrösse zweiter Stufe aufgefasst, wenn man nur einestheils das Elementarsystem zweiter Stufe, dem es angehört, und andrerseits die Erzeugungsweise festhält, so dass zwei solche Gebilde, welche demselben Elementarsysteme zweiter Stufe angehören und durch dieselben Aenderungen erzeugt sind, als Elementargrössen einander gleich sind, aber auch nur zwei solche. Oder denkt man das ganze Elementarsystem durch stetige Fortsetzung derselben Aenderung erzeugt, und man nimmt zwei Elemente desselben als entsprechende an, und ausserdem je zwei Elemente als entsprechende, welche aus den entsprechenden durch dieselbe Aenderung erzeugt sind, so werden zwei auf diese Weise sich entsprechende Gebilde, als gleiche Elementargrössen zweiter Stufe erscheinen. Wenden wir nun dasselbe auf die Elementargrössen höherer Stufe an, und betrachten also drei oder mehrere Elemente α, β, $\gamma \ldots .$, so entsteht uns hier gleichfalls die Aufgabe, die Gesammtheit der zwischen diesen Elementen liegenden Elemente zu finden, und diese Gesammtheit zu vergleichen mit dem Produkte der Elemente. Was wir unter einem zwischen 2 Elementen liegenden Elemente verstehen, ist schon festgesetzt; jedes Element nun, was zwischen einem Elemente α und einem zwischen β und γ liegenden Elemente sich befindet, bezeichnen wir als ein zwischen α, β und γ liegendes, und überhaupt ein Element, welches zwischen α und einem zwischen einer Reihe von Elementen β, $\gamma \ldots ..$ befindlichem Elemente liegt, als ein zwischen der ganzen Elementenreihe α, β, $\gamma \ldots$ liegendes. Die Gesammtheit dieser Elemente wollen wir vorläufig ein Eckgebilde nennen, α, β, γ, ... seine Ecken, und diese Ecken sowohl als die Elemente, welche zwischen einem Theile dieser Ecken liegen (nicht zwischen allen) seine Gränzelemente, jene zwischen sämmtlichen Ecken liegenden Elemente hingegen die inneren Elemente des Eckgebildes. Unsere Aufgabe ist nun zunächst die, alle Zwischenelemente (inneren Elemente) als Vielfachensumme jener Elemente, zwischen denen sie liegen, darzustellen, und die Relation zu bestimmen, welche dann zwischen den Koefficienten statt finden muss. Zuerst in Bezug auf zwei Elemente ist klar, dass ein Element ϱ dann und nur dann zwischen α und β liege, wenn $\alpha\varrho$ gleichbezeichnet ist mit $\varrho\beta$, so dass die letzte Aenderung als Fortsetzung der ersten erscheint. Jedes Element ϱ nun, was in dem durch α, β bedingten Elementarsystem liegt, kann dargestellt werden durch die Gleichung

$$\varrho = \mathfrak{a}\alpha + \mathfrak{b}\beta,$$

wo $\mathfrak{a}$ und $\mathfrak{b}$ beliebige Zahlengrössen vorstellen, deren Summe eins ist. Nach dem vorigen liegt nun ϱ dann und nur dann zwischen α und β, wenn $\alpha\varrho$ gleichbezeichnet ist mit $\varrho\beta$, d. h.

$$\alpha(\mathfrak{a}\alpha + \mathfrak{b}\beta) \text{ gleiches Zeichen hat mit } (\mathfrak{a}\alpha + \mathfrak{b}\beta) \, . \, \beta$$

oder, indem man die Gesetze der äusseren Multiplikation anwendet, wenn $\mathfrak{b}\,.\,\alpha\beta$ gleich bezeichnet ist mit $\mathfrak{a}\alpha\beta$, d. h. $\mathfrak{b}$ gleich bezeichnet ist mit $\mathfrak{a}$; d. h., da ihre Summe eins, also positiv ist, wenn beide Koefficienten oder Gewichte positiv sind. Ist einer derselben null, so ist das Element ein Gränzelement. Durch Fortsetzung desselben Verfahrens können wir nun beweisen, dass ein Element ϱ dann und nur dann zwischen einer Reihe von Elementen α, β, $\gamma\ldots$, welche von einander unabhängig sind, liege, wenn es sich in der Form

$$\varrho = \mathfrak{a}\alpha + \mathfrak{b}\beta + \mathfrak{c}\gamma + \ldots.$$

mit lauter positiven Koefficienten darstellen lasse. Wir sagten, dass ein Element ϱ dann und nur dann zwischen einer Reihe von Elementen liege, wenn es zwischen dem ersten Elemente dieser Reihe und einem zwischen den folgenden befindlichen Elemente liege. Soll ϱ daher zwischen α, β, $\gamma\ldots..$ liegen, so muss es zwischen α und einem zwischen β, $\gamma\ldots$ liegenden Elemente sich befinden, es muss also ϱ sich als Vielfachensumme von α und einem zwischen β, $\gamma\ldots.$ liegenden Elemente, deren Koefficienten beide positiv sind, darstellen lassen; also muss zuerst der Koefficient von α positiv sein, demnächst aber auch der Koefficient des zwischen β, $\gamma\ldots.$ liegenden Elementes, dies Element muss sich aber aus demselben Grunde als Vielfachensumme von β und einem zwischen den folgenden Elementen $\gamma\ldots$ befindlichen Elemente mit positiven Koefficienten darstellen lassen; in dem Ausdrucke für ϱ war aber dies zwischen β, $\gamma\ldots$ liegende Element mit einem positiven Koefficienten multiplicirt; also werden wir, indem wir den für dies Element gefundenen Ausdruck in den Ausdruck für ϱ einführen, und die Klammer auflösen, ϱ als Vielfachensumme von den Elementen α, β und einem zwischen den folgenden Elementen $\gamma\ldots$ befindlichen Elemente mit positiven Koefficienten dargestellt haben, und da wir dies Verfahren bis zum letzten Elemente hin fortsetzen können, so folgt, dass jedes zwischen α, β, $\gamma\ldots$ liegende Element sich als Vielfachensumme von α, β, $\gamma\ldots$ mit positiven Koefficienten darstellen lasse. Es ist nun noch zu zeigen, dass auch jedes Element, was sich in dieser Form darstellen lasse, Zwischenelement sei. Ist ein Element ϱ in der obigen Form dargestellt

$$\varrho = \mathfrak{a}\alpha + \mathfrak{b}\beta + \mathfrak{c}\gamma + \ldots,$$

wo $\mathfrak{a}$, $\mathfrak{b}$, $\mathfrak{c}$,.... positive Koefficienten sind; so hat die Summe aller auf $\mathfrak{a}\alpha$ folgenden Glieder zum Gewichte $\mathfrak{b}+\mathfrak{c}+\ldots$, also eine positive Zahl, ist also, wenn man die Koefficienten $\mathfrak{b}$, $\mathfrak{c}$,... mit $\mathfrak{b}+\mathfrak{c}+\ldots$ dividirt, und dann jene Summe mit $\mathfrak{b}+\mathfrak{c}+\ldots$ multiplicirt, als Produkt einer positiven Zahl in ein Element, was seinerseits wieder als Vielfachensumme von β, γ,.... mit positiven Koefficienten erscheint, darstellbar, folglich liegt ϱ zwischen α und einem Elemente, was als Vielfachensumme der folgenden Elemente mit positiven Koefficienten darstellbar ist, und da wir diesen Schluss fortsetzen können bis zu den beiden letzten Elementen hin, und das als Vielfachensumme dieser letzten mit positiven Koefficienten darstellbare Element ein zwischen liegendes ist, so folgt, dass ϱ selbst zwischen α, β, γ... liege; also ist der vorher ausgesprochene Satz erwiesen; auch ist klar, dass, wenn einer oder mehrere Koefficienten null werden, während die übrigen positiv bleiben, ϱ als Gränzelement erscheint.

§ **111.** Betrachte ich nun auf der andern Seite das Produkt $\alpha.\beta.\gamma.\delta\ldots$, dessen Ausweichung nach § 109 gleich $[\alpha\beta].[\beta\gamma].[\gamma\delta]\ldots$ ist, und stelle das Ausdehnungsgebilde dar, was diesen Werth hat, und dadurch entsteht, dass das Element α zuerst die Strecke $[\alpha\beta]$ beschreibt, dann jedes so erzeugte Element die Strecke $[\beta\gamma]$, dann jedes die Strecke $[\gamma\delta]$ beschreibt u. s. w., so ist klar, dass jedes solche Element (σ) aus α durch eine Aenderung von der Form

$$\mathrm{p}[\alpha\beta]+\mathrm{q}[\beta\gamma]+\mathrm{r}[\gamma\delta]+\ldots,$$

wo p, q, r... sämmtlich positiv und kleiner als eins sind, hervorgeht, also der Gleichung

$$[\alpha\sigma]=\mathrm{p}[\alpha\beta]+\mathrm{q}[\beta\gamma]+\mathrm{r}[\gamma\delta]+\ldots$$

genügt, und ausserdem jenes Ausdehnungsgebilde keine Elemente enthält, indem die Werthe null und eins für jene Koefficienten (p, q, r,...) Gränzelemente bedingen. Das Eckgebilde zwischen α, β, γ, δ,... enthielt die Gesammtheit der Elemente, welche der Gleichung

$$\sigma=\mathfrak{a}\alpha+\mathfrak{b}\beta+\mathfrak{c}\gamma+\mathfrak{d}\delta+\ldots$$

mit positiven Werthen von $\mathfrak{a}$, $\mathfrak{b}$, $\mathfrak{c}$, $\mathfrak{d}$,..., d. h. welche der Gleichung

$$[\alpha\sigma]=\mathfrak{b}[\alpha\beta]+\mathfrak{c}[\alpha\gamma]+\mathfrak{d}[\alpha\delta]+\ldots.$$

genügen, wenn $\mathfrak{b}$, $\mathfrak{c}$, $\mathfrak{d}$,... positiv, und ihre Summe kleiner als eins ist. Setzen wir hier statt $[\alpha\gamma]$ seinen Werth $[\alpha\beta]+[\beta\gamma]$, statt $[\alpha\delta]$ seinen Werth $[\alpha\beta]+[\beta\gamma]+[\gamma\delta]$, u. s. w., so erhält man für ein Element σ des Eckgebildes die Gleichung

$$[\alpha\sigma]=$$
$$=(\mathfrak{b}+\mathfrak{c}+\mathfrak{d}+\ldots)[\alpha\beta]+(\mathfrak{c}+\mathfrak{d}+\ldots)[\beta\gamma]+(\mathfrak{d}+\ldots)[\gamma\delta]+\ldots$$
$$=\mathrm{p}[\alpha\beta]+\mathrm{q}[\beta\gamma]+\mathrm{r}[\gamma\delta]+\ldots$$

mit der Bedingung, dass jeder frühere Koefficient grösser als der folgende, der erste kleiner als eins, der letzte grösser als null ist, also mit der Bedingung

$$1>\mathrm{p}>\mathrm{q}>\mathrm{r}>\ldots.>0.$$

Es umfasst also das Eckgebilde nur einen Theil der Elemente, welche jenes dem Produkte $\alpha.\beta.\gamma.\delta\ldots$ entsprechende Ausdehnungsgebilde enthält, nämlich diejenigen, in denen die zuletzt hinzugefügte Bedingung erfüllt ist. Nun wollen wir jenes Eckgebilde vorläufig mit $[\mathrm{a}, \mathrm{b}, \mathrm{c}\ldots.]$ bezeichnen, indem wir $[\alpha\beta]$ mit a, $[\beta\gamma]$ mit b, $[\gamma\delta]$ mit c bezeichnen u. s. w., und verstehen also darunter die Gesammtheit der Elemente σ, welche der Gleichung

$$[\alpha\sigma]=\mathrm{pa}+\mathrm{qb}+\mathrm{rc}+\ldots$$

mit der Bedingung

$$1>\mathrm{p}>\mathrm{q}>\mathrm{r}>\ldots..>0$$

genügen. Als Gränzelemente erscheinen diejenigen, bei deren Darstellung in jener Form theilweise Gleichheit jener Grössen (1, p, q, r, ...0) eintritt. Nun leuchtet ein, wie jede andere Folge von a, b, c,... auch ein anderes Eckgebilde hervorruft, welches mit dem ersteren kein inneres Element gemeinschaftlich hat, und wie die Gesammtheit der Elemente, welche die zu allen möglichen Folgen von a, b, c,... gehörigen Eckgebilde enthalten, wenn man die Gränzelemente immer nur einmal setzt, das dem Produkte a.b.c... entsprechende Ausdehnungsgebilde selbst darstellt. In der That jedes Element dieses Ausdehnungsgebildes wird, wenn die Koefficienten p, q, r,... verschieden sind, nur in Einem der Eckgebilde, aber auch gewiss in einem, vorkommen; und wenn diese Koefficienten theilweise gleich sind, so werden es Gränzelemente sein, die also nur einmal gesetzt werden sollten. Wir können daher, da auch die Eckgebilde kein Element enthalten, welches nicht in jenem Ausdehnungsgebilde enthalten wäre, das letztere als Summe sämmtlicher Eckgebilde, welche bei allen möglichen Folgen der Faktoren a, b, c.... eintreten, ansehen.

Nun können wir endlich zeigen, dass alle diese Eckgebilde, als Theile ihres Systems, einander gleich sind. Die Gleichheit zweier Theile eines Elementarsystems besteht im allgemeinsten Sinne darin, dass beide von dem in einfachem Sinne erzeugten Systeme von Elementen gleiche Gebiete umfassen, nämlich so, dass wechselseitig jedem Elemente des einen Gebietes ein, aber auch nur Ein Element des andern entspricht.

Um dies bestimmter zu fassen, nehmen wir an, a, b, c... seien entsprechende Aenderungen, d. h. solche, die aus den entsprechenden Grundänderungen auf dieselbe Weise hervorgegangen seien, und durch sie werde das System von α aus erzeugt, und zwar so, dass je zwei Elemente, welche in einer der Richtungen a, b, c... an einander gränzen, durch die dieser Richtung zugehörige Grundänderung aus einander erzeugt seien. Dann ist klar, wie jedem Elemente des Eckgebildes (a, b, c,) ein, aber auch nur Ein Element eines Eckgebildes, in welcher die Strecken a, b, c... in anderer Ordnung vorkommen, entspricht. Denn wenn σ ein Element des ersten ist und $[\alpha\sigma]$ als Vielfachensumme von a, b, c... dargestellt ist, so hat man sogleich das entsprechende Element des andern, wenn man in jener Vielfachensumme, ohne die Ordnung der Koefficienten zu ändern, a, b, c... auf die Ordnung des zweiten Eckgebildes bringt. Folglich sind in der That, wenigstens in Bezug auf die angenommene Erzeugungsweise des Systems, alle jene Eckgebilde als Elementargrössen einander gleich. Aber schon aus der Art, wie wir in § 20 die Systeme von den Grundänderungen unabhängig gemacht haben, geht hervor, dass dasselbe auch gelten wird in Bezug auf jede andere einfache Erzeugungsweise des Systems; also sind jene Eckgebilde an sich gleich. Da sie nun insgesammt dem Produkte gleich waren, so werden wir sagen können, jedes derselben sei gleich dem Produkte dividirt durch eine Zahl, welche die Anzahl der verschiedenen Folgen ausdrückt, welche die n Faktoren a, b, c.... annehmen können, diese Zahl nennen wir die Gefolgszahl aus n Elementen, und bezeichnen sie, wenn die Anzahl der Faktoren n ist, mit n!, setzen also das Eckgebilde seiner Ausdehnung nach gleich

$$\frac{a.b.c\ldots.}{n!}\text{*)};$$

wir nennen diesen Werth die Ausdehnung des Produktes $\alpha.\beta.\gamma\ldots.$, d. h. die Ausdehnung der Elemetargrösse. Es ist also

„die Ausdehnung einer starren Elementargrösse gleich ihrer Ausweichung, dividirt durch die zu der Stufenzahl dieser Ausweichung gehörige Gefolgszahl.“

Namentlich ist, indem wir voraussetzen, dass zwei Elemente zwei Folgen zulassen, drei Elemente aber deren 6, die Ausdehnung einer starren Elementargrösse dritter Stufe die Hälfte ihrer Ausweichung, und die Ausdehnung einer starren Elementargrösse vierter Stufe der sechste Theil ihrer Ausweichung**); und nehmen wir an, dass Ein Element nur Eine Anordnung zulasse, nämlich die, dass es eben gesetzt wird, und wenn kein Element da ist, auch Eine Anordnung möglich ist, nämlich die, dass eben kein Element gesetzt wird, so folgt, dass für Elementargrössen erster und zweiter Stufe Ausdehnung und Ausweichung einander gleich sind.

§ 112. Für die Elementargrössen erster Stufe ist die Ausweichung oder Ausdehnung eine Zahlengrösse, nämlich dieselbe, die wir oben als ihr Gewicht bezeichneten. Es entsteht daher die Aufgabe für Elementargrössen höherer Stufen die entsprechenden Sätze abzuleiten, die wir für Elementargrössen erster Stufe in Bezug auf ihr Gewicht aufstellten. Zunächst ergiebt sich, „dass, wenn die Glieder einer Gleichung dasselbe Element α als gemeinschaftlichen Faktor enthalten, während der andere Faktor eines jeden Gliedes eine Ausdehnung ist, man jenes Element α aus allen Gliedern weglassen könne, ohne die Richtigkeit der Gleichung aufzuheben. Die Richtigkeit dieses Satzes erhellt, wenn man in der vorausgesetzten Gleichung Ein Glied auf die linke Seite allein schafft,

---

*) Dass $n! = 1.2.3\ldots n$ sei, lehrt die Kombinationslehre; würden wir dies voraussetzen, so würden wir den Werth des Eckgebildes erhalten $\frac{a.b.c\ldots..}{1.2.3\ldots..}$

**) Diese Resultate entsprechen den Sätzen der Geometrie, dass das Dreieck die Hälfte ist des Parallelogramms von gleicher Grundseite und Höhe, und die dreiseitige Pyramide der 6-te Theil des Spathes, dessen Kanten drei zusammenstossenden Kanten der Pyramide gleich sind.

und die übrigen in Ein Glied mit dem Faktor α zusammenfasst, und also die Gleichung in der Form darstellt

$$\alpha A = \alpha (B + C + \ldots);$$

da nämlich nun die linke Seite eine starre Elementargrösse darstellt, die rechte also gleichfalls, so müssen die Ausweichungen auf beiden Seiten gleich, also

$$A = B + C + \ldots.$$

sein. Stellt man dann die Glieder dieser Gleichung wieder in der ursprünglichen Ordnung her, so hat man die Gleichung, deren Richtigkeit zu erweisen war. Wir können die Summe der Ausweichungen mehrerer Glieder, welche alle dasselbe Element ϱ als Faktor haben, auch dann, wenn diese Summe eine formelle Ausdehnungsgrösse darstellt, die Ausweichung ihrer Summe nennen, und dann den so eben erwiesenen Satz auch so ausdrücken: „In einer Gleichung, deren Glieder dasselbe Element ϱ als gemeinschaftlichen Faktor haben, kann man statt aller Glieder gleichzeitig ihre Ausweichungen setzen, ohne die Richtigkeit der Gleichung aufzuheben.“ Vermittelst dieses Satzes ergiebt sich nun, dass, wenn man die Glieder irgend einer Gleichung alle mit demselben Elemente ϱ multiplicirt, und statt jedes so gewonnenen Gliedes seine Ausweichung setzt, die Gleichung eine richtige bleibt. Wir verstehen nun dem vorigen Kapitel gemäss unter der Abweichung einer Grösse B von einer andern A die Ausweichung des Produktes AB, und haben somit den Satz gewonnen, dass man in einer Gleichung statt aller Glieder gleichzeitig ihre Abweichungen von demselben Elemente ϱ setzen darf, oder einfacher ausgedrückt, dass gleiche Elementargrössen auch von demselben Elemente um Gleiches abweichen. Hierbei ist zu bemerken, wie aus der Definition sogleich hervorgeht, dass die Abweichung einer Ausdehnung von einem Elemente stets dieser selbst gleich, also von dem Elemente gänzlich unabhängig ist. Stellen wir uns nun eine Gleichung vor, deren Glieder theils starre Elementargrössen theils Ausdehnungen sind, und in welcher jede der ersteren als Produkt eines Elementes in eine Ausdehnung, also in der Form $\alpha . A$ dargestellt ist: so verwandelt sich durch Multiplikation aller Glieder mit ϱ jenes Glied in $\varrho . \alpha . A$ oder in $\varrho . (\alpha - \varrho) . A$, weil man in jedem Faktor eines äusseren Produktes Stücke hinzufügen kann, welche den andern Faktoren gleichartig sind, und da $(\alpha-\varrho)$ eine Strecke, also $(\alpha-\varrho).A$ eine Ausdehnung ist, so kann man nun den gemeinschaftlichen Faktor ϱ weglassen, und erhält auf diese Weise die Abweichungsgleichung, welche somit aus der gegebenen dadurch hervorgeht, dass man von den Elementen der starren Elementargrössen überall ϱ subtrahirt, und die Glieder, welche Ausdehnungen darstellen, unverändert lässt. Subtrahirt man nun diese Gleichung von der gegebenen, so fallen die Ausdehnungsglieder weg, das Glied αA verwandelt sich in $\alpha A-(\alpha-\varrho).A$, d. h. in $\varrho.A$; d. h. statt der verschiedenen Elemente, welche mit den Ausweichungen multiplicirt waren, tritt überall das Element ϱ ein; dies kann man nun weglassen nach dem vorigen §, und erhält somit eine Gleichung, welche aus der gegebenen dadurch hervorgeht, dass man die Ausdehnungsglieder weglässt, statt der übrigen aber ihre Ausweichungen setzt. Da nun die Ausweichung einer Summe von Elementargrössen als die Summe ihrer Ausweichungen definirt ist, worin zugleich liegt, dass die Ausweichung einer Ausdehnungsgrösse null ist, so können wir einfacher sagen:

„Gleiche Elementargrössen haben gleiche Ausweichungen“ oder „Eine Gleichung bleibt richtig, wenn man statt aller Glieder gleichzeitig ihre Ausweichungen setzt.“

Aus diesem Satze geht, wenn man die Ableitungsweise, durch welche er sich ergab, umkehrt, der umgekehrte Satz hervor:

„Zwei Elementargrössen, welche gleiche Ausweichungen haben, und von irgend einem Elemente ϱ um gleiche Grössen abweichen, sind einander gleich (und weichen auch von jedem andern Elemente um eine gleiche Grösse ab).“

Nämlich sind

$$\alpha_1 A_1+\alpha_2 A_2+\ldots\ldots+P \text{ und}$$
$$\beta_1 B_1+\beta_2 B_2+\ldots\ldots+Q,$$

wo die griechischen Buchstaben Elemente, die lateinischen Ausdehnungsgrössen vorstellen, die beiden Elementargrössen, von denen wir voraussetzen, dass ihre Ausweichungen gleich sind, d. h.

$$A_1+A_2+\ldots\ldots=B_1+B_2+\ldots\ldots$$

ist, und dass ihre Abweichungen von irgend einem Elemente ϱ gleich sind, d. h.

$$(\alpha_1-\varrho).A_1+(\alpha_2-\varrho).A_2+\ldots\ldots+P$$

gleich ist

$$(\beta_1-\varrho).B_1+(\beta_2-\varrho).B_2+\cdots\cdots+Q,$$

so erhält man aus dieser letzten Gleichung, indem man die Klammern auflöst, und bemerkt, dass nun die Glieder, welche ϱ enthalten, sich vermöge der ersten Gleichung aufheben, die zu erweisende Gleichung

$$\alpha_1.A_1+\alpha_2.A_2+\cdots\cdots+P$$

gleich

$$\beta_1.B_1+\beta_2.B_2+\cdots\cdots+Q.$$

Eine specielle Folgerung dieses Satzes ist die, „dass eine Elementargrösse, deren Ausweichung null ist, einer Ausdehnungsgrösse gleich ist, und von allen Elementen um gleich viel, nämlich um eben diese Ausdehnungsgrösse abweicht.“ Denn wenn die Abweichung jener Elementargrösse von irgend einem Elemente ϱ, welche Abweichung immer nach der Definition eine Ausdehnungsgrösse darstellt, gleich P ist, so muss sie selbst gleich P sein, weil sie mit P gleiche Ausweichung nämlich null hat, und beide von demselben Elemente ϱ um eine gleiche Grösse abweichen, denn die Abweichung jeder Ausdehnungsgrösse von einem beliebigen Elemente ist eben diese Ausdehnungsgrösse selbst; also erfolgt jene Gleichheit nach dem so eben erwiesenen Satze, und daraus fliesst dann der andere Theil des zu erweisenden Satzes unmittelbar.

§ 113. Wir wenden den Satz des vorigen § noch auf die Addition einer starren Elementargrösse (α.A) und einer Ausdehnung (P) an. Ist A die Ausweichung der ersteren, so muss es auch, da die Ausweichung einer Ausdehnungsgrösse null ist, die der Summe sein; soll daher die Summe wiederum eine starre Elementargrösse sein, so muss sie sich in der Form β.A darstellen lassen, und es wird dann β.A in der That der Summe gleich sein, wenn beide gleiche Abweichungen von irgend einem Elemente z. B. von α darbieten; die Abweichung der Grösse αA von α ist aber null, also hat man als die einzige Bedingungsgleichung

$$P=(\beta-\alpha).A,$$

d. h.

„die Summe einer starren Elementargrösse und einer Ausdehnungsgrösse ist nur dann wieder eine starre Elementargrösse, wenn die Ausweichung der ersteren der letzteren untergeordnet ist, und zwar ist die Summe dann diejenige Elementargrösse, welche mit der ersteren gleiche Ausweichung hat, und von einem Elemente der ersteren um die letztere abweicht.“

§ 114. Nachdem wir nun die Erzeugung der Elementargrössen höherer Stufen aus denen der ersten durch Multiplikation und Addition dargestellt, und ihren Begriff durch Vergleichung mit den Elementargrössen erster Stufe und mit den Ausdehnungsgrössen der Anschauung näher gerückt haben, gehen wir jetzt zu den Anwendungen auf die Geometrie und Mechanik über, in welchen jene Begriffe sich anschaulich abbilden. Was zuerst die Geometrie betrifft, so ist klar, wie die gerade Linie und die Ebene als Elementarsysteme zweiter und dritter Stufe erscheinen. Der Raum selbst aber erscheint als Elementarsystem vierter Stufe, und erst hierdurch ist der Raum in seiner wahren Bedeutung dargestellt. Die starre Elementargrösse liess sich am einfachsten als Produkt eines Elementes in eine Ausdehnungsgrösse darstellen, welche wir die Ausweichung derselben nannten; und es erschien dieselbe als die an ihr Elementarsystem gebundene Ausweichung. Betrachten wir zuerst das Produkt $(\alpha . p)$ eines Punktes (α) in eine Strecke (p), so ist p die Ausweichung dieses Produktes, die gerade Linie, welche von α in der Richtung der Strecke p gezogen wird, das Elementarsystem desselben, und das Produkt erscheint also als eine Strecke, welche einen Theil einer konstanten geraden Linie ausmacht, und an diese Linie gebunden bleibt. Wir nennen dies Produkt, da es einen Theil einer geraden Linie bildet, Liniengrösse, und fahren fort, die Strecke, welche an ihr erscheint, ihre Ausweichung zu nennen. Eben so stellt sich das Produkt $(\alpha . P)$ eines Punktes (α) in einen Flächenraum von konstanter Richtung als ein Flächenraum dar, welcher in einer konstanten Ebene liegt, nämlich in der durch jenen Punkt in der Richtung des Flächenraums gelegten Ebene; wir nennen jene Grösse, da sie einen Theil einer konstanten Ebene bildet, Ebenengrösse (vielleicht besser Plangrösse), und jenen Flächenraum von konstanter Richtung ihre Ausweichung. Das Produkt endlich eines Punktes in einen Körperraum hat für die Geometrie, da der Raum ein Elementarsystem vierter Stufe ist, also jeder Körperraum schon an sich an ihn gebunden ist, keine andere Bedeutung als dieser Körperraum selbst.

§ 115. Hieraus entwickelt sich nun leicht der Begriff eines Produktes von mehreren Punkten. Betrachtet man zuerst das Produkt zweier Punkte $\alpha.\beta$ oder $\alpha\beta$, so ist das System, an welches es gebunden ist, die durch beide Punkte gezogene gerade Linie, und da

$$\alpha.\beta = \alpha.(\beta-\alpha)$$

ist, so ist die Ausweichung dieses Produktes die Abweichung des zweiten Punktes von dem ersten, d. h. das Produkt zweier Punkte ist eine Liniengrösse, deren Linie durch jene beiden Punkte geht, und deren Ausweichung die von dem ersten an den zweiten geführte Strecke ist. — Das Produkt dreier Puncte $\alpha.\beta.\gamma$ erscheint als Plangrösse, deren Ebene durch jene 3 Punkte geht; und da

$$\alpha.\beta.\gamma = \alpha.(\beta-\alpha).(\gamma-\alpha) = \alpha.[\alpha\beta].[\alpha\gamma]$$

ist, so ist die Ausweichung derselben der Flächenraum eines Parallelogramms, was die Abweichungen der beiden letzten Punkte von dem ersten zu Seiten hat. Auch können wir, da

$$[\alpha\gamma] = [\alpha\beta] + [\beta\gamma] \text{ ist,}$$

$$[\alpha\beta].[\alpha\gamma] = [\alpha\beta].[\beta\gamma]$$

setzen; also ist die Ausweichung das Produkt der stetig auf einander folgenden Strecken, welche die Punkte in der Reihenfolge, in welcher sie in dem Produkte auftreten, verbinden. Das Produkt von vier Punkten $\alpha.\beta.\gamma.\delta$ erscheint als ein Körperraum, und zwar ist die Ausweichung desselben, da

$$\alpha.\beta.\gamma.\delta = \alpha.(\beta-\alpha).(\gamma-\alpha).(\delta-\alpha) = \alpha.[\alpha\beta].[\alpha\gamma].[\alpha\delta]$$

ist, gleich dem Körperraum eines Spathes, welches die Abweichungen der 3 letzten Punkte von dem ersten (in der gehörigen Reihenfolge genommen) zu Seiten hat; oder da

$$[\alpha\gamma] = [\alpha\beta] + [\beta\gamma]$$

$$[\alpha\delta] = [\alpha\beta] + [\beta\gamma] + [\gamma\delta]$$

ist, so ist auch, wenn man die den übrigen Faktoren gleichartigen Stücke weglässt,

$$[\alpha\beta].[\alpha\gamma].[\alpha\delta] = [\alpha\beta].[\beta\gamma].[\gamma\delta], \text{ d. h.}$$

das Produkt von vier Punkten ist gleich dem Produkte der stetig auf einander folgenden Strecken, welche jene Punkte in der Reihenfolge, in welcher sie in jenem Produkte vorkommen, verbinden.

Hierbei braucht man nicht hinzuzufügen, dass diese Grösse als an den Raum gebunden zu betrachten ist, weil alle räumlichen Grössen an ihn gebunden sind. Das Produkt von mehr als vier Punkten wird, da der Raum nur ein Elementarsystem vierter Stufe ist, stets null sein müssen. Sind die zu multiplicirenden Punkte noch mit Gewichten behaftet, so hat man nur das Produkt der einfachen Punkte noch mit dem Produkte der Gewichte zu multipliciren, wodurch sich nur die Ausweichung ändert. Viel einfacher gestaltet sich alles, wenn wir die Ausdehnung betrachten. Nach der Definition der inneren oder zwischen liegenden Elemente, deren Gesammtheit die Ausdehnung darstellt, ist die Ausdehnung des Produktes $\alpha \, . \, \beta \, . \, \gamma$ gleich dem Flächenraum des Dreiecks, welches α, β, γ zu Ecken hat, und die des Produktes $\alpha . \beta . \gamma . \delta$ gleich dem Körperraum der Pyramide, welche α, β, γ, δ zu Ecken hat; und zugleich liegt in dem Satze, dass die Ausdehnung einer reinen Elementargrösse gleich ihrer Ausweichung dividirt durch die zu der Stufenzahl dieser Ausweichung gehörige Gefolgszahl ist, dass das Dreieck die Hälfte des Parallelogramms, und die dreiseitige Pyramide der 6te Theil des Spathes ist, dessen Kanten mit dreien der Pyramide parallel sind. — Hierdurch ist also der Begriff eines Produktes von mehreren Elementargrössen erster Stufe für den Raum bestimmt; und wir sind dabei nur zu zwei neuen Grössen, nämlich der Liniengrösse und der Plangrösse gelangt. Auch erhellt, wie das Produkt einer Liniengrösse in einen Punkt (oder eine Elementargrösse erster Stufe) allemal eine Plangrösse, das Produkt zweier Liniengrössen und das eines Punktes in eine Plangrösse allemal einen Körperraum liefert, dass diese Produkte aber null werden, wenn die Stufenzahlen der Faktoren zusammengenommen grösser sind, als die des Elementarsystemes, in welchem sie liegen; also z. B. das Produkt zweier Liniengrössen null wird, wenn sie in derselben Ebene liegen. Also auch hierdurch gelangen wir zu keinen andern Grössen, als zu den beiden oben genannten. Hingegen gelangen wir durch die Addition der Liniengrössen zu einer eigenthümlichen Summengrösse, welche besonders für die Statik von entschiedener Wichtigkeit ist. Wir zeigten oben (Kapitel III. des ersten Abschnittes), dass die Summe zweier Produkte n-ter Stufe nur dann wieder als ein Produkt n-ter Stufe erscheint, wenn jene beiden Produkte demselben Systeme (n+1)ter Stufe angehören, hingegen eine formelle Summe, die wir Summengrösse nannten, liefert, wenn sie nur durch ein noch höheres System umfasst werden konnten. Der letztere Fall kann für den Raum, welcher als Elementarsystem vierter Stufe erscheint, nur eintreten, wenn Elementargrössen zweiter Stufe, d. h. Liniengrössen addirt werden sollen, und diese nicht in Einer Ebene liegen. Die nähere Erörterung dieses Falles behalte ich der Anwendung auf die Statik vor, in welcher diese Summengrösse eine selbstständige Bedeutung gewinnt.

§ 116. Unter den zahlreichen Anwendungen, welche die Methode unserer Analyse auf die Geometrie verstattet, hebe ich hier nur diejenigen hervor, welche mir am geeignetsten erscheinen, um das Wesen jener Methode in ein helleres Licht zu setzen. Um die Beziehung zu der sonst üblichen Koordinatenbestimmung hervortreten zu lassen, will ich zuerst den Begriff der Richtsysteme auf die Auffassung des Raumes als eines Elementarsystemes übertragen. Wir hatten im fünften Kapitel des ersten Abschnittes den Begriff eines Richtsystemes für Ausdehnungsgrössen aufgestellt, und demnächst für Elementargrössen festgesetzt, dass alle Definitionen, welche wir für Ausdehnungsgrössen aufgestellt hatten, auch auf jene übertragen werden sollen. Während dort als Grundmasse Ausdehnungsgrössen erster Stufe auftraten, so werden hier Elementargrössen erster Stufe als Grundmasse auftreten, und dadurch ist dann die Bedeutung aller dort in § 87 und 88 aufgestellten Begriffe auch für Elementargrössen bestimmt, namentlich sind die Definitionen von Richtmassen, Richtgebieten, Richtstücken, Zeigern hier genau dieselben wie dort; nur die Richtgebiete erster Stufe, welche wir dort Richtaxen nannten, werden wir hier Richtelemente nennen müssen. Dabei will ich dann nur noch bemerken, dass, da auch die Strecken als Elementargrössen erster Stufe aufgefasst werden können, unter den Grundmassen beliebig viele als Strecken auftreten können, und nur wenn alle Grundmasse Strecken werden, erhalten wir das Richtsystem für Ausdehnungsgrössen. Dasjenige Richtsystem, was diesem am nächsten steht, und dennoch zur Darstellung und Bestimmung der Elementargrössen hinreicht, ist dasjenige, in welchem Ein Grundmass ein Element ist, alle übrigen aber Strecken darstellen, ein Richtsystem, was seiner Einfachheit wegen besondere Auszeichnung verdient.

§ 117. Wenden wir dies nun auf die Geometrie an, so erscheinen für den Raum als ein Elementarsystem vierter Stufe vier von einander unabhängige Elementargrössen erster Stufe als Grundmasse, welche zur Bestimmung hinreichen. Die Bedingung, dass sie von einander unabhängig sein sollen, sagt nur aus, dass sie nicht in Einer Ebene liegen dürfen, und wenigstens eins von ihnen eine starre Elementargrösse sein muss (während von den übrigen beliebige auch Strecken sein dürfen). Nehmen wir vier starre Elementargrössen (d. h. vielfache Elemente) als Grundmasse an, so haben wir die von Möbius in seinem barycentrischen Kalkül zu Grunde gelegte Art der Koordinatenbestimmung, welche mit der von Plücker in seinem System der analytischen Geometrie dargestellten ihrem Wesen nach zusammenfällt. Als Richtgebiete zweiter Stufe erscheinen hier 6 gerade Linien, welche je zwei der Richtelemente verbinden, und als Kanten einer Pyramide erscheinen, welche jene Richtelemente zu Ecken hat, als Richtgebiete dritter Stufe vier Ebenen, welche durch je 3 der Richtelemente gelegt sind und als Seitenflächen jener Pyramide erscheinen; und die Richtmasse zweiter und dritter Stufe stellen Theile jener Linien und Ebenen dar; das Richtmass vierter Stufe, welches hier das Hauptmass ist, stellt einen Körperraum dar. Jede Elementargrösse erster Stufe, mag sie nun eine starre Elementargrösse oder eine Strecke sein, kann im Raume als Vielfachensumme der vier Grundmasse dargestellt werden, jede Elementargrösse zweiter Stufe, mag sie nun eine Liniengrösse oder ein Flächenraum von konstanter Richtung, oder eine Summengrösse sein, kann als Summe von 6 Liniengrössen dargestellt werden, welche den oben erwähnten 6 Linien angehören, kurz jede Grösse kann als Vielfachensumme der Richtmasse gleicher Stufe, oder als Summe von Stücken, welche den Richtgebieten gleicher Stufe angehören, dargestellt werden. Diese Richtsysteme, deren Grundmasse starre Elementargrössen, d. h. vielfache Punkte sind, nennen wir mit Möbius barycentrische. Die einfachste Art der barycentrischen Richtsysteme ist die, bei welcher die Grundmasse blosse Punkte darstellen. Aber die barycentrischen Richtsysteme selbst erscheinen nur als eine besondere obwohl am weitesten reichende Art der allgemeinen Richtsysteme, welche aus vier beliebigen Elementargrössen erster Stufe bestehen. Denn wir zeigten, dass sich beliebig viele derselben bis auf eine in Strecken verwandeln können, und erhalten so ausser dem genannten noch solche Richtsysteme, in welchen die Richtgebiete erster Stufe, theils Richtelemente, theils Richtaxen (konstante Richtungen) sind.

Unter diesen heben wir besonders diejenige Art der Richtsysteme hervor, welche ein Element und drei Strecken zu Grundmassen haben. Als Richtmasse zweiter Stufe treten hier auf einestheils drei Liniengrössen, deren Linien durch das Richtelement gehen, und deren Ausweichungen die 3 andern Grundmasse sind; andererntheils drei Flächenräume von konstanter Richtung, welche durch die drei zwischen jenen 3 Strecken möglichen Spathecke (Parallelogramme) dargestellt werden; als Richtmasse dritter Stufe erscheinen einestheils drei Plangrössen, deren Ebenen durch das Richtelement gehen und deren Ausweichungen die Flächenräume jener 3 Spathecke sind, anderntheils ein als Ausdehnungsgrösse aufgefasster Körperaum, welcher durch das aus jenen 3 Strecken konstruirbare Spath dargestellt ist. Als Hauptmass endlich erscheint derselbe Körperraum aufgefasst als Elementargrösse vierter Stufe. Die Systeme, welchen diese Richtmasse angehören, bilden dann die zugehörigen Richtgebiete.

Die Richtstücke eines Punktes in Bezug auf ein solches Richtsystem sind nun einestheils das Richtelement, anderntheils drei Strecken, welche den 3 Richtaxen parallel sind, und als Summe von solchen vier Richtstücken wird jeder Punkt im Raume dargestellt werden können; die Abweichung eines Punktes im Raume vom Richtelemente wird daher nach diesem Richtsysteme durch Richtstücke von konstanter Richtung (durch Parallelkoordinaten) bestimmt, also ganz auf dieselbe Weise wie eine Ausdehnung überhaupt durch Richtsysteme, welche zur Bestimmung von Ausdehnungen dienen, bestimmt wird.

§ 118. Indem wir nun alle diese Richtsysteme als besondere Arten eines allgemeinen Richtsystems, dessen vier Grundmasse Elementargrössen sind, darstellen: so haben wir damit einestheils die allgemeinste Koordinatenbestimmung gefunden, bei welcher die Ebene noch als Punktgebilde erster Ordnung erscheint, andererseits sind wir dadurch in den Stand gesetzt, das Verfahren, durch welches wir von einer Koordinatenbestimmung zu einer andern derselben Art übergehen konnten, und welches wir in § 92 für Parallelkoordinaten darstellten, nicht nur auf jede Art der Richtsysteme anzuwenden, sondern auch es da eintreten zu lassen, wo aus einer Art der Koordinatenbestimmung zur andern übergegangen werden soll, sobald beide nur jener von uns dargestellten allgemeineren Gattung angehören. Namentlich können wir danach unmittelbar die barycentrischen Gleichungen in Gleichungen zwischen Parallelkoordinaten umwandeln und umgekehrt, ohne dass wir noch irgend einer besonderen Vorschrift bedürften. — Indem wir nun ferner den Begriff der Richtstücke (Koordinaten) in einem allgemeineren Sinne auffassten, sofern wir auch Richtstücke höherer Ordnung annahmen, so reicht dieselbe allgemeine Art der Richtsysteme auch aus, um Elementargrössen höherer Stufen, namentlich um Liniengrössen und Ebenengrössen zu bestimmen. Ehe wir die Bedeutung dieser Bestimmungen durchgehen, haben wir auf einen Unterschied zwischen der von uns angegebenen Bestimmungsweise und der sonst üblichen aufmerksam zu machen und zu zeigen, wie dieser Unterschied ausgeglichen werden könne. Nämlich wir sind überall zu der Bestimmung von Elementargrössen, d. h. von Punkten mit zugehörigen Gewichten, von Liniengrössen und Ebenengrössen gelangt. Bei der Bestimmung durch Koordinaten kommt es aber nur auf die Bestimmung der Punkte, Linien und Ebenen ihrer Lage nach an, und dadurch erhalten wir bei unserer Betrachtungsweise stets ein Richtstück oder einen Zeiger mehr, als es bei jener Bestimmung der Lage erforderlich ist. Dieser Unterschied lässt sich auf der Stelle ausgleichen, indem man bedenkt, dass wenn alle Richtstücke oder Zeiger einer Grösse mit derselben Zahlengrösse multiplicirt oder dividirt werden, dadurch die Lage (das Elementarsystem) derselben nicht geändert wird. Man erhält also sogleich die Anzahl der Zeiger um eins vermindert, wenn man die Richtstücke (oder die Zeiger) mit einem der Zeiger jedesmal dividirt, und dadurch einen der Zeiger jedesmal auf eins bringt. Die so gewonnenen Zeiger genügen dann jedesmal zur Bestimmung der Lage. Indem wir nun auf solche Weise z. B. die Lage einer Ebene durch ihre Zeiger bestimmen, und zwischen den als veränderlich genommenen Zeigern eine Gleichung m-ten Grades aufstellen; so wird dadurch eine unendliche Menge von Ebenen bedingt, deren Zeiger jener Gleichung genügen; und von allen diesen Ebenen wird eine Oberfläche umhüllt werden, von welcher ich späterhin zeigen werde, dass sie dieselbe sei, welche man als Oberfläche m-ter Klasse bezeichnet hat. Eben so führt die Bestimmung der geraden Linie durch ihre Zeiger zu eigenthümlichen bisher nicht beachteten Gebilden, welche ich zuerst gelegentlich in einer Abhandlung im Crelleschen Journal der Betrachtung unterworfen habe.*) Da die weitere Erörterung dieses Gegenstandes die Schranken dieses Werkes überschreiten würde, so will ich mich damit begnügen, hier noch die Gleichung für die gerade Linie und die Ebene, wie sie sich durch unsere Wissenschaft ergiebt, aufzustellen, und mit den sonst bekannten Gleichungen für dieselben in Beziehung zu setzen.

§ 119. Die allgemeinste Aufgabe, die man sich hier stellen kann, ist die, die Gleichung einer Ebene, welche durch drei beliebige gegebene Punkte geht, oder die Gleichung einer Linie, welche durch zwei beliebige gegebene Punkte geht, aufzustellen. Es seien die gegebenen Punkte im ersten Falle α, β, γ, im zweiten Falle α, β, der veränderliche Punkt, welcher als Punkt jener Ebene oder dieser Linie durch eine Gleichung zwischen ihm und den gegebenen Punkten bestimmt werden soll, sei σ, so hat man sogleich aus dem Begriffe eines Elementarsystems zweiter und dritter Stufe für den ersten Fall die Gleichung

$$\alpha . \beta . \gamma . \sigma = 0,$$

für den zweiten

$$\alpha . \beta . \sigma = 0,$$

und durch diese Formeln, welche den grössten Grad der Einfachheit besitzen, ist die Aufgabe im allgemeinsten Sinne gelöst. Will man dann aus Vorliebe für die gewöhnliche Koordinatenbehandlung oder aus einem andern Grunde die entsprechenden Koordinatengleichungen aufstellen, so kann man, wenn man nur die Mühe des Niederschreibens dieser langgestreckten Formeln nicht scheut, dieselben unmittelbar aus jener einfachen Gleichung ableiten.

---

*) Crelle, Journal für die reine und angewandte Mathematik B. XXIV.

Will man z. B. die Gleichung in Parallelkoordinaten darstellen, so hat man sich nur des am Schlusse des § 117 erwähnten Richtsystems zu bedienen. Bei diesem Richtsysteme wird jeder Punkt als Summe des Richtelementes ϱ und einer Strecke dargestellt. Es sei

$$\alpha = \varrho + p_1,\ \beta = \varrho + p_2,\ \gamma = \varrho + p_3,\ \sigma = \varrho + p,$$

so hat man durch Substitution dieser Ausdrücke in die Gleichung der Ebene

$$(\varrho + p_1) \cdot (\varrho + p_2) \cdot (\varrho + p_3) \cdot (\varrho + p) = 0,$$

oder, indem man die Klammern auflöst, und die Produkte, welche null werden*), weglässt,

$$\varrho \cdot p_2 \cdot p_3 \cdot p + p_1 \cdot \varrho \cdot p_3 \cdot p + p_1 \cdot p_2 \cdot \varrho \cdot p + p_1 \cdot p_2 \cdot p_3 \cdot \varrho = 0,$$

oder, indem man mit gehöriger Beobachtung des Vorzeichens ϱ überall auf die erste Stelle bringt, und es dann nach § 112 weglässt,

$$(p_2 \cdot p_3 + p_3 \cdot p_1 + p_1 \cdot p_2) \cdot p = p_1 \cdot p_2 \cdot p_3.$$

Um nun diese Gleichung in die Koordinaten-Gleichung zu verwandeln, hat man nach § 89 nur statt jeder Strecke die Summe ihrer Richtstücke zu setzen, es sei

$$p = x + y + z$$
$$p_1 = x_1 + y_1 + z_1$$
u. s. w.,

wo x, y, z etc. die Richtstücke darstellen, so hat man nun

$$\begin{aligned}&(x_2 + y_2 + z_2) \cdot (x_3 + y_3 + z_3) \cdot (x + y + z)\\ +\ &(x_3 + y_3 + z_3) \cdot (x_1 + y_1 + z_1) \cdot (x + y + z)\\ +\ &(x_1 + y_1 + z_1) \cdot (x_2 + y_2 + z_2) \cdot (x + y + z) =\\ &(x_1 + y_1 + z_1) \cdot (x_2 + y_2 + z_2) \cdot (x_3 + y_3 + z_3).\end{aligned}$$

Nun hat man nur die Klammern aufzulösen, indem man beachtet, dass die mit gleichen Buchstaben bezeichneten Richtstücke parallel sind, und somit aus jedem Gliede nur sechs geltende Produkte zu je drei Faktoren hervorgehen, und hat dann die Faktoren der so entstehenden 24 Produkte mit Beobachtung der Zeichen so zu ordnen, dass die Buchstaben in jedem Produkte auf dieselbe Weise auf einander folgen, und erhält dann eine Gleichung, in welcher man statt der Richtstücke die Zeiger setzen und sie dadurch zu einer arithmetischen Gleichung machen kann, in welcher wie-

*) Das sind nämlich alle die, welche ϱ öfter als einmal als Faktor enthalten.

derum die Ordnung der Faktoren gleichgültig ist. Die Gleichung, welche man auf diese Weise gewinnt, ist, wenn man unter x, y, z etc. jetzt die Zeiger versteht; folgende:

$$\begin{aligned}&(y_2z_3 - y_3z_2 + y_3z_1 - y_1z_3 + y_1z_2 - y_2z_1)x\\ &+(z_2x_3 - z_3x_2 + z_3x_1 - z_1x_3 + z_1x_2 - z_2x_1)y\\ &+(x_2y_3 - x_3y_2 + x_3y_1 - x_1y_3 + x_1y_2 - x_2y_1)z\\ &= x_1y_2z_3 - x_1y_3z_2 + x_3y_1z_2 - x_3y_2z_1 + x_2y_3z_1 - x_2y_1z_3.\end{aligned}$$

Diese Gleichung, welche sich durch die gewöhnliche Analyse nicht auf eine einfachere Form reduciren lässt, sagt, so weitläuftig sie auch erscheint, dennoch nichts weiter aus, als jene ursprüngliche Gleichung

$$\alpha . \beta . \gamma . \sigma = 0,$$

und enthält die kürzeste Lösung des obigen Problems, welche auf dem Wege der Koordinaten möglich ist. Man sieht hier in einem recht schlagenden Beispiel den Vortheil unserer Methode, und die Formelverwickelungen, in die man hineingeräth, sobald man diese Methode aufgiebt.

§ **120**. Indem ich die Darstellung der geometrischen Abschattung und Projektion, wie auch der verschiedenen Verwandtschaftssysteme einem späteren Kapitel*), in welchem diese Begriffe in einem noch grösseren Umfange ans Licht treten werden, vorbehalte, so schreite ich nun zu den Anwendungen auf die Statik. Der Begriff des Momentes tritt zuerst hier in seiner ganzen Einfachheit auf, wie auch der Begriff der Kraft erst hier seine Darstellung findet, indem wir die Kraft als Liniengrösse, also als Elementargrösse zweiter Stufe auffassen. Unter dem Moment einer Kraft $\alpha\beta$ in Bezug auf einen Punkt ϱ verstanden wir oben das Produkt

$$[\varrho\alpha] . [\alpha\beta] \text{ oder } (\alpha - \varrho) . (\beta - \alpha);$$

multipliciren wir diesen Werth noch mit dem Elemente ϱ, so erscheint das Moment als Ausweichung der so entstehenden Elementargrösse $\varrho . (\alpha - \varrho)\ (\beta - \alpha)$; diese ist aber nach dem bekannten Gesetz der äusseren Multiplikation gleich

$$\varrho . \alpha . \beta,$$

somit können wir das Moment in Bezug auf einen Punkt definiren als Ausweichung eines Produkts, dessen erster Faktor der Be-

---

*) Kap. IV dieses Abschnittes.

ziehungspunkt und dessen zweiter Faktor die Kraft ist, oder als Abweichung der Kraft von dem Beziehungspunkte. Da nun jede Gleichung zwischen den Elementargrössen auch zwischen ihren Ausweichungen besteht, so wird auch jede Gleichung, welche zwischen jenen Produkten statt findet, zwischen ihren Momenten gleichfalls statt finden, obwohl nicht umgekehrt.

Man könnte daher selbst zweifelhaft sein, ob man nicht lieber jenes Produkt des Beziehungspunktes in die Kraft als Moment definiren, und was wir bisher als Moment fixirten, nur als Ausweichung jener Grösse darstellen soll. — Doch behalten wir den festgestellten Begriff bei. Unter dem Moment einer Kraft $\alpha\beta$ in Bezug auf eine Axe $\varrho\sigma$ verstanden wir oben (§ 41) das Produkt

$$[\varrho\sigma] . [\sigma\alpha] . [\alpha\beta] \text{ oder } (\sigma-\varrho) . (\alpha-\sigma) . (\beta-\alpha).$$

Multipliciren wir dasselbe mit ϱ, so erhalten wir das Produkt

$$\varrho . \sigma . \alpha . \beta,$$

dessen Ausweichung eben jenes Moment ist. Also erscheint das Moment einer Kraft in Bezug auf eine Axe als Ausweichung eines Produktes, dessen erster Faktor die Axe und dessen zweiter Faktor die Kraft ist, oder, einfacher ausgedrückt, als Abweichung der Kraft von der Axe. Da übrigens eine Gleichung zwischen Elementargrössen vierter Stufe im Raume als einem Elementarsystem vierter Stufe keine andere Bedeutung hat, als die Gleichung zwischen ihren Ausweichungen, so kann man das Moment in Bezug auf eine Axe auch direkt als Produkt dieser Axe in die Kraft auffassen.*)

§ 121. Es bietet sich auf diesem Punkte der Entwickelung eine Methode dar, durch welche wir alle Gesetze für das Gleichgewicht fester Körper ohne Voraussetzung aller früher bewiesenen Sätze der Statik auf die einfachste Weise ableiten können. Wir bedürfen dazu nur einestheils des Grundsatzes, „dass 3 Kräfte,

---

*) Da der Name (statisches) Moment jetzt überflüssig erscheint, indem er durch den Namen der Abweichung vollkommen ersetzt wird, und sich dieser sogar noch leichter handhaben lässt, so wäre es gewiss zweckmässig, wenn man den Namen Moment nur in dem Sinne gebrauchte, in welchem ihn z. B. La Grange in seiner *mecanique analytique* überall gebraucht, wo er von dem Moment ohne weitere Bestimmung redet, und wenn man das sogenannte statische Moment eben als Abweichung bezeichnete. Doch habe ich dies nicht ohne weiteres einführen wollen.

welche auf einen Punkt wirken, dann und nur dann im Gleichgewichte sind, wenn ihre Summe null ist," oder, indem wir zwei Kräfte oder Kraftsysteme einander gleichwirkend nennen, wenn sie durch dieselben Kräfte aufgehoben werden können, „dass zwei Kräfte, die auf einen Punkt wirken, der auf denselben Punkt wirkenden Summe beider Kräfte gleichwirkend sind," anderntheils, „dass zwei Kräfte, welche auf einen festen Körper wirken, dann und nur dann im Gleichgewichte sind, wenn sie in derselben geraden Linie wirken und einander entgegengesetzt gleich sind." Hieraus folgt sogleich, wenn wir den so eben aufgestellten Begriff des Gleichwirkens festhalten, „dass zwei Kräfte, welche auf einen festen Körper wirken, dann und nur dann einander gleichwirkend sind, wenn sie in derselben Linie wirken und einander gleich sind" oder einfacher ausgedrückt, „wenn sie als Liniengrössen einander gleich sind." Betrachten wir daher die Kräfte, welche auf feste Körper wirken, als Liniengrössen, so zeigt sich sogleich, wie zwei Kräfte, deren Wirkungslinien sich schneiden, ihrer Summe gleichwirkend seien; denn ist α dieser Durchschnittspunkt, so werden sich beide Kräfte als Liniengrössen darstellen lassen, deren erster Faktor α ist, sind dann $\alpha . \mathrm{p}$ und $\alpha . \mathrm{q}$, wo p und q Strecken bedeuten, diese Kräfte, so sind sie nach der ersten Voraussetzung gleichwirkend mit $\alpha . (\mathrm{p} + \mathrm{q})$ oder mit $\alpha . \mathrm{p} + \alpha . \mathrm{q}$, d. h. sie sind der Summe der Kräfte gleichwirkend, auch wenn die Kräfte als Liniengrössen aufgefasst werden. Sind die Kräfte parallel, z. B. die eine gleich $\alpha . \mathrm{p}$, die andere gleich $\mathrm{m}\beta . \mathrm{p}$, wo p wiederum eine Strecke bedeutet, so können wir die beiden gleichwirkende Kraft nach demselben Princip nicht unmittelbar finden; nehmen wir daher zwei sich einander aufhebende Kräfte zu Hülfe, nämlich $\alpha . \mathrm{m}\beta$ und $\mathrm{m}\beta . \alpha$*), so sind jene beiden Kräfte gleichwirkend den vier Kräften

$$\alpha . \mathrm{p}, \ \alpha . \mathrm{m}\beta, \ \mathrm{m}\beta . \alpha, \ \mathrm{m}\beta . \mathrm{p},$$

von denen die beiden ersten, da sie auf denselhen Punkt wirken, ihrer Summe gleichwirkend sein werden, und eben so die beiden letzten, und wir erhalten somit die beiden Kräfte

$$\alpha \ (\mathrm{p} + \mathrm{m}\beta), \ \mathrm{m}\beta . (\alpha + \mathrm{p})$$

als den gegebenen Kräften gleichwirkend. Diese beiden Produkte

*) Beide heben einander auf, weil $\alpha . \mathrm{m}\beta = - \mathrm{m}\beta . \alpha$ ist.

können wir, indem wir zu dem zweiten Faktor den ersten hinzuaddiren, wodurch nach den Gesetzen der äusseren Multiplikation der Werth des Produktes nicht geändert wird, auf einen gemeinschaftlichen Faktor bringen; nämlich es werden dann jene Kräfte gleich

$$\alpha . (\alpha + m\beta + p), \; m\beta . (\alpha + m\beta + p).$$

Wenn nun m nicht gleich -1 ist, so stellt der zweite Faktor einen vielfachen Punkt dar (mit dem Gewichte $1 + m$), beide Kräfte wirken dann auf einen Punkt, und sind somit ihrer Summe gleichwirkend; diese Summe ist

$$(\alpha + m\beta) . (\alpha + m\beta + p),$$

d. h. sie ist gleich

$$(\alpha + m\beta) . p.$$

Und es sind also die beiden Kräfte $\alpha . p$ und $m\beta . p$, wenn nicht m gleich -1, d. h. wenn nicht die Summe ihrer Ausweichungen null ist, Einer Kraft $(\alpha + m\beta) . p$. d. h. ihrer Summe gleichwirkend. Da nun die Wirkungslinien zweier Kräfte, die in Einer Ebene liegen, sich entweder schneiden oder parallel laufen, so folgt überhaupt, dass zwei Kräfte, welche in Einer Ebene liegen, jedesmal, wenn ihre Ausweichungen nicht zur Summe null geben, Einer Kraft gleichwirkend sind, welche die Summe jener Kräfte ist. Betrachten wir nun noch den Fall, den wir bisher ausschlossen, dass nämlich die Ausweichungen beider Kräfte zusammen null, d. h. beide Kräfte als Strecken betrachtet, entgegengesetzt gleich sind, so leuchtet ein, dass beide dann aber auch nur dann im Gleichgewicht sind, wenn sie in derselben Richtungslinie liegen, d. h. die Summe der Kräfte selbst null ist. In diesem besonderen Falle können wir also auch noch sagen, dass beide Kräfte ihrer Summe gleichwirkend sind. Es bleibt daher nur der Fall noch zu untersuchen, wo beide Kräfte als Strecken null sind, als Liniengrössen aber nicht. In diesem Falle nun ist nach der zweiten Voraussetzung nicht Gleichgewicht vorhanden; aber wir können auch leicht zeigen, dass es dann keine geltende Kraft gebe, welche jenen beiden Kräften das Gleichgewicht halte. Denn aus den beiden Voraussetzungen, die wir zu Anfang dieses § aufstellten, geht hervor, dass die Ausweichung der Gesammtkraft stets die Summe ist aus den Ausweichungen der einzelnen Kräfte. Also müsste hier die Ausweichung der fraglichen Kraft null sein; d. h. diese Kraft selbst müsste null sein und die gegebenen Kräfte schon im Gleichgewichte stehen, was wider die Annahme ist. Somit haben wir in der That gezeigt, dass 2 Kräfte, welche in parallelen, von einander getrennten Linien wirken, und als Strecken entgegengesetzt gleich sind, auf keine ihnen gleichwirkende einzelne Kraft zurückgeführt werden können. Dieser Fall ist aber derselbe, in welchem die Kräfte keine Liniengrösse als Summe darbieten, sondern eine Ausdehnung zweiter Stufe, in der That ist $\alpha p - \beta p$ gleich $(\alpha - \beta) p$, was eine Ausdehnung zweiter Stufe darstellt. Um die Bedeutung dieses Falles für die Statik näher in's Auge zu fassen, bemerken wir, dass das Gesammtmoment zweier solcher Kräfte in Bezug auf alle Punkte im Raume, d. h. die Gesammtabweichung derselben von allen Punkten eine konstante Grösse ist. In der That, da die gesammte Abweichung gleich der Abweichung der Summe ist, die Summe aber hier eine Ausdehnung zweiter Stufe ist, und die Abweichung einer Ausdehnung immer dieser selbst gleich ist, so folgt, dass die Gesammtabweichung jener beiden Kräfte von jedem beliebigen Punkte, der Summe dieser beiden Kräfte selbst gleich ist, also konstant bleibt, sobald diese Summe es bleibt. Wir sagen daher, es seien beide Kräfte diesem Moment, welches durch ihre Summe dargestellt wird, gleichwirkend*). Somit können wir nun den Satz aufstellen:

„Zwei oder mehrere Kräfte, welche in Einer Ebene wirken, sind ihrer Summe gleichwirkend."

Nämlich von zwei Kräften lässt sich dies sogleich auf beliebig viele übertragen.

§ 122. Gehen wir zur Betrachtung der Kräfte im Raume über, so haben wir daran zu erinnern, dass die Addition von Kräften als Elementargrössen zweiter Stufe nur dann eine reale Bedeutung hat, wenn dieselben in Einer Ebene als einem Systeme dritter Stufe liegen, hingegen eine bloss formelle Bedeutung gewinnt, wenn

---

*) Es ist dies also als eine Erweiterung des Begriffs des Gleichwirkens anzusehen, indem das Moment selbst als eine eigenthümliche Kraftgrösse aufgefasst ist, welche mit andern Kräften zusammenwirken kann; dadurch ist die in der Statik so wichtige Theorie der Kräftepaare in ihrem wahren Gesichtspunkte aufgefasst.

dies nicht der Fall ist. Vermöge dieser formellen Bedeutung wurden zwei solche Summen einander gleich gesetzt, wenn sie durch Anwendung der realen Addition und der allgemeinen additiven Verknüpfungsgesetze sich auf denselben Ausdruck zurückführen lassen. Betrachten wir nun zwei solche Summen von Kräften im Raume, welche sich auf diese Weise auf denselben Ausdruck zurückführen lassen, und bedenken, dass bei der realen Addition, weil dabei die Kräfte in Einer Ebene liegen, die Summe der Kräfte jedesmal der Gesammtheit der einzelnen Kräfte, welche ihre Stücke bilden, gleichwirkend sei: so folgt, dass bei jener Umwandlung der formellen Summe in eine ihr gleiche, jedesmal die Kräfte, welche diese Summe bilden, einander gleichwirkend bleiben, also „dass zwei Vereine von Kräften, welche gleiche Summe darbieten, allemal einander gleichwirkend sind“, also auch, „dass eine Reihe von Kräften, deren Summe null ist, im Gleichgewicht ist“. Nun können wir ferner jede Summe von Kräften auf Eine Kraft, deren Angriffspunkt willkührlich ist, und Ein Moment, oder auch auf zwei Kräfte zurückführen; in der That setzen wir die Summe mehrerer Kräfte gleich

$$\alpha p + M,$$

wo α ein Element, p eine Strecke, αp also eine Kraft, M aber eine Ausdehnung zweiter Stufe, also ein Moment darstellt. so werden nach den oben dargestellten Sätzen beide Ausdrücke dann und nur dann gleich sein, wenn sie gleiche Ausweichung und von irgend einem Elemente z. B. α gleiche Abweichung haben; es muss also dann p gleich der Summe aller Ausweichungen, welche die einzelnen Kräfte darbieten, und M gleich der Summe aller Abweichungen von dem Elemente α sein; da aber beide Summen stets real sind, die erste als Summe von Strecken, die letzte als Summe von Elementargrössen dritter Stufe in einem Systeme vierter Stufe, so lässt sich jene Reihe von Kräften allemal auf die angegebene Form bringen, und zwar ist α willkührlich, dann aber p und M bestimmt. Kann man nun jene Kraftsumme auf den Ausdruck $\alpha p + M$ bringen, so kann man sie auch auf die Summe zweier Kräfte bringen; ist z. B. M gleich rs, so kann man von dem Gliede αp das Glied αs subtrahiren und dasselbe Glied zu M addiren, ohne den Werth der Summe zu ändern, und erhält so

$$\alpha . \mathrm{p} + \mathrm{M} = \alpha(\mathrm{p} - \mathrm{s}) + (\alpha + \mathrm{r}) . \mathrm{s},$$

wo die rechte Seite zwei Kräfte darstellt. Da endlich zwei Vereine von Kräften, welche gleiche Summen haben, einander gleichwirkend sind, wie wir oben zeigten, so hat man den Satz, „dass sich jede Reihe von Kräften im Raume auf zwei Kräfte oder auf eine Kraft und ein Moment zurückführen lassen, welche ihnen gleichwirkend sind und dieselbe Summe liefern, wie jene Kräfte.“ Hieran schliesst sich sogleich die Folgerung, „dass mehrere Kräften auch nur dann im Gleichgewicht sind, wenn ihre Summe null ist“; denn auf zwei ihnen gleichwirkende Kräfte, welche auch dieselbe Summe liefern, lassen sie sich zurückführen, aber zwei Kräfte sind nach der zweiten Voraussetzung nur dann im Gleichgewichte, wenn ihre Summe null ist, alsdann wird aber auch die Summe der gegebenen Kräfte, da sie dieselbe ist, null sein; also ist jener Satz bewiesen. Wenn nun zwei Vereine von Kräften einander gleichwirkend sind, so müssen die des einen Vereins mit den entgegengesetzt genommenen Kräften des andern (nach der Definition des Gleichwirkens) zusammengesetzt Gleichgewicht geben, d. h. nach dem vorigen Satze ihre Summe muss null sein, also müssen dann die Kräfte des einen Vereins dieselbe Summe liefern, wie die des andern, somit haben wir bewiesen, „dass zwei Vereine gleichwirkender Kräfte nothwendig gleiche Summen liefern.“ Fassen wir diesen Satz mit dem umgekehrten, den wir vorher bewiesen haben, zusammen, so erhalten wir den Satz:

> „Dass zwei Vereine von Kräften dann und nur dann einander gleichwirkend sind, wenn sie gleiche Summen liefern.“

Dieser Satz berechtigt uns die Gesammtwirkung mehrerer Kräfte als die Wirkung ihrer Summe aufzufassen, auch dann, wenn diese Summe sich nicht mehr als einzelne Kraft darstellen lässt; wir haben somit den allgemeinen Satz:

> „Zwei oder mehrere Kräfte sind ihrer Summe gleichwirkend, und sind nur dann im Gleichgewichte, wenn ihre Summe null ist.“

Dieser Satz umfasst alle früheren, und erscheint als deren Endresultat.

§ 123. Dass nun zwei Vereine gleichwirkender Kräfte in Bezug auf jeden Punkt und jede Axe gleiches Gesammtmoment haben, dass zwei Vereine von Kräften, welche gleiche Gesammtausweichung und in Bezug auf irgend einen Punkt gleiches Moment haben, einander gleichwirkend sind, und in Bezug auf jeden Punkt und jede Axe gleiches Moment haben, sind jetzt, nachdem wir einen Verein von Kräften als ihrer Summe gleichwirkend dargestellt haben, nur andere Ausdrucksweisen der von uns in der abstrakten Wissenschaft aufgestellten Sätze. — Wir halten uns daher mit der Ableitung jener statischen Gesetze nicht weiter auf, und wollen statt dessen einen allgemeinern Satz über die Theorie der Momente aufstellen, welcher alle Sätze, die man bisher über diese Theorie aufgestellt hat, an Allgemeinheit weit übertrifft, und dennoch durch unsere Analyse sich auf's einfachste ergiebt. Um diesen Satz sogleich in einer leicht fasslichen Form zu geben, will ich einen neuen Begriff einführen, welcher für die Betrachtung der Verwandtschaftsbeziehungen überhaupt von der grössten Wichtigkeit ist. Nämlich ich sage, dass ein Verein von Grössen in derselben Zahlenrelation stehe, wie ein anderer Verein entsprechender Grössen, wenn jede Gleichheit, welche zwischen den Vielfachensummen aus den Grössen des letzten Vereins statt findet, auch bestehen bleibt, wenn man statt dieser Grössen die entsprechenden des ersten Vereins setzt. Der Satz, den wir hier beweisen wollen, lässt sich nun in der Form darstellen:

> „Die Gesammtmomente eines Kräftevereines in Bezug auf verschiedene Punkte oder Axen stehen in derselben Zahlenrelation, wie diese Punkte oder Axen".

Denn ist S die Summe des Kräftevereins, so ist das Gesammtmoment desselben in Bezug auf irgend eine Grösse A (sei dieselbe nun ein Punkt oder eine Axe) gleich der Ausweichung des Produktes AS; sind nun verschiedene Beziehungsgrössen A, B, ... gegeben, und es herrscht zwischen denselben eine Zahlenrelation, welche sich in der Form

$$\mathfrak{a}A + \mathfrak{b}B + \ldots\ldots = 0,$$

wo $\mathfrak{a}$, $\mathfrak{b}$... Zahlengrössen sind, darstellen lässt, so wird auch, wenn man mit S multiplicirt,

$$\mathfrak{a}AS + \mathfrak{b}BS + \ldots\ldots = 0$$

sein; diese Gleichung bleibt nun auch nach § 112 bestehen, wenn man statt der Produkte AS etc. ihre Ausweichungen, d. h. die Momente von S in Bezug auf jene Grössen setzt; also stehen diese Momente in derselben Zahlenrelation, wie die Beziehungsgrössen.

Vermittelst dieses Satzes können wir also aus den Momenten in Bezug auf zwei Punkte das Moment in Bezug auf jeden andern Punkt derselben geraden Linie finden, und ebenso aus den Momenten in Bezug auf drei Punkte, die nicht in Einer geraden Linie liegen, das jedem andern Punkte derselben Ebene zugehörige, aus den Momenten in Bezug auf vier Punkte, die nicht in Einer Ebene liegen, das jedem andern Punkte des Raumes zugehörige, ferner aus den Momenten in Bezug auf zwei Axen, die sich schneiden, das Moment in Bezug auf jede andere durch denselben Punkt gehende und in derselben Ebene liegende Axe, aus den Momenten in Bezug auf drei Axen derselben Ebene, welche nicht durch Einen Punkt gehen, das jeder andern Axe derselben Ebene, und überhaupt aus den Momenten in Bezug auf eine Reihe von Axen, welche in keiner Zahlenrelation zu einander stehen, das Moment in Bezug auf jede Axe, welche zu ihnen in bestimmter Zahlenrelation steht.

§ 124. Ich schliesse diese Anwendung mit der Lösung der Aufgabe, die Bedingungsgleichung zu finden, welche bestehen muss, wenn ein System von Kräften einer einzelnen Kraft oder einem Moment gleichwirkend sein soll.

In beiden Fällen wird die Summe der Kräfte S als Produkt zweier Elementargrössen erster Stufe dargestellt werden können, und daraus folgt für diesen Fall sogleich die Gleichung

$$S . S = 0,$$

eine Gleichung, welcher nie genügt wird, wenn S eine formelle Summe darstellt; denn dann lässt sich S als Summe zweier Kräfte darstellen, welche nicht in derselben Ebene liegen; es seien dies A und B, also

$$S = A + B,$$

so ist

$$\begin{aligned} S . S &= (A + B) . (A + B) \\ &= 2AB, \end{aligned}$$

weil nämlich $A . A$ und $B . B$ null sind, $A . B$ aber gleich $B . A$

ist*); da nun A und B nicht derselben Ebene angehören, so kann auch A.B nicht null sein, also ist jene Gleichung

$$S.S=0$$

die nothwendige, aber auch ausreichende Bedingungsgleichung für den Fall, dass S eine einzelne Kraft oder ein einzelnes Moment darstellen soll; und zwar wird sie ein Moment darstellen, wenn die Ausweichung von S null ist, im entgegengesetzten Falle eine Kraft von geltendem Werthe. Ist

$$S=A+B+C+\ldots,$$

so wird

$$S.S=2AB+2AC+2BC+\ldots.,$$

also gleich der Summe aus den Produkten zu zwei Faktoren, die sich aus den Stücken bilden lassen**). Daraus folgen sogleich die Sätze:

„Ein Verein von Kräften ist dann und nur dann einer einzelnen Kraft oder einem einzelnen Moment gleichwirkend, wenn die Summe der Produkte zu zwei Faktoren, welche sich aus den Kräften bilden lassen, null ist.“

Ferner

„Zwei Vereine von Kräften können nur dann einander gleichwirkend sein, wenn die Produkte zu zwei Faktoren, welche sich aus den Kräften des einen Vereins bilden lassen, gleiche Summe liefern wie die aus den Kräften des andern gebildeten.“

Diese Sätze bleiben auch noch bestehen, wenn man statt der Produkte zweier Kräfte überall ihre sechsten Theile, nämlich die Pyramiden, welche die Kräfte zu gegenüberliegenden Kanten hat, einführt.

---

*) Nämlich weil A und B Grössen zweiter also gerader Stufe sind, welche sich nach § 55 ohne Zeichenwechsel vertauschen lassen.

**) Nämlich gleich der einfachen Summe, wenn man die Produkte AB und BA als verschieden gebildete betrachtet.

Drittes Kapitel.

Das eingewandte Produkt.

§ 125. Der Begriff des Produktes als eines äusseren bestand darin, dass jedes Stück eines Faktors, welches von dem andern Faktor abhängig war, ohne Werthänderung des Produktes weggelassen werden konnte, worin zugleich lag, dass das Produkt zweier abhängiger Grössen null sei. Reale Grössen, d. h. solche, die sich als Produkte aus lauter einfachen Faktoren darstellen lassen, wurden dann „von einander abhängig" genannt, wenn jeder einzelne Faktor derselben ganz ausserhalb desjenigen Systems lag, was durch die übrigen Faktoren bestimmt war, oder, mehr abstrakt ausgedrückt, wenn keine Grösse, die dem Systeme von einer der Grössen angehört, zugleich dem durch die sämmtlichen übrigen bestimmten Systeme angehört. Da nun diese Bestimmung, welche das Produkt als ein äusseres charakterisirt, nicht in dem Begriffe des Produktes an sich liegt, so muss es möglich sein, den allgemeinen Begriff des Produktes festzuhalten, und doch jene Bestimmung aufzugeben, oder durch eine andere zu ersetzen. Um nun diese neue Bestimmung aufzufinden, müssen wir, da nach ihr auch das Produkt zweier abhängiger Grössen soll einen geltenden Werth haben können, die verschiedenen Grade der Abhängigkeit untersuchen. Wenn zwei Systeme höherer Stufen überhaupt von einander abhängig sind, so wird es Grössen geben, welche beiden zugleich angehören. Da nun jedes System, welches gewisse Grössen enthält, auch sämmtliche von ihnen abhängige Grössen, d. h. das ganze durch sie bestimmte System, oder auch das äussere Produkt jener Grössen, enthalten muss, so folgt, dass Systeme, welche gewisse Grössen gemeinschaftlich enthalten, auch das ganze durch diese Grössen bestimmte System, oder auch das äussere Produkt derselben, gemeinschaftlich enthalten werden; nach der Stufenzahl dieses gemeinschaftlichen Systemes wird nun auch der Grad der Abhängigkeit bestimmt werden können, und wir werden sagen können, zwei Systeme seien im m-ten Grade von einander abhängig, wenn sie ein System m-ter Stufe gemeinschaftlich enthalten, und eben so zwei reale Grössen seien im m-ten Grade von einander abhängig, wenn die durch sie bestimmten Systeme es sind, oder wenn sie sich auf einen gemeinschaftlichen Faktor m-ter Stufe bringen lassen (und auf keinen höheren). Dies letztere nämlich folgt aus dem Vorhergehenden, da nach § 47 jede Grösse, welche dem durch eine andere Grösse bestimmten Systeme angehört, auch als Faktor der letzteren angesehen werden kann*). Jedem Grade der Abhängigkeit nun entspricht eine Art der Multiplikation, wir fassen alle diese Arten der Multiplikation unter dem Namen der eingewandten Multiplikation zusammen, und verstehen ins Besondere unter dem eingewandten Produkt m-ter Stufe dasjenige, in welchem ohne Werthänderung desselben in jedem Faktor nur ein solches Stück weggelassen werden kann, welches von dem andern Faktor in einem höheren, als dem m-ten Grade abhängig ist; und zwar nennen wir das eingewandte Produkt m-ter Stufe ein reales, wenn die Faktoren wenigstens im m-ten Grade von einander abhängen, hingegen ein formales, wenn in einem niederen. Der Werth des eingewandten Produktes besteht dann eben in demjenigen, was bei jenen verstatteten Aenderungen konstant bleibt. Nur das reale Produkt ist es jedoch, was wir hier der Betrachtung unterwerfen, indem das formale eine andere Behandlungs- und Bezeichnungsweise erfordert, und es überdies von viel geringerer Bedeutung ist. Das reale eingewandte Produkt hat nun entweder einen geltenden Werth, oder es ist null, und zwar wird es nicht nur, wie jedes Produkt, null, wenn ein Faktor es wird, sondern auch, wenn die beiden Faktoren in einem höheren Grade von einander abhängen, als die Stufe der eingewandten Multiplikation beträgt. Nämlich dies letztere folgt daraus, dass man dann einen Faktor als Summe betrachten kann, deren eines Stück null, und deren anderes er selbst ist, und dass man dann nach der vorhergehenden Definition dies Stück weglassen darf, wodurch das Produkt gleich null erscheint.

§ 126. Um die Bedeutung des realen eingewandten Produktes darlegen zu können, so haben wir das Nullwerden desselben abhängig zu machen von dem Systeme, welchem beide Faktoren

---

*) Von den unabhängigen Grössen würden wir also sagen können, sie seien m null-ten Grade, d. h. eben gar nicht abhängig von einander.

angehören, während wir es bisher von dem gemeinschaftlichen Systeme beider Faktoren oder von dem Grade ihrer gegenseitigen Abhängigkeit bedingt sein liessen.

Wir stellen uns zu dem Ende die Aufgabe: „Wenn das zweien Grössen gemeinschaftliche System gegeben ist, das sie zunächst umfassende System, d. h. das niedrigste*) System, welchem beide zugleich angehören, zu finden.“ Wir erinnern hierbei daran, dass eine Grösse einem Systeme dann und nur dann angehört, wenn sie einer andern Grösse, die dies System darstellt, untergeordnet ist, d. h. sich dieselbe als äusserer Faktor dieser letzteren Grösse darstellen lässt. Wenn daher A und B die beiden Grössen sind, und C ihr gemeinschaftliches System darstellt, so wird sich C als äusserer Faktor sowohl von A als von B darstellen lassen, also z. B. B auf die Form CD gebracht werden können Indem wir C als das gemeinschaftliche System für A und B setzen, so meinen wir damit nach dem vorigen §, dass C alle Grössen in sich enthalte, welche dem A und B gemeinschaftlich angehören, aber auch keine andern. Daraus folgt, dass D keine Grösse mit A gemeinschaftlich haben kann, weil sonst auch CD, d. h. B noch Grössen mit A gemeinschaftlich haben würde, welche nicht dem Systeme von C angehörten, wider die Annahme. Da nun hiernach A und D von einander unabhängig sind, das Produkt AD also als äusseres einen geltenden Werth hat, so werden zuerst beide Grössen A und B diesem Produkte AD untergeordnet sein, indem A unmittelbar als äusserer Faktor desselben erscheint, von den beiden Faktoren der Grösse B oder CD aber der eine C in A enthalten ist, der andere unmittelbar in jenem Produkte AD erscheint, also auch B selbst als äusserer Faktor dieses Produktes darstellbar ist. Dass es aber keine Grösse von niederer Stufe giebt, welcher beide Grössen A und B untergeordnet sind, folgt sogleich, da eine solche Grösse sowohl A als D zu äusseren Faktoren haben muss, also, da beide von einander unabhängig sind, auch ihr Produkt AD (§ 125) als äusseren Faktor enthalten muss. Also stellt AD das jene Grössen A und B zunächst umfassende System dar, und die Aufgabe ist gelöst. Hierin liegt der Satz:

*) Darunter ist natürlich das System, was die kleinste Stufenzahl hat, zu verstehen.

„Wenn zwei Grössen A und B als höchsten gemeinschaftlichen Faktor eine Grösse C haben, und man setzt eine derselben z. B. B, gleich dem äusseren Produkt CD, so stellt das Produkt der andern in die Grösse D, nämlich das Produkt AD, das nächst umfassende System dar.“

Bezeichnen wir die Stufenzahlen der vier Grössen A, B, C, D mit den entsprechenden kleinen Buchstaben, die des nächstumfassenden Systemes mit u, so haben wir u gleich $a + d$, oder da $B = CD$, also $b = c + d$ ist,

$$u = a + b - c; \text{ oder}$$
$$u + c = a + b, \text{ oder}$$
$$c = a + b - u,$$

d. h.

„Die Stufenzahlen zweier Grössen sind zusammengenommen eben so gross, als die Stufenzahl des ihnen gemeinschaftlichen Systemes und die des sie zunächst umfassenden zusammengenommen;“

oder

„aus der Stufenzahl des gemeinschaftlichen Systems zweier Grössen findet man die des nächstumfassenden, indem man jene von der Summe der Stufenzahlen, welche jenen einzelnen Grössen zugehören, subtrahirt;“

oder

„aus der Stufenzahl des zwei Grössen zunächst umfassenden Systemes findet man die des gemeinschaftlichen durch Subtraktion der ersteren von der Summe der Stufenzahlen beider Grössen.“

In der letzten Form ist dieser allgemeine Satz besonders für die Anwendung bequem, wie sich leicht zeigt, wenn man ihn auf die Geometrie zu übertragen versucht.*)

*) Betrachte ich z. B. die Ebene als das nächstumfassende System zweier Linien, so wird, da jene als Elementarsystem von dritter, diese von zweiter Stufe sind, das gemeinschaftliche System von $(2+2-3)$ter, d. h. von erster Stufe sein, und somit entweder durch einen Punkt oder durch eine Richtung dargestellt sein. Somit haben wir dann den Satz: „Zwei g. L., welche in derselben Ebene liegen, ohne zusammenzufallen, schneiden sich entweder in Einem Punkte oder

§ 127. Es hatte nach § 125 ein eingewandtes Produkt zweier geltenden Werthe dann und nur dann wiederum einen geltenden realen Werth, wenn die Stufe des ihnen gemeinschaftlichen Systems gleich war der Stufe der eingewandten Multiplikation, oder mit Anwendung des im vorigen Paragraphen bewiesenen Gesetzes, wenn die Stufe des nächstumfassenden Systemes und die der eingewandten Multiplikation zusammen gleich der Stufensumme beider Faktoren sind. Nennen wir nun im Allgemeinen diejenige Zahl, welche die Stufe der eingewandten Multiplikation zur Stufensumme beider Faktoren ergänzt die Beziehungszahl des eingewandten Produktes oder der eingewandten Multiplikation, so folgt, dass das eingewandte Produkt zweier geltenden Werthe nur dann und immer dann einen geltenden, realen Werth liefert, wenn die Stufe des nächstumfassenden Systemes gleich der Beziehungszahl des Produktes ist. Wurde die Stufenzahl des gemeinschaftlichen Systemes grösser als die Stufe der eingewandten Multiplikation, so wurde das Produkt nach § 125 null, wurde sie kleiner, so erhielt das Produkt einen bloss formalen Werth. Bleiben nun die Stufen beider Faktoren dieselben, so wird, wenn die Stufe des gemeinschaftlichen Systemes wächst, die des nächstumfassenden Systemes abnehmen uud umgekehrt, weil beide eine konstante Summe haben, nämlich die Stufensumme beider Faktoren. Daraus folgt, dass ein eingewandtes Produkt zweier geltender Werthe null wird, wenn die Stufe des sie zunächst umfassenden Systemes kleiner wird, als die Beziehungszahl; und einen formalen Werth erhält, wenn sie grösser wird. Wenn also ein System von h-ter Stufe gegeben ist, und wir wissen, dass alle in Betracht gezogenen Grössen diesem Systeme als Hauptsystem (s. § 80) angehören, so sind wir auch sicher, dass das eingewandte Produkt, dessen Beziehungszahl h ist, einen realen Werth haben werde. Wir nennen dann diese eingewandte Multiplikation eine auf jenes System bezügliche, und nennen dies System das Beziehungs-

---

laufen parallel.“ Wird der Raum als nächstumfassendes System gedacht, so haben wir die Sätze: „Zwei Ebenen, welche nicht zusammenfallen, schneiden sich entweder in einer g. L., oder liegen einander parallel,“ „eine Linie, welche nicht ganz in einer Ebene liegt, schneidet diese entweder in einem Punkte, oder liegt mit ihr parallel,“ „zwei Ebenen, welche nicht parallel sind, haben eine Richtung, aber auch nur Eine gemeinschaftlich.“

system des Produktes*), und wenn diesem Beziehungssysteme zugleich beide Faktoren angehören, so nennen wir dasselbe auch (der früheren Benennungsweise gemäss) das Hauptsystem des Produktes. Dann können wir sagen, das eingewandte Produkt sei immer ein reales, wenn die Faktoren dem Beziehungssysteme angehören, es sei zugleich von geltendem Werthe, wenn das die Faktoren zunächst umfassende System zugleich das Beziehungssystem des Produktes ist, und es sei null, wenn das nächstumfassende System beider Faktoren dem Beziehungssysteme des Produktes untergeordnet und von niederer Stufe ist.

§ 128. Das äussere Produkt zweier geltender Grössen zeigte sich nach § 55 dann als null, wenn sie von einander unabhängig sind, d. h. wenn die Stufe des sie zunächst umfassenden Systemes kleiner ist, als die Stufensumme der beiden Faktoren; oder, da wir für das äussere Produkt jedes System, welchem die Faktoren untergeordnet sind, und dessen Stufenzahl grösser oder eben so gross ist, wie jene Summe, als Beziehungssystem ansehen können, so können wir das Gesetz des vorigen § erweiternd sagen:

> „Ein Produkt zweier geltenden Werthe ist dann und nur dann null, wenn die Faktoren von einander abhängig sind, und zugleich ihr nächstumfassendes System niedriger ist als das Beziehungssystem."

Hierin liegt dann zugleich, „dass ein solches Produkt nur dann einen geltenden Werth hat, wenn entweder beide Faktoren von einander unabhängig sind, oder ihr nächstumfassendes System das Beziehungssystem ist." Und zwar ist im ersteren Falle das Produkt ein äusseres, im letzteren ein eingewandtes. Wenn beide Bedingungen zugleich eintreten, d. h. beide Faktoren von einander unabhängig sind und zugleich ihr nächstumfassendes System das Beziehungssystem ist, so kann die Multiplikation nicht nur als äussere, sondern auch als eingewandte nullten Grades aufgefasst werden. Dadurch erweitert sich der zweite Satz des vorigen Paragraphen zu folgendem Satze:

---

*) Die Stufenzahl dieses Produktes ist eben die Zahl, die wir oben Beziehungszahl nannten.

„Wenn in einem Produkte zweier geltenden Werthe die Stufensumme der Faktoren kleiner ist als die Beziehungszahl, so ist das Produkt ein äusseres; ist jene Summe grösser, so ist das Produkt ein eingewandtes und zwar von so vielter Stufe, als der Ueberschuss jener Summe über die Beziehungszahl beträgt; ist endlich jene Summe dieser Zahl gleich, so kann das Produkt sowohl als äusseres, wie auch als eingewandtes nullter Stufe betrachtet werden."

Durch die Einführung des Beziehungssystemes oder des Hauptsystemes haben wir somit den wichtigen Vortheil errungen, dass es nun, wenn einmal das Beziehungssystem als Hauptsystem feststeht, nicht mehr nöthig ist, für das Produkt zweier Grössen die Multiplikationsweise noch besonders festzustellen, dass es daher nun auch als überflüssig erscheint, die äussere Multiplikation von der eingewandten oder die verschiedenen Grade der letzteren durch die Bezeichnung zu unterscheiden.*)

§ 129. Um nun den geltenden Werth eines realen eingewandten Produktes in einen einfachen Begriff zu fassen, müssen wir für das gegebene Produkt, dessen Werth zu ermitteln ist, alle Formen aufsuchen, in welchen es sich vermöge der in der Definition festgestellten formellen Multiplikationsgesetze darstellen lässt, ohne seinen Werth zu ändern. Das, was dann allen diesen Formen gemeinschaftlich ist, wird den Werth dieses Produktes unter einen einfachen Begriff gefasst darstellen. Die vermöge der Defi-

---

*) Zugleich haben wir hierdurch den Vortheil einer leichteren Anwendbarkeit auf die Raumlehre gewonnen. Betrachten wir z. B. die Ebene, also ein Elementarsystem dritter Stufe, als Hauptsystem, wie dies überall in der Planimetrie geschieht, so wird das Produkt zweier Elementargrössen in Bezug auf dies System dann und nur dann null sein, wenn sie von einander abhängig sind, und zugleich einem System zweiter Stufe angehören, d. h. wenn sie Punkte oder Richtungen gemeinschaftlich haben und zugleich in Einer geraden Linie liegen. Betrachten wir ferner den Raum, d. h. also ein Elementarsystem vierter Stufe als Hauptsystem, wie dies in der Stereometrie als solcher geschieht, so wird das darauf bezügliche Produkt zweier Elementargrössen dann und nur nur dann null sein, wenn sie in derselben Ebene liegen und zugleich von einander abhängig sind, d. h. Punkte oder Richtungen gemeinschaftlich haben; z. B. das Produkt zweier Liniengrössen, welche sich schneiden oder einander parallel sind, das zweier Ebenen, wenn sie in einander liegen u. s. w.

nition verstatteten Formänderungen sind erstens die allgemein multiplikative, dass man die Faktoren in umgekehrtem Verhältnisse ändern darf, und zweitens die besondere, dass man aus dem einen Faktor ein Stück weglassen darf, was von dem andern Faktor in einem höheren Grade abhängt, als die Stufe des eingewandten Produktes beträgt, oder, aufs Beziehungssystem zurückgeführt, dass man aus dem einen Faktor ein Stück weglassen darf, welches mit dem andern Faktor zusammen von einem Systeme umfasst wird, dessen Stufe kleiner ist als die Beziehungszahl. Als einfachster Fall erscheint der, wo der eine Faktor das Beziehungssystem darstellt, der andere also ihm untergeordnet ist, oder kürzer ausgedrückt, wo das Produkt in Form der Unterordnung erscheint. Da hier das nächst umfassende System immer zugleich das Beziehungssystem ist, so kann keinem der Faktoren ein geltendes Stück hinzugefügt werden, ohne den Werth des Produktes zu ändern. Die einzige Formänderung, welche den Werth des Produktes ungeändert lässt, ist daher die allgemein multiplikative, dass nämlich die Faktoren sich in umgekehrtem Verhältnisse ändern dürfen, also

$$A \,.\, B = mA \,.\, \frac{B}{m}$$

gesetzt werden kann, wenn m irgend eine Zahlengrösse darstellt. Es bleiben somit bei allen verstatteten Formänderungen die Systeme der beiden Faktoren konstant, und ihre Grösse ändert sich dabei nur in umgekehrtem Verhältnisse. Die Zusammenschauung beider Systeme nebst dem auf beide Faktoren auf multiplikative Weise zu vertheilenden Quantum bildet daher den Werth jenes Produktes.

§ 130. Sind in dem allgemeineren Falle A und B die beiden Faktoren des eingewandten Produktes, und stellt die Grösse C, deren Stufenzahl c sei, das beiden Faktoren gemeinschaftliche System dar; so wird, wenn B gleich CD gesetzt wird, AD nach § 126 das nächstumfassende System, also auch nach § 128, wenn das Produkt nicht null ist, das Beziehungssystem darstellen.*) Nun zeigten wir in § 129, dass dann ausser der allgemeinen multiplika-

*) Wir setzen hier natürlich voraus, dass das Produkt nicht null sei, weil für den Fall, dass es null ist, keine Ermittelung seines Werthes mehr nöthig ist.

tiven nur die Formänderung verstattet ist, dass der eine Faktor CD um ein Stück wachse, welches von dem andern Faktor A in einem höheren als dem c-ten Grade abhängig ist. Es ist klar, dass dies Stück nicht mit CD gleichartig sein dürfe, weil ein solches mit A in demselben Grade der Abhängigkeit stehen würde, wie CD selbst; es muss also mit CD ungleichartig angenommen werden. Für die Addition der ungleichartigen Grössen hatten wir einen realen und einen formalen Begriff aufgestellt, von denen der erstere dann eintrat, wenn beide zu addirenden Grössen auf eine solche Weise in einfache Faktoren zerlegt werden können, dass sie alle bis auf Einen Faktor gemeinschaftlich enthalten. Da nun die formale Addition nur als abgekürzte Schreibart auftrat, so werden wir die Bedeutung unseres Produktes schon auffinden, wenn wir nur die reale Addition berücksichtigen, und also annehmen, das hinzuzuaddirende Stück habe mit CD alle einfachen Faktoren mit Ausschluss Eines solchen gemeinschaftlich. Dieser eine einfache Faktor nun wird, da das hinzuzuaddirende Stück von A in einem höheren als dem c-ten Grade abhängen soll, nothwendig dem Systeme von A angehören, während unter den übrigen einfachen Faktoren nothwendig die sämmtlichen einfachen Faktoren von C vorkommen müssen. Es wird sich also dies Stück in der Form CE darstellen lassen müssen, wo E von A abhängig ist. Hiernach wird nun das Produkt in der Form

$$A.(CD+CE) \text{ oder } A.C(D+E)$$

erscheinen, wo E von A abhängig ist. Vergleichen wir nun die beiden Produkte

$$A.CD = A.C(D+E),$$

so stellt AD das nächstumfassende System für die Faktoren des ersten, $A(D+E)$ das für die Faktoren des zweiten Produktes dar; und da E von A abhängig, also

$$AD = A(D+E)$$

ist, so ist auch das nächstumfassende System für beide Produkte dasselbe. Ausser dieser Formänderung ist nur noch die allgemein multiplikative verstattet, dass die Faktoren sich in umgekehrtem Zahlenverhältnisse ändern. Da hierdurch die Systeme der Faktoren nicht geändert werden, also das gemeinschaftliche und das nächstumfassende System auch bei dieser Formänderung dieselben bleiben, so bleiben die genannten Systeme überhaupt bei jeder Formänderung des Produktes dieselben, und gehören also zu demjenigen, was den konstanten Werth dieses Produktes ausmacht. Setzt man den gemeinschaftlichen äusseren Faktor C als den mittleren, so dass das Produkt, wie wir es schon oben darstellten, in der Form

$$A . CD$$

erscheint; so giebt das Produkt der äusseren Faktoren AD das nächstumfassende System; und es stellen dann also sowohl der mittlere Faktor als das Produkt der beiden äusseren AD konstante Systeme dar. — Vergleichen wir beide Grössen C und AD auch ihrem Werthe nach, so haben wir nicht bloss diejenigen Umgestaltungen zu berücksichtigen, durch welche der Werth der eingewandten Faktoren A und CD, aber nicht der ihres Produktes A . CD geändert wird, sondern auch diejenigen, welche den Werth des äusseren Produktes CD und das System seines ersten Faktors ungeändert lassen. Vermöge der ersten Art der Umgestaltung konnte CD um ein Stück CE wachsen, in welchem E von A abhängig ist, vermöge der zweiten kann D um ein von C abhängiges Stück wachsen, welches dann gleichfalls von A abhängig sein muss, weil C dem A untergeordnet ist. Bezeichnen wir daher auch dies Stück mit E, so verwandelt sich in beiden Fällen das Produkt A . CD in das ihm gleiche A . C (D + E). Da nun E von A abhängig, also

$$A (D + E) = AD$$

ist, so ist in beiden Produkten sowohl der Werth des mittleren Faktors, als auch der Werth des Produktes aus den äusseren Faktoren derselbe geblieben. Ausserdem ist nun bei beiden Arten der Umgestaltung nur noch die allgemeine multiplikative Formänderung, nach welcher sich die Faktoren in umgekehrtem Verhältnisse ändern können, anwendbar. Wendet man diese Aenderung bei beiden Arten der Umgestaltung an, so wird jedesmal, wenn dem einen Faktor eine Zahl als Faktor hinzugefügt wird, einem andern dieselbe Zahl als Divisor hinzugefügt werden müssen, also auch, wenn von den drei Faktoren des Produktes einer, z. B. C, m-mal grösser wird, so muss das Produkt der beiden andern m-mal kleiner werden; d. h. C und AD müssen sich dann im umgekehrten Verhältnisse ändern.*) Da nun hierin zugleich schon liegt, dass ihre Systeme konstant bleiben, so können wir als Resultat der bisherigen Entwickelung den Satz aussprechen, „dass, wenn ein eingewandtes Produkt auf den Ausdruck A . CD gebracht ist, in welchem der mittlere Faktor C das den beiden Faktoren des eingewandten Produktes A und CD gemeinschaftliche System darstellt, dann C und AD, d. h. der mittlere Faktor und das Produkt der beiden äussern sich nur im umgekehrten Verhältnisse ändern können, wenn das ganze Produkt konstanten Werth behalten soll."

§ 131. Um die Bedeutung des eingewandten Produktes vollständig zu gewinnen, bleibt noch die Frage zu beantworten, ob diese beiden Systeme, die durch den mittleren und durch das Produkt der äusseren Faktoren dargestellt sind, nebst dem auf sie in multiplikativer Weise zu vertheilenden Quantum, dasjenige, was bei ungeändertem Werthe des eingewandten Produktes konstant bleibt, vollständig darstellen, oder mit andern Worten, ob, wenn sich jene Grössen C und AD in umgekehrtem Verhältnisse ändern, das Produkt A . CD stets konstanten Werth behalte, vorausgesetzt, dass der mittlere Faktor C unausgesetzt das den beiden Faktoren A und CD gemeinschaftliche System darstelle. Dass dies in der That der Fall sei, können wir leicht beweisen, wenn wir noch voraussetzen, dass die eingewandten Faktoren gleiche Stufenzahl behalten. Zu dem Ende seien A . CD und A′ . C′D′ zwei solche Produkte, in welchen der mittlere Faktor C oder C′ das den beiden eingewandten Faktoren A und CD oder A′ und C′D′ gemeinschaftliche System darstellt. Wir setzen voraus, dass beim Uebergange aus dem einen Ausdrucke in den andern AD sich im umgekehrten Verhältnisse geändert habe wie C (worin schon liegt, dass ihre Systeme konstant geblieben sind), und dass die Stufenzahl von A und die von CD dieselben geblieben seien. Wir wollen zeigen, dass beide Produkte A . CD und A′ . C′D′ einander gleich seien. Zunächst können wir

---

*) Geht z. B. A über in mA, so wird CD übergehen in $\frac{CD}{m}$ oder $C\frac{D}{m}$; geht zugleich C über in nC, so geht $\frac{D}{m}$ über in $\frac{D}{mn}$; das Produkt der äusseren Faktoren AD ist dann übergegangen in $\frac{AD}{n}$, während C in nC übergegangen ist.

das letztere auf die Form bringen, dass der mittlere Faktor derselbe sei, wie in dem ersten Produkte, wodurch dann auch das Produkt der beiden äusseren in beiden gleichen Werth erhalten wird. Es sei dann das letztere Produkt übergegangen in $A_1 . CD_1$, so haben wir nun die einfachere Voraussetzung, dass

$$AD = A_1 D_1$$

ist, und A und A_1 ebenso wie D und D_1 von gleicher Stufe sind; und zu beweisen bleibt dann nur, dass

$$A . CD = A_1 . CD_1$$

sei. Zwei gleiche äussere Produkte, deren entsprechende Faktoren gleiche Stufenzahlen haben, (wie hier AD und $A_1 D_1$) müssen aber durch eine Reihe von Formänderungen aus einander erzeugbar sein, welche theils darin bestehen, dass die Faktoren sich in umgekehrtem Verhältnisse ändern, theils darin, dass der eine Faktor um ein von dem andern abhängiges Stück wächst. Bei der ersten Aenderungsart ist unmittelbar einleuchtend, dass sich auch der Werth des eingewandten Produktes $A . CD$ nicht ändere. Bei der letzten kann entweder D um ein von A abhängiges Stück, oder A um ein von D abhängiges wachsen. Geht also zuerst D in $D + E$ über, wo E von A abhängig ist, so geht $A . CD$ in $A . C(D + E)$ oder in $A . (CD + CE)$ über. Da hier E von A abhängig, C aber dem A untergeordnet, also im c-ten Grade von ihm abhängig ist, so ist CE in einem höheren als dem c-ten Grade von A abhängig, kann also als Stück des andern Faktors weggelassen werden, es ist also der Werth des Produktes noch derselbe geblieben. Zweitens konnte der Faktor A um ein von D abhängiges Stück wachsen. Es sei A gleich CF, so muss nun, wenn C noch immer, wie wir voraussetzten, das gemeinschaftliche System darstellen soll, das Wachsen des Faktors A um ein von D abhängiges Stück dadurch bewirkt werden, dass F um ein von D abhängiges Stück wächst; dies wird dann, aus demselben Grunde, wie vorher der Zuwuchs von D, den Werth des ganzen Produktes ungeändert lassen. Somit sehen wir, dass bei allen Aenderungen, welche den Werth des mittleren Faktors und den des Produktes der beiden äusseren ungeändert lassen, auch der Werth des gesammten Produktes ungeändert bleibt; oder, indem wir noch einen Schritt weiter zurückgehen, dass, wenn sich jene Grössen C

und AD in umgekehrtem Verhältnisse ändern, der Werth des Produktes A . CD unter der Voraussetzung, dass die Stufenzahlen von A und CD dieselben bleiben, sich nicht ändere. Fassen wir hiermit das Resultat des vorigen § zusammen, so können wir sagen, der Werth eines eingewandten Produktes bestehe, wenn die Stufenzahlen der Faktoren gegeben sind, in dem gemeinschaftlichen und nächstumfassenden Systeme beider Faktoren nebst dem auf beide Systeme multiplikativ zu vertheilenden Quantum.

§ 132. Es erscheint hiernach der Begriff des eingewandten Produktes noch abhängig von den Stufenzahlen, sofern nach den bisherigen Bestimmungen zwei Produkte noch nicht als gleich betrachtet werden konnten, so lange ihre Faktoren ungleiche Stufenzahl besassen. Diese Abhängigkeit des Begriffes von den Stufenzahlen führt in denselben eine Beschränkung hinein, welche der Einfachheit des Begriffs schadet und der analytischen Behandlung widerstrebt. Indem wir daher diese Beschränkung aufheben, setzen wir fest, „dass zwei eingewandte Produkte von geltendem Werthe A . CD und A . C′D′, in welchen die beiden letzten Faktoren durch äussere Multiplikation verknüpft sind, der mittlere aber das den beiden eingewandten Faktoren (A und CD, oder A′ und C′D′) gemeinschaftliche System darstellt, einander gleich seien, sobald überhaupt das Produkt der äussersten Faktoren und der mittlere in beiden Ausdrücken gleich sind, oder in umgekehrtem Verhältnisse stehen,“ gleich viel, ob die Stufenzahlen der entsprechenden Faktoren übereinstimmen oder nicht.*) Namentlich können wir durch diese Bestimmung jedes eingewandte Produkt auf die Form der Unterordnung (s. § 129) bringen. In der That ist hiernach

$$A . CD = AD . C,$$

wenn im ersten Produkte C und D durch äussere, A und CD durch eingewandte Multiplikation verknüpft sind, und C das gemeinschaftliche System der beiden eingewandten Faktoren darstellt. Denn in dem letzten Ausdrucke kann AD als erster, C als mittlerer und die Einheit als letzter Faktor vorgestellt werden, welcher mit D (nach

*) Zu einer solchen erweiterten Definition sind wir berechtigt, da über die Vergleichung von eingewandten Produkten mit ungleichen Stufenzahlen ihrer Faktoren noch nichts festgesetzt ist. Wir sind dazu gedrungen, wenn wir der Wissenschaft die ihr gebührende Einfachheit erhalten wollen.

Kap. IV) durch äussere Multiplikation verknüpft ist, während C noch das gemeinschaftliche System darstellt. In dieser Form aufgefasst bietet der zweite Ausdruck dasselbe Produkt der äussersten Faktoren und denselben mittleren Faktor dar, wie das erste, und beide sind somit einander gleich.

Noch habe ich hier daran zu erinnern, dass, wenn das Produkt der äussersten Faktoren von niederer Stufe ist als das Beziehungssystem, dann beide Produkte gleichzeitig null werden (nach § 127), also auch für diesen Fall ihre Gleichheit bewahrt bleibt. Nehmen wir endlich einen bestimmten Theil H des Hauptsystems als Hauptmass (§ 87) an, so können wir jedes auf jenes Hauptsystem bezügliche eingewandte Produkt auf die Form bringen, dass der erste Faktor das Hauptmass wird. Nämlich wir können nach dem vorher gesagten jedes solche Produkt, wenn es einen geltenden Werth hat, auf die Form bringen, dass der erste Faktor das Beziehungssystem oder hier das Hauptsystem darstellt, also auch, da wir die Faktoren in umgekehrtem Verhältnisse ändern können, auf die Form, dass der erste Faktor irgend ein bestimmter Theil des Hauptsystems, also auch dass er das Hauptmass wird. Ist das eingewandte Produkt null, so können wir den ersten Faktor beliebig setzen, wenn nur der zweite null ist, also kann auch in diesem Falle das Produkt auf die verlangte Form gebracht werden. Wir nennen dann, wenn ein Produkt auf diese Form gebracht ist, den zweiten Faktor desselben „den eigenthümlichen (specifischen) Werth oder Faktor jener Produktgrösse in Bezug auf das Hauptmass H,“ und sein System, welches zugleich das beiden Faktoren gemeinschaftliche System ist, „das eigenthümliche System jener Grösse;“ seine Stufenzahl, d. h. die Stufenzahl des beiden Faktoren gemeinschaftlichen Systems*), können wir als Stufenzahl der Grösse selbst auffassen. Erst bei dieser Betrachtungsweise tritt der Werth des eingewandten Produktes in seiner ganzen Einfachheit hervor.

§ 133. Aus dem im vorhergehenden Paragraphen aufgestellten Begriffe des eingewandten Produktes können wir nun das Ver-

*) Ist die Produktgrösse also von geltendem Werthe (und nur in diesem Falle lässt sich von einer Stufenzahl derselben reden) so ist die Stufenzahl der Produktgrösse gleich der Stufe der eingewandten Multiplikation.

tauschungsgesetz ableiten. Betrachten wir nämlich zwei Produkte von geltendem Werthe,

$$AB . AC \text{ und } AC . AB,$$

in welchen der Punkt die eingewandte Multiplikation, das unmittelbare Zusammenschreiben die äussere Multiplikation andeuten soll, und in welcher der Faktor A das gemeinschaftliche System, ABC oder ACB also das nächstumfassende System oder das Beziehungssystem darstellt, so hat man nach dem vorhergehenden Paragraphen

$$AB . AC = ABC . A,$$
$$AC . AB = ACB . A.$$

Beide Produkte sind also einander gleich oder entgegengesetzt, je nachdem ABC und ACB es sind, d. h. je nachdem die äusseren Faktoren B und C sich ohne oder mit Zeichenwechsel vertauschen lassen. Nun hat man bei der Vertauschung zweier äusseren Faktoren, welche auf einander folgen (nach § 55), nur dann (aber auch stets dann) das Vorzeichen zu ändern, wenn die Stufenzahlen beider Faktoren ungerade sind. Man wird also auch die Faktoren jenes eingewandten Produktes mit oder ohne Zeichenwechsel vertauschen können, je nachdem die Stufenzahlen von B und C beide zugleich ungerade sind oder nicht. Die Stufenzahlen von B und C ergänzen aber die der eingewandten Faktoren AC und AB zu der Stufenzahl des Beziehungssystemes ABC. Nennen wir daher diejenige Zahl, welche die Stufenzahl einer Grösse zu der des Beziehungssystemes ergänzt, die Ergänzzahl jener Grösse (in Bezug auf jenes System), so haben wir das Gesetz:

„Die beiden Faktoren eines eingewandten Produktes lassen sich mit oder ohne Zeichenwechsel vertauschen, je nachdem die Ergänzzahlen der Faktoren beide zugleich ungerade sind oder nicht."

Hierin liegt zugleich, dass ein Faktor, welcher das Beziehungssystem darstellt, sich ohne Zeichenänderung vertauschen lässt, da seine Ergänzzahl null, also gerade ist. Es entspricht dies Gesetz dem in § 55 für die äussere Multiplikation aufgestellten, womit noch der Satz in § 68 über die willkührliche Stellung der Zahlengrösse zu vergleichen ist. Da hier die Ergänzzahlen in die Stelle der dort vorkommenden Stufenzahlen eintreten, so erscheint es überhaupt als zweckmässig, auch für die übrigen Sätze der äusseren Multiplikation, welche sich auf die Stufenzahlen beziehen, hier die entsprechenden aufzusuchen, was natürlich hier nur geschehen kann in Bezug auf Produkte aus zwei Faktoren. Es war die Stufenzahl eines äusseren Produktes von geltendem Werthe die Summe aus den Stufenzahlen seiner Faktoren. Bei der eingewandten Multiplikation ist die Stufenzahl des beiden Faktoren gemeinschaftlichen Systems (nach § 132) als die Stufenzahl der Produktgrösse, wenn diese einen geltenden Werth hat, aufgefasst. Sind a und b die Stufenzahlen der Faktoren, und h die des Beziehungssystems, was hier zugleich das nächstumfassende System ist, so ist die des gemeinschaftlichen Systems (g) nach § 126 gleich $a+b-h$. Um hier die Ergänzzahlen einzuführen, kann man der Gleichung folgende Gestalt geben

$$h-g=h-a+h-b,$$

oder wenn man die Ergänzzahlen mit a', b', g' bezeichnet,

$$g'=a'+b',$$

d. h. die Ergänzzahl eines eingewandten Produktes von geltendem Werthe ist die Summe aus den Ergänzzahlen seiner beiden Faktoren. Es bleibt uns noch der Fall, wo das Produkt null ist, zu berücksichtigen. Bei der eingewandten Multiplikation trat dieser Fall (nach § 125) dann ein, wenn das beiden Faktoren gemeinschaftliche System von höherer Stufe war, als die Stufe der eingewandten Multiplikation d. h. $a+b-h$ betrug, also wenn

$$g>a+b-h, \text{ d. h.}$$

$$h-a+h-b>h-g,$$

oder wenn

$$a'+b'>g',$$

und ausserdem nur noch, wenn einer der Faktoren null ist, d. h. „ein eingewandtes Produkt zweier geltenden Werthe ist null, wenn die Ergänzzahlen beider Faktoren zusammengenommen grösser sind, als die Ergänzzahl des beiden Faktoren gemeinschaftlichen Systems.“ Ein äusseres Produkt zweier geltenden Werthe hingegen erschien als null, wenn die Stufenzahlen der Faktoren zusammengenommen grösser sind als die des beide Faktoren zunächst umfassenden Systemes. Es stimmen also diese Gesetze für beide Multiplikationsweisen überein, wenn man den Begriff der Stufenzahl gegen den der Ergänzzahl und den des nächstumfassenden Systems gegen den des gemeinschaftlichen austauscht; eine Beziehung, welche, wie wir sehen werden, bei der weiteren Entwickelung ihre Gültigkeit beibehält.

§ 134. Das Produkt von drei und mehr Faktoren, zu welchem wir nun übergehen, kann stets auf das von zwei Faktoren zurückgeführt werden, wenn nur die Multiplikation zweier Faktoren auch für den Fall feststeht, dass diese Faktoren wieder Produkte sind. Da nun, wenn die Faktoren wieder eingewandte Produkte sind, der Sinn ihrer Multiplikation noch nicht festgestellt ist, so bedürfen wir hier einer neuen Definition; und zwar müssen wir festsetzen, welche Bedeutung eine beliebige Produktgrösse als erster Faktor, und welche sie als zweiter Faktor habe. Wenn eine Grösse als zweiter Faktor auftritt, so wollen wir sagen, es werde mit ihr multiplicirt, wenn als erster, sie selbst werde multiplicirt. Ich setze nun fest, „mit einer Produktgrösse, welche auf die Form der Unterordnung gebracht, d. h. so dargestellt ist, dass jeder folgende Faktor dem vorhergehenden untergeordnet sei, multipliciren heisse mit ihren Faktoren fortschreitend*) multipliciren," und ferner „eine Produktgrösse, welche auf die Form der Unterordnung gebracht ist, mit irgend einer Grösse multipliciren heisse den letzten Faktor der ersteren mit der letzteren multipliciren (ohne die früheren Faktoren zu ändern)". Hierbei muss dann natürlich, damit der Sinn der gesammten Multiplikation klar sei, die Stufe für eine jede der einzelnen Multiplikationen, auf welche jene eine reducirt wird, bestimmt sein. Dass diese Definitionen für jedes reale Produkt ausreichen, werde ich sogleich zeigen. Das Produkt wird nämlich als ein reales von geltendem Werthe erscheinen, wenn bei den einzelnen Multiplikationen die Stufe der eingewandten Multiplikation mit dem Grade der Abhängigkeit übereinstimmt; hingegen wird es null werden, wenn der Grad der Abhängigkeit bei irgend einer dieser Multiplikationen die Stufe der Multiplikation übersteigt, indem dadurch dann einer der Faktoren null wird. Bloss formale Bedeutung wird es haben, wenn der Grad der Abhängigkeit irgendwo

*) Fortschreitend mit einer Reihe von Grössen verknüpfen heisst nach dem schon früher eingeführten Sprachgebrauche so verknüpfen, dass das jedesmalige Ergebniss der Verknüpfung mit der nächstfolgenden Grosse der Reihe verknüpft wird.

geringer ist als die Stufe der zugehörigen Multiplikation, ohne dass anderswo das entgegengesetzte Verhältniss eintritt.

§ **135.** Der Nachweis dafür, dass die aufgestellten Definitionen für das reale Produkt ausreichen, fällt zusammen mit dem Beweise des Satzes, dass jedes reale Produkt sich auf die Form der Unterordnung bringen lasse. In der That lässt sich nach § 132 zunächst das Produkt zweier reiner Faktoren (so können wir solche Faktoren nennen, die nicht wieder als eingewandte Produkte erscheinen) auf die Form der Unterordnung bringen. Kommt nun zu einem solchen Produkt A.B, wo B dem A untergeordnet sei, ein dritter reiner Faktor hinzu, welcher mit B im c-ten Grade der Abhängigkeit steht, mit A im (c+d)-ten, während seine eigne Stufenzahl c + d + e beträgt, so wird er sich darstellen lassen in der Form CDE, wo C dem B (also auch dem A) untergeordnet ist, und CD dem A, während sonst keine Abhängigkeit statt findet, vorausgesetzt nämlich, dass c, d, e die Stufenzahlen von C, D, E sind. Ist dann das Produkt ein reales von geltendem Werthe, d. h. stimmt die Stufe der Multiplikation mit dem Grade der Abhängigkeit überein, so lässt sich zeigen, dass

$$A . B . CDE = AE . BD . C$$

sei. In der That, da hier die Produktgrösse A.B in der Form der Unterordnung erscheint, so wird sie mit einer andern Grösse CDE multiplicirt, indem man den letzten Faktor mit derselben multiplicirt; also ist

$$A . B . CDE = A . (B . CDE).$$

Es ist aber B.CDE, da C dem B untergeordnet, und c der Grad der Multiplikation ist, gleich BDE.C (nach § 132), also jenes Produkt

$$= A . (BDE . C).$$

Da hier C dem B, also auch dem BDE untergeordnet ist, so multiplicirt man nach dem ersten Theil der Definition (§ 134) mit BDE.C, indem man zuerst mit BDE und das Ergebniss dieser Multiplikation mit C multiplicirt. Nun ist aber A.BDE, da B und D, also auch BD, dem A untergeordnet sind, und (b + d) den Grad der Multiplikation darstellt, gleich AE.BD; also ist der obige Ausdruck

$$= AE . BD . C.$$

Dieser Ausdruck hat die Form der Unterordnung, da C dem B, also auch dem BD, BD aber dem A, also auch dem AE untergeordnet ist. Somit lässt sich das fortschreitende Produkt von drei reinen Faktoren stets auf die Form der Unterordnung bringen. Kommt nun noch ein vierter Faktor hinzu, so kann man zuerst die 3 ersten auf die Form der Unterordnung bringen.

Es sei $A.B.C$ diese Form. Tritt nun ein vierter Faktor hinzu, so muss, damit der Sinn der Multiplikation ein bestimmter sei, festgesetzt sein, in welchem Grade der Abhängigkeit er mit jeder der drei Grössen A, B, C stehen muss, wenn das Produkt einen realen geltenden Werth haben soll; es möge dann der vierte Faktor von C im d-ten Grade abhängig sein, von B im $(d+e)$ten, von A im $(d+e+f)$ten Grade, während er selbst zur Stufenzahl $d+e+f+g$ habe, so wird er sich in der Form DEFG darstellen lassen, wo D dem C, E dem B, F dem A untergeordnet ist, und d, e, f, g die Stufenzahlen von D, E, F, G darstellen. Dann kann man zeigen, dass

$$A.B.C.DEFG = AG.BF.CE.D$$

sei. Denn es ist

$$\begin{aligned} A.B.C.DEFG &= A.B.(C.DEFG) \\ &= A.B.(CEFG.D), \end{aligned}$$

da nämlich D dem C untergeordnet ist. Da nun $CEFG.D$ in der Form der Unterordnung erscheint, so kann man mit seinen einzelnen Faktoren CEFG und D fortschreitend multipliciren; B giebt aber mit CEFG multiplicirt, da C und E, also auch CE dem B untergeordnet sind, den Ausdruck $BFG.CE$. Man erhält also den obigen Ausdruck

$$\begin{aligned} &= A.(BFG.CE).D \\ &= A.\ BFG.CE\ .D \\ &= AG.BF.CE.D, \end{aligned}$$

da nämlich B und F, also auch BF, dem A untergeordnet sind. Also erscheint auch das fortschreitende Produkt aus vier reinen Faktoren in der Form der Unterordnung, und es lässt sich schon übersehen, wie ganz auf dieselbe Weise folgt, dass überhaupt ein fortschreitendes Produkt aus beliebig vielen reinen Faktoren sich auf die Form der Unterordnung bringen lässt. Ist nun aber dies der Fall, so wird, da nach den Definitionen sich die Multiplikation überhaupt auf die fortschreitende Multiplikation reiner Grössen zurückführen lässt, dasselbe auch von beliebigen realen Produkten gelten, nämlich dass

„jedes reale Produkt sich in Form der Unterordnung darstellen lässt."

Es reichen daher in der That die obigen Definitionen für das reale Produkt aus, und die Form der Unterordnung, als die einfachste, auf die sich das reale Produkt bringen lässt, bestimmt die Bedeutung desselben.

§ 136. Es entsteht uns nun die Aufgabe, die verschiedenen Umgestaltungen, welche nach der bis hierher geführten Darstellung das eingewandte Produkt zulässt, in ein einfaches Hauptgesetz zusammenzufassen, auf welches wir dann in der Folge stets zurückgehen können, wenn es sich um solche Umgestaltungen handelt. Wir brauchen, um dazu zu gelangen, nur die im vorigen Paragraphen entwickelten Umgestaltungen weiter fortzuführen und in Worte zu kleiden. Es ergab sich dort, dass

$$A . B . CDE = AE . BD . C$$

sei, wenn B dem A untergeordnet ist, C das System darstellt, was CDE mit B, also auch mit A gemeinschaftlich hat, und CD das System darstellt, was CDE mit A gemeinschaftlich hat, und überdies die Art der Multiplikation so angenommen ist, dass sie unter diesen Voraussetzungen einen geltenden realen Werth liefert. Unter denselben Voraussetzungen ergiebt sich nämlich auch

$$EDC . B . A = EA . DB . C.$$

Denn

$$\begin{aligned} EDC . B . A &= (EDC . B) . A \\ &= (EDB . C) . A; \end{aligned}$$

und da EDB . C in der Form der Unterordnung erscheint, so multiplicirt man es (nach § 134) mit A, indem man C mit A multiplicirt; da C dem A untergeordnet ist, so ist hier nach § 133 die Ordnung gleichgültig; man erhält also den zuletzt gefundenen Ausdruck

$$= EDB . (A . C);$$

da wieder A . C auf die Form der Unterordnung gebracht ist, so kann man hier mit A und C fortschreitend multipliciren, und erhält den letzten Ausdruck

$$= EA . DB . C.$$

Auf dieselbe Form nun führt der Ausdruck

$$EDC . A . B \text{ oder } EDC . (A . B)$$

zurück; nämlich da EDC.A gleich EA.DC ist, so hat man jenen Ausdruck

$$\begin{aligned} EDC . A . B &= EA . DC . B \\ &= EA . DB . C. \end{aligned}$$

Daraus folgt also, dass man in einem Produkte von realem geltenden Werthe mit zwei einander eingeordneten*) Faktoren fortschreitend in beliebiger Ordnung multipliciren, oder auch mit ihrem Produkte auf einmal multipliciren darf. Wenn c, d, e die Stufenzahlen von C, D, E sind, so ist hier angenommen (s. den vorigen §), dass EDC von A im (c+d)ten Grade von B im c-ten Grade abhänge, und da in beiden Produkten

$$EDC . A . B \text{ und } EDC . B . A$$

die Multiplikationsweise als eine reale von geltendem Werthe angenommen ist, wenn der so eben bezeichnete Grad der Abhängigkeit statt findet, so wird jedes von beiden Produkten dann aber auch nur dann null werden, wenn der Grad der Abhängigkeit wächst, also wird, wenn eins dieser Produkte null wird, auch das andere null werden müssen. Somit bleibt das angeführte Gesetz auch bestehen, wenn das Produkt nur als ein reales aufgefasst ist, und da es sich von 2 einander eingeordneten Faktoren unmittelbar auf mehrere übertragen lässt, so haben wir den Satz:

„Statt mit einem Produkte von einander eingeordneten Faktoren zu multipliciren kann man mit den einzelnen Faktoren fortschreitend multipliciren und zwar in beliebiger Ordnung.“

Hierbei haben wir die Multiplikationsweisen so angenommen, dass das Produkt bei demselben Abhängigkeitsverhältniss in allen diesen Formen gleichzeitig als real erscheint. Dies Gesetz drückt somit eine Erweiterung des zweiten Theils der Definition (§ 134) aus, dass man, statt mit einem Produkt, welches in Form der Unterordnung erscheint, mit den Faktoren desselben fortschreitend multipliciren darf. Das Gesetz, was den ersten Theil der Definition

*) Einander eingeordnete Grössen nennen wir solche, von denen die eine der andern untergeordnet ist.

(§ 134) verallgemeinert, nämlich dass man ein Produkt aus einander eingeordneten Faktoren mit einer Grösse multiplicirt, indem man den letzten Faktor mit derselben multiplicirt, ergiebt sich leicht auf ähnliche Weise, wie das obige Gesetz, ist aber von geringerer Bedeutung. Uebrigens ist klar, dass in dem obigen Gesetz zugleich das Gesetz über den mittleren Faktor in § 132 liegt; nämlich

$$BA.AC = BAC.A,$$

indem man, statt B fortschreitend mit A und dem ihm übergeordneten AC zu multipliciren, auch in umgekehrter Folge multipliciren darf.

§ 137. Wir verlassen den allgemeinen Begriff des eingewandten Produktes und beschränken die Betrachtung auf den Fall, dass die Multiplikation sich stets auf dasselbe Hauptsystem beziehe. Da nun ein jedes solches Produkt nach § 132, wenn es auf die Form der Unterordnung gebracht ist, als ersten Faktor entweder nothwendig eine das Hauptsystem darstellende Grösse hat, oder doch in dieser Form dargestellt werden kann, so folgt, dass, wenn man auf ein Produkt aus mehreren Faktoren, welches sich auf dasselbe Hauptsystem bezieht, das in § 135 mitgetheilte Verfahren anwendet, das Produkt sich auf die Form bringen lässt, dass alle Faktoren mit Ausnahme des letzten das Hauptsystem darstellen.*) Bringen wir alle jene vorangehenden Faktoren, welche das Hauptsystem darstellen, durch Anwendung der allgemeinen multiplikativen Formänderung auf denselben Grössenwerth, und fassen diesen Werth als Hauptmass auf, so können wir dann den letzten Faktor, wie es in § 132 schon in Bezug auf zwei Faktoren festgestellt ist, „den eigenthümlichen (specifischen) Werth oder Faktor jener Produktgrösse in Bezug auf dies Hauptmass" und das System desselben „das eigenthümliche System" der Produktgrösse nennen, und die Stufen-

*) Es sei z. B. H.A.B dies Produkt, in welchem H das Hauptsystem darstelle, indem nämlich das Produkt der beiden ersten Faktoren schon auf die verlangte Form gebracht ist; nun sei B = CD, wo im Falle, dass das ganze Produkt geltenden Werth habe, AD das Hauptsystem darstelle. Dann ist jenes ganze Produkt gleich H.AD.C, was die verlangte Form hat. Ist das ganze Produkt null, so kann man die ersten Faktoren beliebig setzen, wenn nur der letzte null ist; also kann auch dann das Produkt auf die verlangte Form gebracht werden.

zahl dieses Systems als Stufenzahl jener Produktgrösse selbst auffassen. Wir können ferner die Grössen, welche durch eingewandte Multiplikation reiner Grössen (s. § 135) hervorgehen, Beziehungsgrössen nennen, weil sie nur in ihrer Beziehung auf ein System oder ein Mass eine einfache Bedeutung gewinnen. Als eigenthümlicher Werth einer reinen Grösse erscheint natürlich diese Grösse selbst. Es gilt hier auch noch das, was wir in § 128 über die Bezeichnung der Multiplikation bei zwei Faktoren sagten, dass es nämlich, wenn einmal das Hauptsystem als Beziehungssystem feststehe, als überflüssig erscheine, die äussere Multiplikation von der eingewandten oder die verschiedenen Grade der letzteren durch die Bezeichnung zu unterscheiden.*) Dagegen tritt hier ein neuer Unterschied hervor, nämlich der zwischen reinen und gemischten Produkten. Nämlich reine Produkte nenne ich solche, deren Faktoren fortschreitend stets durch dieselbe Art der Multiplikation verknüpft sind, d. h. entweder nur durch äussere Multiplikation (äussere Produkte), oder nur durch eingewandte auf ein und dasselbe System bezügliche (reine eingewandte Produkte); gemischte hingegen nenne ich solche, deren Faktoren fortschreitend entweder durch beiderlei Arten der Multiplikation (äussere und eingewandte) verknüpft sind, oder zwar bloss durch eingewandte aber auf verschiedene Systeme bezügliche. Da die reinen und die gemischten Produkte verschiedenen Gesetzen unterliegen, so ist ihre Unterscheidung sehr wichtig; und obgleich eine Unterscheidung durch die Bezeichnung nicht nothwendig ist, indem durch die Stufenzahlen der Faktoren, wenn das Hauptsystem als Beziehungssystem feststeht, auch schon immer bestimmt ist, ob das Produkt ein reines oder gemischtes sei, so erscheint eine solche Unterscheidung doch in vielen Fällen als sehr bequem. Ich will mich daher in solchen

---

*) Ganz anders würde dies bei der allgemeinen realen Multiplikation sein, indem bei ihr die verschiedenen Grade der Abhängigkeit zwischen den einzelnen Faktoren festgestellt werden müssten, bei denen das Produkt noch einen geltenden Werth hätte. Das Produkt aus mehreren Faktoren würde dann seiner Art nach durch eine Reihe von Zahlen bestimmt sein, welche jene Abhängigkeitsgrade darstellten; diese Bestimmung würde also eine zusammengesetzte sein, und nicht mehr einen einfachen Begriff darstellen. Und dies ist der Grund, weshalb wir diesen allgemeinen Fall hier übergangen haben.

Fällen der Punkte bedienen, um durch sie die Faktoren des reinen Produktes von einander abzusondern, und will daher festsetzen, dass, wo Punkte zur Bezeichnung der Multiplikation angewandt werden, dann auch stets, wenn sie gar keiner oder derselben Klammer eingeordnet sind, durch sie Faktoren eines reinen Produktes von einander abgesondert werden, wobei dann ein Produkt von unmittelbar zusammengeschriebenen Grössen in Bezug auf diese Punkte jedesmal als Ein Faktor erscheint; z. B. bedeutet AB.CD.EF ein reines Produkt, dessen Faktoren AB, CD, EF sind.

§ **138.** Wir können nun die in § **133** für zwei Faktoren erwiesenen Sätze auch auf mehrere Faktoren übertragen. Zuerst was die Vertauschung betrifft, so zeigt sich, dass auch bei mehreren Faktoren die Stellung eines Faktors, der das Beziehungssystem darstellt, ganz gleichgültig ist; und daraus folgt dann überhaupt, dass man, um zwei Produktgrössen zu multipliciren, nur ihre eigenthümlichen Werthe in Bezug auf irgend ein Hauptmass zu multipliciren, und diesem Produkte das Hauptmass so oft als Faktor hinzuzufügen hat, als es in beiden Grössen zusammengenommen als Faktor vorkommt; z. B. ist $H^mA . H^nB$, wo H das Hauptmass darstellt, gleich $H^mH^nA . B$ oder gleich $H^{m+n}A . B$. Hierin liegt dann, dass zwei Produktgrössen, welche als Faktoren zusammentreten, gleichfalls mit oder ohne Zeichenwechsel vertauschbar sind, je nachdem ihre Ergänzzahlen beide zugleich ungerade sind oder nicht. Die folgenden Sätze jenes Paragraphen können wir nur auf reine eingewandte Produkte übertragen. Da nämlich bei zwei Faktoren eines eingewandten Produktes von geltendem Werthe, die Ergänzzahl des Produktes die Summe ist aus den Ergänzzahlen der Faktoren, so bleibt dies Gesetz bestehen, wenn zu diesem eingewandten Produkte wieder ein eingewandter Faktor hinzutritt und das Produkt wieder geltenden Werth behält; es ist dann die Ergänzzahl des Gesammtproduktes, wie sogleich durch zweimalige Anwendung des für 2 Faktoren bewiesenen Gesetzes einleuchtet, die Summe aus den Ergänzzahlen der Faktoren und so fort für beliebig viele Faktoren. Da überdies das Produkt zweier Faktoren dann und nur dann als ein eingewandtes erscheint, wenn die Summe der beiden Stufenzahlen grösser, d. h. die Summe der Ergänzzahlen kleiner ist als die Stufenzahl des Hauptsystems, so wird auch das geltende Produkt aus drei und mehr Faktoren dann und nur dann als ein reines eingewandtes erscheinen, wenn die Summe der Ergänzzahlen stets kleiner bleibt als die Stufenzahl des Hauptsystems, d. h. wenn die Summe aller Ergänzzahlen der Faktoren noch kleiner bleibt als die Stufenzahl des Hauptsystems. Um endlich auch den Satz aus § 133 über das Nullwerden hier zu übertragen, erinnern wir daran, dass die Summe der Ergänzzahlen zweier Grössen, welche das Beziehungssystem als nächstumfassendes System haben, und also als Produkt einen geltenden Werth darbieten, gleich der Ergänzzahl ihres gemeinschaftlichen Systemes ist; dass aber, wenn das nächstumfassende System niedriger ist als das Beziehungssystem, und das Produkt also null ist, die Stufenzahl des gemeinschaftlichen Systems grösser, seine Ergänzzahl also kleiner wird, als die Summe der zu den Faktoren gehörigen Ergänzzahlen. Tritt nun ein Faktor hinzu, so ist das gemeinschaftliche System aller Faktoren dasjenige, was der hinzutretende Faktor mit dem allen vorhergehenden Faktoren gemeinschaftlichen Systeme selbst wieder gemeinschaftlich hat. Es wird also, sobald das gesammte Produkt geltenden Werth behält, die Summe aller Ergänzzahlen gleich der Ergänzzahl des den sämmtlichen Faktoren gemeinschaftlichen Systemes sein; wenn aber durch irgend einen Faktor, welcher hinzutritt, das Produkt null wird, ohne dass der hinzutretende Faktor selbst null ist, so wird dort die Ergänzzahl des gemeinschaftlichen Systemes kleiner werden, und somit auch, wenn noch neue Faktoren hinzutreten, kleiner bleiben als die jedesmalige Summe aus den Ergänzzahlen der Faktoren. Es wird also ein reines eingewandtes Produkt, dessen Faktoren geltende Werthe haben, dann und nur dann null werden, wenn die Ergänzzahl des allen Faktoren gemeinschaftlichen Systems kleiner ist als die Summe der Ergänzzahlen der Faktoren. Auch liegt in der Art der Beweisführung, dass der eigenthümliche Werth eines solchen Produktes, wenn es nicht null ist, das den sämmtlichen Faktoren gemeinschaftliche System darstellt. Fassen wir nun die über die Ergänzzahlen aufgestellten Gesetze zusammen und schliessen die entsprechenden Gesetze über die Stufenzahlen äusserer Produkte mit hinein, so erhalten wir den Satz:

„Ein Produkt aus beliebig vielen Faktoren von geltenden Werthen ist ein reines, wenn entweder die Stufenzahlen oder die Ergänzzahlen der Faktoren zusammengenommen kleiner sind als die Stufenzahl des Hauptsystems, und zwar im ersteren Falle ein äusseres, im letzteren ein eingewandtes, hingegen ein gemischtes, wenn keins von beiden der Fall ist. Das reine Produkt ist null im ersten Falle, wenn die Stufenzahlen der Faktoren zusammengenommen grösser sind als die Stufenzahl des die Faktoren zunächst umfassenden Systemes, im letzteren, wenn die Ergänzzahlen der Faktoren zusammengenommen grösser sind als die Ergänzzahl des den Faktoren gemeinschaftlichen Systemes. Wenn das reine Produkt einen geltenden Werth hat, so stellt der eigenthümliche Werth desselben im ersten Falle das nächstumfassende, im letzteren das gemeinschaftliche System dar; und im ersteren Falle ist die Stufenzahl desselben die Summe aus den Stufenzahlen der Faktoren, im letzteren ist seine Ergänzzahl die Summe aus den Ergänzzahlen der Faktoren.“

§ 139. Wir schreiten nun zu dem multiplikativen Zusammenfassungsgesetz, d. h. wir untersuchen, ob und in welchem Umfange

$$PQR = P(QR)$$

gesetzt werden können. Schon aus dem Satze in § 136 geht hervor, dass für das gemischte Produkt dreier Faktoren jenes Gesetz im Allgemeinen nicht gelte*); hingegen wollen wir zeigen, dass dasselbe für das reine Produkt im allgemeinsten Sinne gelte, dass also nach der in § 137 eingeführten Bezeichnung allemal

$$P.Q.R = P.(Q.R)$$

sei. Zunächst leuchtet ein, dass, wenn die Gültigkeit dieses Gesetzes nachgewiesen ist für den Fall, dass P, Q, R reine Grössen sind, sie damit auch zugleich für den Fall, dass dieselben sämmtlich oder zum Theil Beziehungsgrössen sind, nachgewiesen sei.

*) Allerdings können Fälle aufgeführt werden, in welchen vermittelst des Satzes in § 136 unser Gesetz auch dann noch seine Anwendung findet; allein diese Fälle sind so vereinzelt, die Bedingungen, unter denen sie eintreten, so zusammengesetzt, dass aus ihrer Aufzählung der Wissenschaft kein Vortheil erwächst.

Denn nach dem vorigen Paragraphen hat man Beziehungsgrössen so mit einander zu multipliciren, dass man ihre eigenthümlichen Werthe in Bezug auf ein und dasselbe Hauptmass mit einander multiplicirt und dem Produkte, gleichviel auf welcher Stelle, so oft das Hauptmass als Faktor hinzufügt, als es in beiden Grössen zusammen als Faktor enthalten war. Da man hiernach also in einem Produkte überhaupt jeden Faktor, der das Hauptmass darstellt, auf eine beliebige Stelle setzen und beliebig aus einer Klammer heraus oder in eine solche hineinrücken kann, so folgt, dass jenes Gesetz, wenn es für reine Grössen gilt, es auch für Beziehungsgrössen, also allgemein gelte. Nun gilt es zunächst nach den Gesetzen der äusseren Multiplikation für äussere Produkte reiner Grössen, also auch für äussere Produkte überhaupt. Es bleibt also nur zu beweisen übrig, dass es auch für das reine eingewandte Produkt reiner Grössen gelte. In diesem Falle kommt es darauf an zu zeigen, dass P, Q, R, wenn das eingewandte Produkt einen geltenden Werth hat, sich in den Formen ABC, ABD, ADC darstellen lassen, so dass zugleich ABCD das Hauptsystem darstellt. Es seien die Ergänzzahlen der Grössen P, Q, R beziehlich d, c, b, so ist die Ergänzzahl des Produktes oder des den drei Faktoren gemeinschaftlichen Systemes A nach § 138 (am Schlusse) gleich der Summe jener Zahlen, also gleich $b+c+d$; und ist also a die Stufenzahl jenes gemeinschaftlichen Systemes, so ist die des Hauptsystemes gleich $a+b+c+d$. Zwei der Faktoren, z. B. P und Q, werden nach demselben Satze ein System gemeinschaftlich haben, dessen Ergänzzahl die Summe ist aus den Ergänzzahlen jener Faktoren, also hier gleich $c+d$ ist; also ist die Stufenzahl dieses gemeinschaftlichen Systemes gleich $a+b$; es wird somit dies System durch ein Produkt AB dargestellt werden können, in welchem B von b-ter Stufe und von A unabhängig ist. Ebenso wird das dem P und R gemeinschaftliche System von $a+c$-ter Stufe sein, und also eine von A unabhängige Grösse c-ter Stufe C in sich fassen. Und zwar muss dann C von AB unabhängig sein; denn wäre es davon abhängig, d. h. hätte C mit AB irgend eine Grösse gemeinschaftlich, so würden die drei Faktoren P, Q, R diese Grösse, also eine von A unabhängige Grösse, gemeinschaftlich enthalten, was mit der Annahme streitet. Somit sind nun der Grösse P drei von einander unabhängige Grössen A, B, C untergeordnet, also auch ihr Produkt ABC. Es muss sich daher P als Produkt darstellen lassen, dessen einer Faktor ABC ist; da P aber selbst von (a+b+c)-ter Stufe ist, so wird der andere Faktor, den P ausser ABC enthält, von nullter Stufe, d. h. eine blosse Zahlengrösse sein, also P sich als Vielfaches von ABC darstellen lassen. Q und R endlich werden aus demselben Grunde einen von A unabhängigen Faktor D gemeinschaftlich haben, und so werden sich die Grössen P, Q, R beziehlich als Vielfache von ABC, ABD und ADC darstellen lassen; ja da für die Grössen A, B, C, D nur die Systeme, welche durch sie dargestellt werden, bestimmt sind, sie selbst also beliebig gross angenommen werden können, so wird man dieselben, wie leicht zu sehen ist, auch so annehmen können, dass die Grössen P, Q, R jenen Werthen selbst gleich sind, also

$$P . Q . R = ABC . ABD . ADC$$

ist. Da das ganze Produkt, wie wir voraussetzten, einen geltenden Werth haben soll, also auch z. B. das Produkt ABC.ABD, so muss hier das nächstumfassende System, also ABCD, zugleich das Beziehungssystem sein. Es ist daher dies Produkt gleich ABCD.AB; also der ganze Ausdruck

$$= ABCD . AB . ADC$$
$$= ABCD . ABDC . A.$$

Auf dieselbe Form nun lässt sich das andere Produkt P.(Q.R) bringen; denn Q.R oder ABD.ADC ist gleich ABDC.AD, also

$$P . (Q . R) = ABC . (ABDC . AD).$$

Da nun ABDC das Hauptsystem darstellt, so können wir nach § 138 die eigenthümlichen Werthe unter sich multipliciren und ABDC als Faktor hinzufügen. Wir erhalten aber ABC.AD gleich ABCD.A, also ist der obige Ausdruck

$$= ABCD . ABDC . A.$$

Da also die beiden Produkte P.Q.R und P.(Q.R) demselben Ausdrucke gleich sind, so sind sie auch unter sich gleich. Wir nahmen bei dieser Beweisführung an, dass die Produkte einen geltenden Werth hatten. Nun können sie aber auch nur gleichzeitig null werden, weil nach § 138 das Nullwerden dann und nur dann eintritt, wenn das den Faktoren gemeinschaftliche System von höherer Stufe ist, als die Summe der Ergänzzahlen beträgt, und dies bei beiden Produkten nur gleichzeitig eintreten kann. Also bleibt auch für diesen Fall die Gleichheit beider Produkte bestehen. Das Gesetz gilt daher allgemein für reine Grössen, also muss es nun auch, wie wir oben sahen, für Beziehungsgrössen gelten; so dass allgemein für die reine Multiplikation überhaupt

$$P . Q . R = P . (Q . R)$$

ist. Da nun endlich das Zusammenfassungsgesetz, wenn es für drei Faktoren gilt, auch für beliebig viele gelten muss (§ 3), so ergiebt sich der allgemeine Satz:

„Die Faktoren eines reinen Produktes lassen sich beliebig zusammenfassen."

§ **140.** Für die Addition der Beziehungsgrössen bietet sich das allgemeine multiplikative Beziehungsgesetz als begriffsbestimmend dar. Man hat dann nur beide auf die Form der Unterordnung zu bringen. Auf diese Form gebracht, erscheinen dann beide als summirbar, wenn einestheils das Hauptmass in beiden gleichvielmal als Faktor erscheint, und anderntheils die Grössen selbst eine gleiche Stufenzahl haben; und zwar werden sie dann addirt, indem man die eigenthümlichen Werthe addirt, und der Summe das Hauptmass so oft als Faktor hinzufügt, als es in jedem der Produkte als Faktor enthalten war*). Das allgemeine Beziehungsgesetz ist, dass

$$P . (Q + R) = P . Q + P . R,$$

und

$$(Q + R) . P = Q . P + R . P$$

sei. Die Gültigkeit desselben haben wir zunächst nur für den Fall nachzuweisen, dass die Grössen P, Q, R reine sind; indem das Hinzutreten beliebiger Faktoren, die das Hauptmass darstellen, auf welches sich die Grössen beziehen, nichts ändern kann. Wir nehmen daher zuerst an, P, Q, R seien reine Grössen. Es sei, um die Stücke der Summe

$$P . Q + P . R$$

auf die Form der Unterordnung zu bringen, $Q = AB$, wo A dem

*) Diese Bestimmung dient eben als Definition, indem wir unter der Summe zweier Beziehungsgrössen die auf die angegebene Weise gebildete Summe verstehen.

P untergeordnet ist, PB aber das Hauptsystem darstellt, auf welches sich die Multiplikation bezieht, und gleich H gesetzt werden mag, und eben so sei $R = CD$, wo C dem P untergeordnet ist und PD das Hauptsystem darstellt. Da hier D beliebig gross angenommen werden kann (indem C dann nur im umgekehrten Verhältnisse wie D geändert werden muss), so kann man es so annehmen, dass

$$PD = PB = H$$

wird. Dann ist

$$P.Q + P.R = HA + HC = H(A + C),$$

letzteres nach der Definition. Auf dieselbe Form nun können wir auch $P.(Q + R)$ bringen. Nämlich da PD gleich PB ist, so folgt, dass D auch gleich B plus einer von P abhängigen Grösse, die wir K nennen wollen, gesetzt werden könne; somit ist R, was gleich CD gesetzt war, gleich $C(B + K)$, oder gleich $CB + CK$. Also ist

$$P.(Q + R) = P.(AB + CB + CK).$$

Da hier K von P abhängig ist, CK also von P in einem höheren Grade abhängt als CB, so kann es mit P kein geltendes Produkt liefern, kann also nach § 125 weggelassen werden. Es ist also der obige Ausdruck

$$= P.(AB + CB)$$
$$= P.(A + C)B.$$

Da hier A und C, also auch $(A + C)$ dem P untergeordnet sind, PB aber oder H das Hauptsystem darstellt, so ist der letzte Ausdruck wieder

$$= H(A + C).$$

Also sind die beiden zu vergleichenden Ausdrücke $P.(Q + R)$ und $P.Q + P.R$ demselben dritten Ausdrucke gleich, also auch beide unter sich gleich. Kommt nun ferner zu P das Hauptmass mehrmals, etwa m mal, als Faktor hinzu, und eben so auch zu Q und R, zu den letzteren aber gleichvielmal, damit sie summirbar bleiben, etwa n mal; so ist das so gut, als käme H zu jedem von den beiden Ausdrücken $(m + n)$ mal als Faktor hinzu, also bleiben sie gleich, wenn sie es vorher waren. Da nun endlich dasselbe sich auch von den beiden Ausdrücken $(Q + R).P$ und $Q.P + R.P$ sagen lässt, so folgt, dass das multiplikative Beziehungsgesetz auch für diese neuen Arten der Addition und Multiplikation ganz allgemein gilt. Somit gelten nun auch alle Gesetze, die darauf gegründet sind, d. h.

„Alle Gesetze, welche die Beziehung der Multiplikation und Division zur Addition und Subtraktion ausdrücken, gelten noch immer allgemein für jede Art der Addition und Multiplikation, die bisher festgestellt ist.“

§ **141.** Für die Division ergiebt sich sogleich, dass sie nur dann real ist, wenn Divisor und Dividend einander eingeordnet sind, d. h. wenn entweder der Divisor dem Dividend untergeordnet ist, oder dieser jenem. Im ersteren Falle ist die Division eine äussere, im letzteren eine eingewandte; wenn daher beide Fälle zugleich eintreten, d. h. wenn Divisor und Dividend einander gleichartig sind, so kann die Division sowohl als äussere, wie auch als eingewandte aufgefasst werden. Und zwar gelten diese Bestimmungen nicht nur, wenn die zu verknüpfenden Grössen reine Grössen, sondern auch wenn sie Beziehungsgrössen sind. In dem letzteren Falle kommt es dann darauf an, dass die eigenthümlichen Werthe in der angegebenen Beziehung stehen, während das Hauptsystem, auf welches sich beide Grössen beziehen, dasselbe ist. Hierbei kann dann der Fall eintreten, dass das Hauptmass im Divisor öfter als im Dividend als Faktor vorkommt; der Quotient erscheint dann als eine reine Grösse, welche mehrmals durch das Hauptmass dividirt ist, oder welche mit einer Potenz des Hauptmasses multiplicirt ist, deren Exponent negativ ist. Wir fassen daher auch diese neue Grösse als Beziehungsgrösse auf, und nennen den Exponenten derjenigen Potenz des Hauptmasses, mit welcher der eigenthümliche Werth einer Beziehungsgrösse durch Multiplikation verbunden ist, den G r a d der Beziehungsgrösse. Es ist somit die neue Grösse eine Beziehungsgrösse, deren Grad negativ ist, während der Grad der vorher betrachteten positiv war, und auch die reine Grösse kann nun als Beziehungsgrösse nullten Grades aufgefasst werden. Hierbei muss ich noch bemerken, dass die Grössen nullter Stufe, und die das Hauptsystem darstellenden Grössen, d. h. die Grössen o-ter und h-ter Stufe (wenn h die Stufenzahl des Hauptsystems ist) auf eine zwiefache Weise aufgefasst werden können. Nämlich „eine Grösse nullter Stufe und n-ten Grades kann als Grösse h-ter Stufe und (n—1)ten Grades aufgefasst werden“, indem man den eigenthümlichen Werth jener Grösse, welcher eine blosse Zahlengrösse ist, mit einem der Faktoren, welche das Hauptmass darstellen, multiplicirt denkt, und dies Produkt als eigenthümlichen Werth jener Grösse auffasst, wodurch natürlich der Grad derselben um 1 abnimmt. Eben so kann umgekehrt „jede Grösse h-ter Stufe und n-ten Grades als Grösse nullter Stufe und $(n+1)$ten Grades aufgefasst werden.“ Im Allgemeinen wollen wir es vorziehen, eine solche Grösse als Grösse null-ter Stufe zu betrachten. — Es kommt uns nun darauf an, die Eindeutigkeit des Quotienten zu untersuchen. Es sei zu dem Ende A der Dividend, B der Divisor als erster Faktor, C ein Werth des Quotienten, so dass

$$B.C = A$$

ist, und der Quotient in der Form $\frac{A}{B}$. erscheint. Jeder Werth nun, welcher statt C gesetzt jener Gleichung genügt, wird auch als ein besonderer Werth dieses Quotienten aufgefasst werden können. Jeder solche Werth wird aus dem Werthe C durch Addition erzeugt werden können, und zwar muss dann das zu C hinzuaddirte Stück mit B multiplicirt null geben, wenn das Produkt gleich A bleiben soll, und jedes solche hinzuaddirte Stück wird auch das Produkt gleich A lassen; nun können wir ein solches Stück, was mit B multiplicirt 0 giebt, allgemein mit $\frac{0}{B}$ bezeichnen, und daher sagen, wenn C ein besonderer Werth des Quotienten ist, und B der Divisor, so sei der vollständige Werth des Quotienten gleich

$$C+\frac{0}{B},$$

wie wir dies schon für die äussere Division in § 62 dargethan haben. Doch müssen wir hierbei stets festhalten, dass hier unter $\frac{0}{B}$ zugleich eine mit C addirbare Grösse verstanden sein muss, d. h. eine Grösse, welche mit C von gleicher Stufe und gleichem Grade ist. Es wird also der Quotient eindeutig sein, wenn unter dieser Voraussetzung $\frac{0}{B}$ jedesmal 0 ist, d. h. es keine andere Grösse dieser Art X giebt, die mit B multiplicirt null giebt, als null selbst.

Da das Produkt einer Grösse nullter Stufe, welche selbst nicht null ist, oder einer Grösse, die das Hauptsystem darstellt, jedesmal einen geltenden Werth liefert, wenn der andere Faktor einen geltenden Werth hat, so folgt, dass wenn B einen geltenden Werth hat und zugleich entweder B selbst oder auch X eine Grösse nullter oder h-ter Stufe ist, allemal X null sein müsse, wenn B.X null sein soll. Es wird also auch in diesem Falle der Quotient eindeutig sein. Aber auch in keinem andern. Denn wenn beide Grössen B und X von mittlerer Stufe sind, d. h. wenn ihre Stufenzahlen zwischen 0 und h liegen, so wird X, ohne dass es null wird, stets so angenommen werden können, dass B und X von einander abhängig sind, und ihr nächstumfassendes System doch nicht das Hauptsystem selbst ist; es wird also alsdann nach § 128 einen geltenden Werth für X geben, dessen Produkt mit B null giebt, d. h. es wird dann der Quotient nicht eindeutig sein. Ist der Divisor null, so wird, da null mit jeder Grösse, die wir bisher kennen gelernt haben, zum Produkte verknüpft null giebt, auch der Dividend null sein müssen, wenn der Quotient eine der bisher entwickelten Grössen sein soll, und zwar wird dann jede dieser Grössen als ein besonderer Werth des Quotienten aufgefasst werden können. Ist der Dividend aber eine Grösse von geltendem Werthe, während der Divisor null ist, so erscheint der Quotient als eine Grösse von ganz neuer Gattung, die wir als unendliche Grösse bezeichnen können, während die bisher betrachteten als endliche erschienen. Fassen wir nun die so eben gewonnenen Ergebnisse zusammen, indem wir zugleich bedenken, dass, wenn C von 0-ter oder n-ter Stufe ist, Dividend und Divisor gleichartig sind; so gelangen wir zu dem Satze:

„Der Quotient stellt dann und nur dann einen einzigen, endlichen Werth dar, wenn der Divisor von geltendem Werthe ist, und zugleich entweder selbst als Grösse null-ter Stufe dargestellt werden kann*), oder dem Dividend gleichartig ist. Sind Dividend und Divisor null, so ist der Quotient jede beliebige endliche Grösse. Ist der Divisor null, der Dividend

*) Denn auch die Grösse n-ter Stufe kann, wie wir oben sahen, als Grösse null-ter Stufe dargestellt werden.

nicht, so ist der Quotient unendlich. In jedem andern Falle, d. h. wenn der Divisor nicht null ist und zugleich Divisor und Quotient beide von mittlerer Stufe sind, ist der Quotient nur partiell bestimmt, und zwar erhält man dann aus einem besondern Werthe des Quotienten den allgemeinen, indem man den allgemeinen Ausdruck einer Grösse, die mit dem Divisor multiplicirt null giebt, hinzuaddirt.“

Ein besonderes Interesse gewähren hier noch solche Ausdrücke, deren Dividend die Einheit ist, während der Divisor eine Grösse von geltender Stufe darstellt, z. B. der Quotient $\frac{1}{ab}$. Ist hier abcd oder H das Hauptmass, so ist

$$\frac{1}{ab} = \frac{1}{H}\left(cd + \frac{0}{ab}\right),$$

wo $\frac{0}{ab}$ jede von ab abhängige Grösse zweiter Stufe darstellt.

§ **142.** Um die Analogie zwischen der äusseren Multiplikation und der reinen eingewandten Multiplikation zu vollenden, bleibt uns noch eine Betrachtung übrig. Nämlich es liessen sich bei der äusseren Multiplikation alle Grössen höherer Stufen als Produkte der Grössen erster Stufe darstellen, und die Gesetze ihrer Verknüpfung liessen sich aus den Verknüpfungsgesetzen für Grössen erster Stufe auf rein formelle Weise ableiten. Den Grössen erster Stufe entsprechen nach § 138 bei der eingewandten Multiplikation Grössen, deren Ergänzzahl eins ist, d. h. Grössen (h—1)-ter Stufe, wenn das Beziehungssystem für alle Grössen und Produkte dasselbe, und zwar ein System von h-ter Stufe ist. Durch ihre Multiplikation entstehen nach § 138 Grössen, deren Ergänzzahlen die Einheit übertreffen, d. h. also deren Stufenzahlen kleiner sind als (h—1). Es kommt daher, um die vollständige Analogie nachzuweisen, nur darauf an, die Analogie der Gesetze für diese Grössen erster und (h—1)-ter Stufe darzuthun. Die Identität dieser Gesetze, sofern sie nur die allgemeinen Verknüpfungsgesetze der vier Grundrechnungen (Addition, Subtraktion, Multiplikation, Division) darstellen, haben wir nachgewiesen. Auch haben wir gezeigt, dass die Gesetze der äusseren Multiplikation als solcher, sobald sie nur auf den Begriff der Stufenzahl und des gemeinschaftlichen Systemes zurückgehen, auch für die eingewandte auf ein festes Hauptsystem bezügliche Multiplikation gelten, wenn man statt des Begriffs der Stufenzahl den der Ergänzzahl, und statt des Begriffs des gemeinschaftlichen Systems den des nächstumfassenden einführt und umgekehrt. Sofern daher der Begriff der Abhängigkeit, auf den alle besonderen Gesetze der äusseren Multiplikation, als auf ihre Wurzel, gegründet sind, durch den des gemeinschaftlichen oder nächstumfassenden Systemes bestimmt ist, werden die Gesetse der äusseren Multiplikation sich auch auf die reine eingewandte nach jenem Princip übertragen lassen. Aber der Begriff der Abhängigkeit, welcher zuerst bei Grössen erster Stufe hervortrat, wurde ursprünglich ganz anders bestimmt, und viele später entwickelten Gesetze gründen sich auf diese ursprüngliche Bestimmung. Nämlich es wurde ursprünglich eine Grösse erster Stufe dann als abhängig von einer Reihe solcher Grössen dargestellt, wenn sich jene als Summe von Stücken ausdrücken lassen, welche diesen gleichartig sind, oder, wie wir es späterhin ausdrückten, wenn sich jene als Vielfachensumme von diesen darstellen lässt; und so nannten wir überhaupt mehrere Grössen erster Stufe von einander abhängig, wenn sich eine derselben als Vielfachensumme der übrigen darstellen lässt, und erst daraus folgte dann vermittelst des ursprünglichen Begriffs des Systemes, dass n Grössen erster Stufe dann und nur dann von einander abhängig sind, wenn sie von einem Systeme von niederer als der n-ten Stufe umfasst werden, und vermittelst des Begriffs der äusseren Multiplikation, dass das Produkt abhängiger Grössen, aber auch nur ein solches, null sei. Wir müssen daher zu jener ursprünglichen Bestimmung auf unserm Gebiete das analoge suchen. Wenn zuerst in einem Systeme n-ter Stufe n Grössen erster Stufe gegeben waren, deren äusseres Produkt nicht null ist, so zeigte sich, dass jede andere Grösse erster Stufe, die diesem Systeme angehört, sich als Vielfachensumme jener ersteren darstellen lässt. Der analoge Satz würde hier lauten: „Wenn in einem Systeme n-ter Stufe n Grössen (n—1)-ter Stufe gegeben sind, deren eingewandtes auf jenes System bezügliche Produkt nicht null ist, so lässt sich jede andere Grösse (n—1)-ter Stufe, welche diesem Systeme angehört, als Vielfachensumme der ersteren darstellen.“ Der Beweis dieses Satzes ergiebt sich aus § 138. Nämlich nach dem angeführten Paragraphen werden je (n—1) von den n Faktoren, welche die im Satze ausgesprochene Beschaffenheit haben, als gemeinschaftliches System ein System erster Stufe haben, während alle n Faktoren kein System von geltender Stufe gemeinschaftlich haben dürfen, wenn das Produkt einen geltenden Werth haben soll. Es wird also im Ganzen n solcher Systeme erster Stufe geben, wovon immer je (n—1) einem der n Faktoren untergeordnet sind. Diese n Systeme erster Stufe müssen aber von einander unabhängig sein; denn wäre eins derselben von den übrigen (n—1) abhängig, so müsste es in dem durch sie bedingten Systeme liegen (nach dem ursprünglichen Begriffe des Systems); es sind aber diese übrigen einem der n Faktoren untergeordnet, folglich müsste auch jenes erste System diesem Faktor untergeordnet sein; es ist aber jenes erste System das den übrigen (n—1) Faktoren gemeinschaftliche System, folglich würde dies System allen n Faktoren gemeinschaftlich sein, also das Produkt nach § 138 null sein gegen die Voraussetzung. Es sind also in der That jene n Systeme erster Stufe von einander unabhängig. Nehmen wir nun n beliebige Grössen erster St. an, welche diesen Systemen angehören, und also gleichfalls von einander unabhängig sind, so wird zuerst jeder der gegebenen n Faktoren, da ihm (n—1) jener Grössen erster Stufe untergeordnet sind, und er selbst von (n—1)-ter Stufe ist, sich als Vielfaches von dem äusseren Produkte jener Grössen darstellen lassen, ferner wird jede Grösse erster Stufe, welche dem Hauptsysteme (n-ter Stufe) angehört, sich als Vielfachensumme jener n Grössen erster Stufe, also auch jede Grösse (n—1)-ter Stufe, die jenem Hauptsysteme angehört, sich als äusseres Produkt aus (n—1) solchen Vielfachensummen darstellen lassen. Das Produkt dieser (n—1) Vielfachensummen verwandelt sich aber beim Durchmultipliciren in eine Vielfachensumme von äusseren Produkten zu (n—1) Faktoren aus jenen n Grössen erster Stufe, folglich auch, da diese Produkte den n gegebenen Faktoren gleichartig sind, in eine Vielfachensumme dieser Faktoren. Wir haben also den oben ausgesprochenen Satz bewiesen. Doch ist damit noch nicht unsere Aufgabe gelöst. Vielmehr beruhte das Wesen der äusseren Multiplikation als äusserer auf dem Satze, dass ein Produkt von Grössen erster Stufe dann und nur dann null sei, wenn sich eine derselben als Vielfachensumme der übrigen darstellen liess; und ehe wir diesen Satz nicht auf unser Gebiet übertragen haben, ist die Analogie noch nicht vollständig. Dass ein Produkt von Grössen (n—1)-ter Stufe dann allemal null sei, wenn eine derselben als Vielfachensumme der andern darstellbar ist, erhellt sogleich aus dem Gesetze des Durchmultiplicirens, wenn man zugleich festhält, dass das Produkt zweier gleichartiger Grössen (n—1)-ter Stufe null ist. Um zu beweisen, dass das Produkt auch nur dann null sei, wenn sich einer der Faktoren als Vielfachensumme der andern darstellen lässt, müssen wir zeigen, dass, wenn zu einem geltenden Produkt von m Faktoren (n—1)-ter Stufe in einem Hauptsysteme n-ter Stufe ein Faktor derselben (n—1)-ten Stufe hinzutritt, welcher das Produkt null macht, sich dieser als Vielfachensumme der ersteren darstellen lässt. Dass ein Produkt aus mehr als n Faktoren dieser Art null wird, liegt schon in dem allgemeinen Satze § 138, ergiebt sich aber auch schon sogleich aus dem vorher bewiesenen Satze. Wenn ferner zu n solchen Faktoren, deren Produkt einen geltenden Werth hat, ein Faktor derselben Stufe hinzukommt, so wird dieser einestheils das Produkt immer null machen, anderntheils sich als Vielfachensumme jener n Faktoren darstellen lassen, wie wir oben zeigten. Es bleibt uns also, um den Beweis unseres Satzes zu führen, nur der Fall zu berücksichtigen übrig, dass die Anzahl der Faktoren (m) kleiner ist, als die Stufe des Hauptsystemes (n). In diesem Falle können wir zur Führung des Beweises (n—m) Faktoren (n—1)-ter Stufe zu Hülfe nehmen, welche mit den gegebenen m Faktoren ein Produkt von geltendem Werthe liefern. Dann wird sich der Faktor (n—1)-ter Stufe, welcher zu dem Produkt der m gegebenen Faktoren (P) hinzutreten und dasselbe null machen soll, nach dem vorher bewiesenen Satze als Vielfachensumme der sämmtlichen n Grössen, deren Produkt geltenden Werth hat, darstellen lassen, d. h. als Summe, deren eines Stück A eine Vielfachensumme der gegebenen m Faktoren, und deren anderes Stück (B) eine Vielfachensumme der zu Hülfe genommenen Faktoren ist, und zu beweisen bleibt, dass dies zweite Stück null sei. Multipliciren wir nun das Produkt der m gegebenen Faktoren P mit dieser Summe (A+B), so können wir das erste Stück (A) weglassen, da es als Vielfachensumme von den ersten m Faktoren erscheint, also mit ihnen multiplicirt null giebt. Da nun das Produkt jener Summe und der m gegebenen Faktoren null betragen sollte, also $P.(A+B)=0$ sein sollte, so folgt jetzt, dass das Produkt ihres zweiten Stückes in die m gegebenen Faktoren auch null sein müsse; also

$$P.B=0.$$

Dies zweite Stück B ist aber eine Vielfachensumme der zu Hülfe genommenen $(n-m)$ Faktoren; und wir können zeigen, dass die Koefficienten dieser Vielfachensumme sämmtlich null betragen müssen, sie selbst also null sei. Zu dem Ende multiplicire man statt mit der Vielfachensumme B mit ihren Stücken, so erhält man eine Vielfachensumme mit denselben Koefficienten, und zwar enthält jedes Glied ausser den m gegebenen Faktoren einen von den zu Hülfe genommenen. Um nun zu beweisen, dass der Koefficient zu irgend einem solchen Gliede null sei, hat man nur noch mit denjenigen $(n-m-1)$ von den zu Hülfe genommenen Faktoren, welche diesem Gliede fehlen, beide Seiten der obigen Gleichung, oder vielmehr deren Glieder zu multipliciren, so ist klar, dass dann alle jene Glieder ausser dem einen wegfallen, und die Gleichung dann aussagt, dass dies Glied, also auch sein Koefficient null sei. Es sind somit sämmtliche Koefficienten der Vielfachensumme B null, also sie selbst null; also der hinzutretende Faktor, welcher gleich $A+B$ gesetzt war, gleich A, d. h. eine Vielfachensumme der m gegebenen Faktoren, was wir beweisen wollten. Fassen wir daher die gewonnenen Resultate zusammen, so gelangen wir zu dem Satze:

> „Ein Produkt von Grössen $(n-1)$ter Stufe in Bezug auf ein Hauptsystem n-ter Stufe ist dann und nur dann null, wenn sich eine derselben als Vielfachensumme der übrigen darstellen lässt.“

Durch dies Gesetz ist nun die Analogie zwischen eingewandter und äusserer Multiplikation, sobald das Beziehungssystem ein und dasselbe ist und zugleich das Hauptsystem darstellt, dem alle in Betracht gezogenen Grössen angehören, vollendet. Und alle Gesetze der äusseren Multiplikation, so weit die nachgewiesene Analogie reicht, d. h. welche auf die allgemeinen Verknüpfungsbegriffe, oder auf die Begriffe von Ueberordnung und Unterordnung der

Grössen und auf die Stufenzahlen zurückgeht, werden in analoger Form, indem man nämlich die Begriffe der Ueberordnung und Unterordnung vertauscht, den Begriff der Stufenzahl aber durch den der Ergänzzahl ersetzt, auch für die eingewandte auf das Hauptsystem bezügliche Multiplikation gelten. Und da auch das Hinzufügen von Faktoren, die das Hauptsystem darstellen, wenn es nur in allen Gliedern einer Gleichung gleich vielmal geschieht, die Gleichung nicht ändert, so bestehen jene Gesetze auch noch, wenn man statt der reinen Grössen die Beziehungsgrössen setzt, deren Beziehungssystem gleichfalls das Hauptsystem ist.

§ 143. Nachdem ich nun die vollkommene Analogie zwischen äusserer und eingewandter Multiplikation dargethan habe, will ich noch auf eine Erweiterung der bisherigen Betrachtungsweise aufmerksam machen. Hat man nämlich mehrere Grössen, welche demselben Systeme a-ter Stufe übergeordnet und demselben Systeme (a + b)ter Stufe untergeordnet sind, so kann man dieselben als Produkte darstellen, deren einer Faktor (A) von a-ter Stufe und in allen derselbe ist, während die andern Faktoren demselben Systeme b-ter Stufe, B, welches von A unabhängig ist, angehören. Dann leuchtet sogleich ein, dass jede Zahlenrelation, welche zwischen diesen Faktoren, die dem Systeme B angehören, statt findet, auch zwischen den ursprünglichen Grössen (da sie durch Multiplikation der letzteren mit A hervorgehen) herrschen müsse, und umgekehrt, dass jede Zahlenrelation, welche zwischen diesen letzteren herrscht, auch zwischen den ersteren herrschen müsse (da man nach § 81 in den Gleichungen, welche jene Zahlenrelation darstellen, den Faktor A weglassen darf). Nehmen wir namentlich Grössen (a+1)ter Stufe an z. B. Ac, Ad, ..., wo c, d, ... dem Systeme B angehören, so werden zwischen Ac, Ad, ... dieselben Zahlenrelationen herrschen, wie zwischen c, d, ... und umgekehrt. Setzt man daher den Begriff des Produktes solcher Grössen Ac, Ad, ... so fest, dass es null wird, wenn das Produkt der entsprechenden Grössen c, d, ... es wird; so wird man nun alle Begriffe und Gesetze von Grössen erster Stufe in einem Systeme b-ter Stufe, also auch alle Begriffe und Gesetze von Grössen höherer Stufen in einem solchen Systeme, auf jene Grössen (a+1)ter Stufe, und die daraus auf gleiche Weise erzeugten Grössen übertragen können. Hierdurch entwickelt sich eine Reihe neuer Begriffe, von denen ich die wichtig sten hier kurz zusammenstellen will. Wir können die Vereinigung zweier solcher Systeme, von denen das eine dem andern untergeordnet ist, ein Doppelsystem nennen, und sagen, eine Grösse sei diesem Doppelsystem eingeordnet, wenn sie dem einen der beiden Systeme, aus denen das Doppelsystem besteht, übergeordnet, dem andern untergeordnet ist. Wir können das höhere von den beiden Systemen, aus denen das Doppelsystem besteht, das Obersystem, das niedere das Untersystem nennen. Dann zeigt sich, wie ein auf ein Doppelsystem bezügliches Produkt zweier geltenden Werthe, die dem Doppelsystem eingeordnet sind, allemal dann, aber auch nur dann null ist, wenn das den beiden Faktoren gemeinschaftliche System von höherer Stufe als das Untersystem, und zugleich das sie zunächst umfassende von niederer Stufe als das Obersystem ist, dass ferner ein Produkt von geltendem Werthe in Bezug auf jenes Doppelsystem als äusseres erscheint, wenn das den Faktoren gemeinschaftliche System das Untersystem ist, und als ein eingewandtes, wenn das sie zunächst umfassende System das Obersystem ist, und dass endlich ein solches Produkt zugleich als äusseres und eingewandtes aufgefasst werden kann, wenn beide Bedingungen zugleich erfüllt sind. Zugleich erweitert sich hierdurch der Begriff der Beziehungsgrösse, indem diese nun in der Form der Unterordnung als Produkt von Grössen erscheinen kann, welche 3 verschiedene einander eingeordnete Systeme darstellen, von denen die erste das Obersystem, die letzte das Untersystem, und die mittlere das eigenthümliche System der Grösse ist. Um daher den eigenthümlichen Werth einer solchen Beziehungsgrösse aufzufassen, werden zwei Masse erforderlich sein, von denen das eine dem Obersystem, das andere dem Untersysteme zugehört; und nur in Bezug auf ein solches Doppelmass wird diese neue Beziehungsgrösse einen bestimmten eigenthümlichen Werth darbieten. Da auch die Beziehungsgrössen, welche sich auf ein einfaches System beziehen, als auf ein Doppelsystem bezügliche angesehen werden können, dessen Untersystem von nullter Stufe ist, so zeigt sich, dass die neu gewonnene Grössengattung von allgemeinerer Natur ist und jene erstere als besondere Gattung unter sich begreift. Da ferner die Beziehungsgrössen als allgemeinere Grössengattung zu den reinen Elementargrössen, und diese wieder als als allgemeinere Grössengattung zu den reinen Ausdehnungsgrössen auftraten, so bilden die Beziehungsgrössen überhaupt die allgemeinste Grössengattung, zu welcher wir auf dieser Stufe gelangen. Da zugleich auch die reine Multiplikation als die allgemeinste Multiplikationsweise sich darstellt, bei welcher noch die allgemeinen multiplikativen Gesetze und namentlich auch das Zusammenfassungsgesetz fortbesteht, so erscheint hier die theoretische Darstellung dieses Theils der Ausdehnungslehre als vollendet, insofern man nicht auch die Multiplikationsweisen in Betracht ziehen will, für welche das Zusammenfassungsgesetz nicht mehr gilt.*) Wir schreiten daher zu den Anwendungen, und behalten dem folgenden Kapitel nur noch die specielle Behandlung der Verwandtschaftsverhältnisse vor, welche am geeignetsten erscheint, um die in diesem Theile gewonnenen Ergebnisse in einander zu verflechten, und ihre gegenseitigen Beziehungen ans Licht treten zu lassen.

§ 144. Zunächst ergeben sich aus dem allgemeinen Begriffe für die Geometrie folgende Resultate: Das Produkt zweier Liniengrössen in der Ebene ist der Durchschnittspunkt beider Linien, verbunden mit einem Theil jener Ebene als Faktor; sind z. B. ab und ac, wo a, b, c Punkte vorstellen, die beiden Liniengrössen, so ist ihr Produkt abc . a; ferner das Produkt dreier Liniengrössen in der Ebene ist gleich dem zweimal als Faktor gesetzten doppelten Flächeninhalt des von den Linien eingeschlossenen Dreiecks, multiplicirt mit dem Produkt der drei Quotienten, welche ausdrücken, wie oft jede Seite in der zugehörigen Liniengrösse enthalten ist; denn sind a, b, c jene 3 Punkte, und mab, nac, pbc, wo m, n, p Zahlgrössen sind, die drei Liniengrössen, so ist das Produkt derselben gleich

$$mnp \,.\, abc \,.\, abc.$$

Das Produkt zweier Plangrössen im Raume ist ein Theil der Durchschnittskante multiplicirt mit einem Theil des Raumes, z. B. abc . abd = abcd . ab, ferner das Produkt dreier Plangrössen ist der Durch-

*) Wie solche Produkte, welche allerdings auch eine mannigfache Anwendung gestatten, zu behandeln seien, habe ich am Schlusse des Werkes anzudeuten gesucht.

schnittspunkt der drei Ebenen multiplicirt mit zwei Theilen des Raumes z. B. abc . abd . acd = abcd . abcd . a. Das Produkt von vier Plangrössen stellt 3 als Faktoren verbundene Theile des Raums dar, z. B. mabc . nadb . pacd . qbcd = mnpq . abcd . abcd . abcd. Dies letzte Produkt wird null, wenn eine der Grössen m ... q es wird, oder wenn der eingeschlossene Körperraum null wird, d. h. die 4 Ebenen sich in einem Punkte schneiden, wie dies auch schon im Begriff liegt. Das Produkt einer Liniengrösse und einer Plangrösse ist ein Theil des Raumes multiplicirt mit dem Durchschnittspunkt, z. B. ab . acd = abcd . a.

Ich habe oben (§ 118) die Methode, die Kurven und Oberflächen durch Gleichungen darzustellen, mit unserer Wissenschaft in Beziehung gesetzt, und gezeigt, wie z. B. eine Oberfläche als geometrischer Ort eines Punktes dargestellt werden kann, zwischen dessen Zeigern (in Bezug auf irgend ein Richtsystem) eine Gleichung statt findet; ich habe dort gezeigt, wie die Oberfläche auch als Umhülle einer veränderlichen Ebene oder vielmehr Plangrösse dargestellt werden kann, zwischen deren Zeigern eine Gleichung n-ten Grades statt findet, und ich habe dort angedeutet, dass die umhüllte Oberfläche dann eine Oberfläche n-ter Klasse sei; dies hängt davon ab, dass die Gleichung zwischen den Zeigern einer veränderlichen Ebene, welche einen festen Punkt umhüllt, dann von erstem Grade ist. In der That ist a dieser Punkt und P die Ebene, so hat man sogleich für den Fall, dass P durch a geht, die Gleichung

$$P . a = 0.$$

Sind A, B, C, D die vier Richtmasse dritter Stufe, als deren Vielfachensumme P erscheint, und wird einer der Zeiger z. B. der von D = 1 gesetzt (was immer, da es auf den Masswerth*) von P nicht ankommt, verstattet ist), und ist

$$P = xA + yB + zC + D,$$

so erhält man

$$0 = Pa = xAa + yBa + zCa + Da,$$

was eine Gleichung ersten Grades ist; somit erscheint, wie es sein

---

*) So nenne ich das Quantum der Grösse, wenn ihr System schon feststeht.

muss, der Punkt als Oberfläche erster Klasse. Will man die Gleichung eines Punktes aufstellen, der durch 3 feste Ebenen bestimmt ist, oder, was dasselbe ist, will man die Bedingung aufstellen, unter welcher eine Ebene P mit drei andern A, B, C durch denselben Punkt geht, so hat man sogleich

$$P.A.B.C=0,$$

eine Gleichung, welche die höchst verwickelten Gleichungen, zu denen die gewöhnliche Koordinatenmethode führt, vollkommen ersetzt.

§ 145. Die Gleichungen für die Kurven und krummen Oberflächen, wie wir sie bisher darstellten, waren, da sie zwischen den Zeigern der veränderlichen Grösse statt fanden, rein arithmetischer Natur, und bezogen sich jedesmal auf bestimmte mit der Natur des durch die Gleichung dargestellten Gebildes in keinem Zusammenhang stehende Richtsysteme; und nur die Gleichungen ersten Grades stellten wir in rein geometrischer Form dar. In der That konnten auch nur diese, wenn wir bei dem reinen Produkte stehen blieben, in geometrischer Form dargestellt werden, indem die veränderliche Grösse dann nur einmal als Faktor vorkommen konnte. Dagegen bietet uns das gemischte Produkt ein ausgezeichnetes Mittel dar, um die Kurven und Oberflächen höherer Grade in rein geometrischer Form darzustellen. Es ist nämlich sogleich klar, dass, wenn wir eine beliebige Gleichung zwischen Ausdehnungsgrössen haben, deren Glieder gemischte Produkte sind, der Grad der Gleichung in Bezug auf eine derselben (P) stets so hoch ist, als die Anzahl (m) beträgt, wie oft diese Ausdehnungsgrösse (P) in einem und demselben Gliede von geltendem Werthe höchstens als Faktor vorkommt, d. h. dass sie durch Zahlengleichungen ersetzt wird, von denen wenigstens Eine in Bezug auf die Zeiger der veränderlichen Ausdehnungsgrösse einen Grad erreicht, welcher jener Anzahl gleich ist. Dies folgt unmittelbar, da man, um zu den ersetzenden Zahlengleichungen zu gelangen, nur statt jeder Grösse die Summe aus den Produkten ihrer Zeiger in die zugehörigen Richtmasse zu setzen, dann die Gesetze der Multiplikation bei jedem Gliede der gegebenen Gleichung anzuwenden hat, indem man statt mit der Summe zu multipliciren mit den einzelnen Stücken multiplicirt, und dann die Glieder, welche demselben Richtgebiete gleichartig sind, jedesmal zu Einer Gleichung vereinigt. Es ist klar, dass dabei die Zeiger der veränderlichen Grösse P in einem Gliede so oft als Faktoren erscheinen, als P in dem Gliede, aus welchem das erstere hervorging, als Faktor vorkam. Somit kann also der Grad dieser Zeigergleichungen nie höher sein, als die oben bezeichnete Anzahl (m) beträgt. Aber es muss auch wenigstens eine derselben diesen Grad (m) wirklich erreichen; denn wäre dies nicht der Fall, so müssten die sämmtlichen Glieder, welche aus demjenigen Gliede hervorgehen, was jene Grösse in höchster Anzahl als Faktor enthält, null werden; also auch jenes Glied selbst null sein, wider die Voraussetzung. Es ist also die Geltung des oben aufgestellten Satzes bewiesen. Hierbei haben wir noch zu bemerken, dass die Gleichung im Allgemeinen nicht nur das System der veränderlichen Grösse bestimmt, sondern auch ihren Masswerth. Bei der gewöhnlichen Betrachtung der Kurven und Oberflächen kommt es aber nur auf die Bestimmung des Systems an*), obgleich auch der Masswerth für die Theorie nicht ohne Interesse ist. Wollen wir also uns der gewöhnlichen Betrachtungsweise annähern, so haben wir die allgemeine Gleichung so zu specialisiren, dass dadurch der Masswerth nicht mit bestimmt ist, d. h. dass, wenn irgend eine Ausdehnungsgrösse der (ursprünglichen) Gleichung genügt, auch jede ihr gleichartige, d. h., deren Zeiger denen der ersteren proportional sind, derselben genügen wird. Es ist sogleich einleuchtend, dass dann in allen Gliedern der Gleichung die Grösse P in gleicher Anzahl (m) als Faktor vorkommen muss, und dass dann auch die Zeigergleichung eine symmetrische desselben Grades wird, d. h. in allen Gliedern eben so viele (m) Zeiger von P als Faktoren vorkommen werden. Dividirt man dann die Gleichung durch die m-te Potenz von einem der Zeiger, so erhält man (unter der Voraussetzung, dass jener Zeiger nicht null ist) die Gleichung in der gewöhnlichen Form, in welcher sie ein Gebilde m-ten Grades bestimmt.

---

*) Z. B. wenn eine Kurve als geometrischer Ort eines Punktes bestimmt werden soll, so kommt es nur auf die Lage dieses Punktes, nicht auf das ihm anhaftende Gewicht an; oder soll die Kurve als Umhülle einer veränderlichen geraden Linie aufgefasst werden, so kommt es eben nur auf die Lage jener Linie an, nicht auf deren Länge, also überall auf das System, nicht auf den Masswerth.

§ 146. Wir beschränken uns, um die Bedeutung dieses bisher noch unbekannten Satzes, welcher über den Zusammenhang der Kurven und Oberflächen ein bisher wohl kaum geahntes Licht verbreitet, zur Anschauung zu bringen, auf die Kurven in der Ebene, indem die analoge Betrachtung der Kurven im Raume und der krummen Oberflächen dann kaum noch einer Erläuterung bedarf. Es zeigt sich sogleich, dass die geometrische Gleichung nur dann eine Kurve darstellen wird, wenn sie durch Eine arithmetische ersetzt wird, d. h. wenn sie, da die Ebene ein Elementarsystem dritter Stufe ist, gleichfalls von dritter Stufe ist. Hierdurch ergeben sich dann aus dem allgemeinen Satze des vorigen § folgende Specialsätze:

> „Wenn die Lage eines Punktes (p) in der Ebene dadurch beschränkt ist, dass 3 Punkte, welche durch Konstruktionen vermittelst des Lineals aus jenem Punkte (p) und aus einer gegebenen Reihe fester gerader Linien oder Punkte hervorgehen, in Einer geraden Linie liegen (oder drei solche Grade durch Einen Punkt gehen), so ist der Ort jenes Punktes (p) eine algebraische Kurve, deren Ordnung man durch blosses Nachzählen findet. Nämlich man hat nur nachzuzählen, wie oft bei den angenommenen Konstruktionen auf den beweglichen Punkt p zurückgegangen wird, ohne dass man auf einen andern beweglichen Punkt zurückgeht; die so erhaltene Zahl (m) ist dann die Ordnungszahl der Kurve.“

Es ist hierbei klar, dass, wenn man auf einen andern beweglichen Punkt zurückgeht, bei dessen Erzeugung p selbst n-mal angewandt ist, es dasselbe ist, als wäre man auf p selbst n-mal zurückgegangen, Der Beweis besteht nur darin, dass ich zeige, wie daraus eine geometrische Gleichung hervorgeht, in der p so oft als Faktor eines Gliedes erscheint. Jede Konstruktion vermittelst des Lineals in der Ebene besteht nämlich darin, dass entweder 2 Punkte durch eine gerade Linie verbunden, oder der Durchschnittspunkt zweier gerader Linien bestimmt wird; die gerade Linie zwischen den beiden Punkten ist aber das Produkt derselben, und der Durchschnittspunkt zweier gerader Linien, wenn es nicht auf das Gewicht ankommt, gleichfalls ihr Produkt; folglich kann ich jeder linealen Konstruktion, bei welcher ein Punkt oder eine Linie angewandt wird, eine Multiplikation mit diesem Punkte oder dieser Linie substituiren; die 3 Punkte oder Geraden, welche somit durch lineale Konstruktionen aus den gegebenen und der veränderlichen Grösse erfolgen, werden als Produkte derselben erscheinen; und da jene 3 Punkte in einer g. L. liegen, oder jene 3 Linien durch einen Punkt gehen sollen, so heisst das, ihr Produkt ist null, also hat man eine geometrische Gleichung aus einem Gliede, in welchem p so oft als Faktor erscheint, als es bei jenen Konstruktionen angewandt ist, also ist die entstehende Kurve von eben so vielter Ordnung. Den entsprechenden Satz für die durch eine veränderliche Gerade umhüllte Kurve erhält man aus dem obigen, wenn man die Ausdrücke Punkt und Gerade verwechselt, und statt des Ausdrucks „Ordnung" den Ausdruck „Klasse" einführt. Ich will hier noch bemerken, dass diese Sätze ohne alle Einschränkung gelten, wenn man nur festhält, dass der Ort eines Punktes, dessen Koordinaten durch eine Gleichung m-ten Grades von einander abhängen, ohne Ausnahme als Kurve m-ter Ordnung aufzufassen ist, mag diese Kurve nun eine Gestalt annehmen, welche sie will, mag sie z. B. in ein System von m geraden Linien übergehen, und mögen selbst beliebig viele dieser Geraden zusammenfallen.

§ 147. Um diesen Satz auf einen noch specielleren Fall zu übertragen, will ich die geometrische Gleichung für die Kurven zweiter Ordnung aufstellen. Ist p der veränderliche Punkt, so hat man als Gleichung des zweiten Grades, wenn die kleinen Buchstaben Punkte, die grossen Linien vorstellen,

$$paBcDep = 0,$$

oder, in Worten ausgedrückt, „wenn die Seiten eines Dreiecks sich um 3 feste Punkte a, c, e schwenken, während zwei Ecken sich in zwei festen Geraden B und D bewegen, so beschreibt die dritte Ecke einen Kegelschnitt. Die Gleichung eines Kegelschnittes, welcher durch 5 Punkte a, b, c, d, e geht, ist

$$(pa \,.\, bc)\,(pd \,.\, ce)\,(db \,.\, ae) = 0;$$

dass sie nämlich ein Kegelschnitt sei, folgt aus dem allgemeinen Satze; dass die 5 Punkte a, b, c, d, e in ihm liegen, ergiebt sich leicht, indem jeder derselben statt p gesetzt der Gleichung genügt. Nämlich zuerst ist klar, dass, wenn man p gleich a oder d setzt, auch ein Faktor, nämlich pa oder pd null wird, also das ganze Produkt null wird, also sind a und d Punkte des Kegelschnittes; ferner wenn p gleich c ist, so stellen die beiden ersten Faktoren des ganzen Produktes beide den Punkt c dar, also ist ihr Produkt null; ist p gleich b, so stellt der erste Faktor des ganzen Produktes die Grösse b dar, das Produkt der beiden letzten die Grösse bd, und bbd ist null; ist p gleich e, so stellt der mittlere Faktor die Grösse e dar, das Produkt der beiden andern stellt die Grösse ae dar, und eae ist wieder null. Also liegen alle 5 Punkte in jenem Kegelschnitt, und es ist also die Aufgabe, die Gleichung eines durch 5 Punkte bestimmten Kegelschnittes aufzufinden, dadurch gelöst. Uebrigens stellt jene Gleichung nichts anders als die bekannte Eigenschaft des mystischen Sechsecks dar.

§ 148. Ich kann mich hier nicht auf die Entwicklung der neuen Kurventheorie einlassen, welche durch den von mir aufgestellten allgemeinen Satz bedingt ist; ich muss mich hier damit begnügen, den Satz selbst in seiner Allgemeinheit hingestellt, und durch seine Anwendung auf die einfachsten Fälle seine Bedeutung anschaulich gemacht zu haben. Ich bin überzeugt, dass schon hierdurch sowohl die Einfachheit als auch die ausgezeichnete Allgemeinheit jenes Satzes klar geworden sein wird; indem ja in der That alle Sätze, welche auf die Abhängigkeit der Kurven von linealen Konstruktionen sich beziehen, hieraus mit der grössten Leichtigkeit hervorströmen, während ihre Ableitung bisher, wenn jene Sätze überhaupt bekannt waren, vermittelst weitläuftiger Theorien erfolgte, und jeder dieser Sätze eine eigne Ableitung erforderte. Es ist auch klar genug, wie man jetzt diesen allgemeinen Satz auch ohne Hülfe der von mir angewandten Analyse ohne Schwierigkeit beweisen kann; aber erst durch sie tritt der Satz in seiner unmittelbaren Klarheit hervor, wie er auch durch sie aufgefunden ist; und zugleich bietet diese Analyse den höchst wichtigen Vortheil dar, die durch lineale Konstruktionen bestimmten Kurven auf gleich einfache Weise durch Gleichungen darzustellen. Wie der Satz eben so auf Kurven im Raume und auf krumme Oberflächen übertragen werden kann, bedarf keiner Auseinandersetzung, da der allgemeine Satz in § 145 dies schon in viel grösserer Allgemeinheit für die abstrakte Wissenschaft leistet.

Viertes Kapitel.

Verwandtschaftsbeziehungen.

§ **149.** Wir knüpfen die Darstellung der Verwandschaftsbeziehungen an den Begriff der Abschattung. Unter der Abschattung einer Grösse A auf ein Grundsystem G nach einem Leitsysteme L verstanden wir (§ 82) diejenige Grösse A′, welche dem Grundsysteme G zugehört, und mit einem Theile des Leitsystemes (L) gleiches Produkt liefert, wie die abgeschattete Grösse (A), wobei vorausgesetzt wurde, dass G von L unabhängig ist, und das System LG das Hauptsystem darstellt, auf welches sich jenes Produkt bezieht. Diese Erklärung stellten wir dort (in § 82) nur für den Fall fest, dass unter den Grössen A, L, G reine Ausdehnungsgrössen verstanden seien, und die Multiplikation eine äussere, also A dem Grundsysteme G untergeordnet sei. Diese Erklärung erweiterten wir in § **108**, indem wir statt der Ausdehnungsgrössen eine allgemeinere Grössengattung, die Elementargrössen einführten, und in § **142** deuteten wir eine noch weiter reichende Verallgemeinerung an, indem statt der äusseren Multiplikation mit den nöthigen Veränderungen und Beschränkungen die eingewandte eingeführt werden konnte. Halten wir die Bestimmung fest, dass zwei Grössen einander eingeordnet genannt werden, wenn eine von ihnen der andern untergeordnet ist, so können wir sagen: „Unter der Abschattung einer reinen Grösse A auf ein Grundsystem G nach einem Leitsysteme L verstehen wir diejenige Grösse A′, welche dem Grundsysteme G eingeordnet ist, und mit einem Theile von L in Bezug auf das aus Grundsystem und Leitsystem kombinirte System LG multiplicirt dasselbe Produkt liefert, wie die abgeschattete Grösse A.“ Dabei ist also vorausgesetzt, dass LG ein äusseres Produkt darstellt, und das Hauptsystem ist, dem auch die Grösse A angehört, und auf welches sich die Multiplikation bezieht. Es ergiebt sich hieraus sogleich im allgemeinsten Sinne die höchst einfache Gleichung

$$A' = \frac{LA\,.\,G}{LG}.$$

In der That, da LA nach der Definition gleich LA′ ist, so ist auch

$$LA . G = LA' . G;$$

und da hier gleichfalls nach der Definition A′ und G einander eingeordnet sind, so kann man A′ und G nach § 138 vertauschen und erhält somit den Ausdruck der rechten Seite

$$= LG . A'.$$

Somit ist nun, indem man durch LG die gewonnene Gleichung

$$LA . G = LG . A'$$

dividirt, die Richtigkeit der oben aufgestellten Gleichung

$$A' = \frac{LA . G}{LG}$$

erwiesen, d. h.

„man erhält die Abschattung einer Grösse, wenn man das Leitsytem mit ihr und dem Grundsysteme fortschreitend multiplicirt, und das Resultat durch das Produkt des Leitsystems in das Grundsystem dividirt."

Hierdurch ist die in § 85 gestellte Aufgabe, die Abschattung analytisch auszudrücken, wenn die abzuschattende Grösse und der Sinn ihrer Abschattung d. h. Grundsystem und Leitsystem gegeben sind, für reine Grössen allgemein gelöst.

§ 150. Für Beziehungsgrössen haben wir nur festzusetzen, dass ihre Abschattung gefunden wird, wenn man sowohl ihren eigenthümlichen Werth in Bezug auf irgend ein Mass, als auch dies Mass abschattet, und in den Ausdruck der Beziehungsgrösse diese Abschattungen statt jener Grössen einführt. Ist z. B. $H^3 . A$ die Beziehungsgrösse, H ihr Hauptmass und sind H′, A′ die Abschattungen von H und A nach irgend einem Richtsysteme genommen, so ist $H'^3 . A'$ die Abschattung der Beziehungsgrösse $H^3 . A$ nach demselben Richtsysteme. Es liegt übrigens in der ursprünglichen Definition, dass die Abschattung einer Zahlengrösse sowohl, als einer Grösse, die das Hauptsystem LG darstellt, der abgeschatteten Grösse selbst gleich ist. Daraus folgt, dass, wenn das Beziehungssystem einer Beziehungsgrösse mit dem Hauptsysteme LG zusammenfällt, man dann, um die Beziehungsgrösse abzuschatten, nur ihren eigenthümlichen Werth abzuschatten braucht, und dass dann für die Abschattung der Beziehungsgrösse noch die für reine Grössen aufgestellte Definition der Abschattung gilt. Wir wollen die Abschattung eine äussere oder eingewandte nennen, je nachdem das Produkt LA ein äusseres oder eingewandtes, d. h. je nachdem die abzuschattende Grösse von niederer oder höherer Stufe ist, als das Grundsystem. Ist sie von gleicher Stufe, so kann LA als äusseres und auch als eingewandtes Produkt aufgefasst, die Abschattung dann also gleichfalls auf beiderlei Arten benannt werden.

§ 151. Nennt man das System des Produktes zweier Grössen die Kombination*) dieser Grössen oder ihrer Systeme, und nennt man das System der Abschattung die Projektion des Systems der abgeschatteten Grösse, so kann man sagen, die Projektion eines Systemes werde gefunden, wenn man das System fortschreitend mit dem Leitsysteme und dem Grundsysteme kombinirt. Indem wir dann die Projektion irgend einer Gesammtheit von Elementen, deren umfassendes System von gleicher oder niederer Stufe ist, als das Grundsystem, als Gesammtheit der Projektionen dieser Elemente definiren, so haben wir den gewöhnlichen Begriff der Projektion nur in etwas erweiterter Form; und es zeigt sich, wie sich die Projektion von der Abschattung nur durch den Masswerth unterscheidet, während das System dasselbe ist. Um dies auf die Geometrie anzuwenden, wollen wir zuerst als Grundsystem eine Linie G, als Leitsystem eine davon unabhängige Elementargrösse erster Stufe l, d. h. da es nur auf das System ankommt, entweder einen Punkt oder eine Richtung setzen. Die Projektion eines Punktes a ist dann der Durchschnitt der Linie al mit G (Fig. 13), während die Abschattung a′ gleich $\frac{la.G}{lG}$ ist. Ist l eine Richtung (oder eine mit dieser Richtung begabte Strecke), so ist die Projektion der Durchschnitt einer von a aus nach dieser Richtung gezogenen Linie mit der Grundlinie G. Ist das Grundsystem ein Punkt g, das Leitsystem eine Linie L, so wird eine Linie A projicirt, indem man den Durchschnitt zwischen A und L mit g verbindet (s. Fig. 14)**). Die Abschattung eines Theiles jener Linie,

*) Nach diesem Begriffe ist die Kombination, wenn das entsprechende Produkt null ist, unbestimmt.

**) Man ist zwar nicht gewohnt, die so entstehende Linie als Projektion zu betrachten; allein die Analogie fordert diese Betrachtungsweise. Die Projektion ist hier nämlich eine eingewandte, s. o.

den wir gleichfalls mit A bezeichnen, wird dann dargestellt durch die Gleichung

$$A' = \frac{LA.g}{L.g}.$$

Nach dieser Analogie wird man sich leicht eine Anschauung bilden können von der Projektion eines Punktes oder einer Linie, wenn das Grundsystem eine Ebene, das Leitsystem ein Punkt oder eine Richtung ist, ferner von der eines Punktes oder einer Ebene, wenn Leitsystem und Grundsystem Linien sind, endlich von der einer Linie oder Ebene, wenn das Grundsystem ein Punkt, das Leitsystem eine Ebene ist. Ist die abzuschattende Grösse von gleicher Stufe mit dem Grundsystem, so zeigt sich leicht, dass die Projektion ihres Systemes das Grundsystem selbst ist, dass also das Wesen der Abschattung dann nur in dem Masswerthe derselben beruht.

§ 152. Wir haben nun die Geltung der im zweiten Kapitel dieses Abschnittes (von § 81 an) für die dort behandelte Art der Abschattung erwiesenen Gesetze auch für den so eben dargestellten allgemeineren Begriff derselben zu untersuchen. Dass diese Sätze noch gelten, wenn man statt der Ausdehnungsgrössen Elementargrössen setzt, folgte schon aus der vollkommenen Uebereinstimmung zwischen den Gesetzen, die für beiderlei Grössen gelten (s. § 108). Es ist also die Geltung derselben nur noch für die eingewandte Abschattung darzulegen, und zugleich sind jene Sätze noch so zu erweitern, dass man auch statt der äusseren Multiplikation die eingewandte einführt. Vergleichen wir den von § 81 an gewählten Gang der Entwickelung, so können wir zunächst den am Schlusse jenes Paragraphen aufgestellten Satz für das eingewandte Produkt in folgender Form darstellen:

> „Wenn die Glieder einer Gleichung sämmtlich eingewandte Produkte zu zwei Faktoren sind, und entweder der erste oder der letzte Faktor (L) in allen diesen Gliedern derselbe ist, die ungleichen Faktoren aber demselben Systeme (G) übergeordnet sind, und dies System (G) mit dem gleichen Faktor L multiplicirt das Hauptsystem liefert, so kann man den Faktor L in allen Gliedern weg lassen.“

In der That werden sich dann die ungleichen Faktoren in den

Formen AG, BG,.... darstellen lassen, wo A, B,.... dem L untergeordnet und die Produkte äussere sind, dann wird die Gleichung in der Form

$$L.AG+L.BG+....=0$$

erscheinen, oder da

$$L.AG=LG.A$$

ist, weil A dem L untergeordnet, G aber und L kombinirt das Hauptsystem darstellen, und ebenso

$$L.BG=LG.B \text{ u. s. w.},$$

so erhält man

$$LG.A+LG.B+....=0,$$

d. h.

$$LG(A+B+....)=0,$$

welcher Gleichung, da LG das Hauptsystem darstellt, nur genügt wird, wenn

$$A+B+....=0,$$

also auch

$$(A+B+....)G, \text{ d. h. } AG+BG+....=0$$

ist, und somit ist jener Satz bewiesen. Aus diesem Satze folgen nun ganz auf dieselbe Weise, wie in § 82, die Sätze:

„Eine Gleichung bleibt als solche bestehen, wenn man alle ihre Glieder in demselben Sinne abschattet"

und

„Die Abschattung einer Summe ist gleich der Summe aus den Abschattungen der Stücke."

In der That erhält man, wenn man die gegebene Gleichung gliedweise mit dem Leitsystem (L) multiplicirt, und statt der Glieder der ursprünglichen Gleichung nun in diese neue Gleichung ihre Abschattungen auf dasselbe Grundsystem G setzt (was nach der Definition der Abschattung verstattet ist), die Gleichung in der Form, dass man nach dem zuletzt bewiesenen Satze den Faktor L weglassen darf; wodurch dann der erste jener beiden Sätze erwiesen ist, und somit auch der zweite, welcher nur eine andere Ausdrucksweise desselben Satzes darstellt*).

---

*) Was dem in § 83 dargestellten Satze entspricht, ist seinem wesentlichen Gehalte nach schon früher da gewesen, und kann daher hier übergangen werden.

§ 153. Die Sätze in § 84 setzen die Abschattung eines äusseren Produktes in Beziehung mit den Abschattungen seiner Faktoren, und wir haben die entsprechenden Sätze aufzustellen, sowohl wenn das Produkt ein eingewandtes, als auch wenn die Abschattung eine eingewandte wird. Ist das Produkt ein eingewandtes, dessen Beziehungssystem zugleich das Hauptsystem der Abschattung ist, und ist die Abschattung durchweg eine eingewandte, d. h. nicht nur die der Faktoren jenes Produktes, sondern auch ins Besondere des Produktes selbst, so gilt der in § 84 dargesellte Satz, dass die Abschattung eines Produktes das Produkt ist aus den Abschattungen seiner Faktoren, auch für den so eben bezeichneten Fall, indem die Beweisführung genau dieselbe ist, wie in jenem Paragraphen. Nämlich sind A, B die Faktoren des Produktes, L das Leitsystem, G das Grundsystem, so ist das Produkt $L.(A.B)$ ein eingewandtes aus 3 Faktoren in Bezug auf dasselbe Hauptsystem; da man hier beliebig zusammenfassen und mit Beobachtung der Vorzeichen vertauschen kann, so wird der Werth jenes Produktes nicht geändert, wenn man statt A und B Grössen setzt, die mit L dieselben Produkte liefern, also ,z. B. ihre Abschattungen A und B' auf das Grundsystem G; es ist also dann

$$L.(A'.B') = L.(A.B),$$

und da A' sowohl als B' als eingewandte Abschattungen dem Grundsysteme übergeordnet sind, so ist es auch ihr gemeinschaftliches System, d. h. ihr Produkt, also ist $A'.B'$ die Abschattung von $A.B$ auf G nach dem Leitsysteme L. Es ist also die Geltung des Satzes für den bezeichneten Fall bewiesen; allein es zeigt sich bald, dass derselbe allgemein gilt, sobald nur die Abschattungen des Produktes und der beiden Faktoren, entweder alle drei eingewandte oder alle drei äussere sind, mag nun das Produkt ein äusseres oder eingewandtes sein. Wir setzen zuerst voraus, dass das Produkt einen geltenden Werth habe und seine beiden Faktoren reine Grössen seien; und zwar wollen wir die Geltung des Satzes zuerst für den Fall beweisen, dass die Abschattung durchweg eine äussere, das Produkt ein eingewandtes ist. Es seien die beiden Faktoren dieses Produktes M und N, B stelle ihr gemeinschaftliches System dar; dann werden sich M und N als äussere Produkte in den Formen AB und BC darstellen lassen; und zwar muss dann ABC als äusseres Produkt einen geltenden Werth haben, weil C mit AB keinen Faktor von geltender Stufe gemeinschaftlich haben kann; denn hätten sie einen solchen gemeinschaftlich, so würden auch M und N, wie leicht zu sehen ist, ein System höherer Stufe gemeinschaftlich haben, als B ist, gegen die Voraussetzung. Nun ist

$$M.N = AB.BC = ABC.B,$$

indem B und BC einander eingeordnete Faktoren sind, welche man daher bei der fortschreitenden Multiplikation nach § 136 vertauschen kann. Wir haben nun vorausgesetzt, dass die Abschattung durchweg eine äussere sei, sowohl für die Faktoren M und N, als auch für deren Produkt, d. h. für ihr gemeinschaftliches System B und ihr nächstumfassendes ABC. Sind nun A', B', C', M', N' beziehlich die äusseren Abschattungen von A, B, C, M, N, so sind (nach § 84) $A'B'$, $B'C'$, $A'B'C'$ die Abschattungen von AB, BC, ABC. Ferner da $M.N$ gleich $ABC.B$ ist, so ist nach der in § 150 aufgestellten Definition die Abschattung von $M.N$ gleich dem Produkt der Abschattungen von ABC und B, also gleich $A'B'C'.B'$. Ferner ist

$$M'.N' = A'B'.B'C' = A'B'C'.B',$$

also das Produkt der Abschattungen $M'.N'$ gleich der Abschattung des Produktes $M.N$. Somit ist für den in Betracht gezogenen Fall die Gültigkeit des obigen Gesetzes nachgewiesen. Es bleibt also das Fortbestehen dieses Gesetzes nur noch für den Fall zu beweisen, dass die Abschattung durchweg eine eingewandte ist. Der Beweis für diesen Fall ist genau derselbe, wie für den so eben betrachteten Fall, wenn man nur nach dem in § 142 aufgestellten Princip statt der äusseren Multiplikation die auf das Hauptsystem der Abschattung bezügliche eingewandte Multiplikation einführt, und die dort entwickelten Umänderungen, welche durch diese Einführung bedingt sind, eintreten lässt. Namentlich ist festzuhalten, dass, wie jede Grösse, welche einer andern untergeordnet ist, als äusserer Faktor derselben dargestellt werden kann, so auch jede Grösse, welche einer andern übergeordnet ist, als eingewandter Faktor derselben in Bezug auf das Hauptsystem dargestellt werden könne. Um jedoch die Art dieser Umänderung an einem ziemlich zusammengesetzten Beispiele klar an's Licht treten zu lassen, will ich die Uebertragung des obigen Beweises hier ausführlich folgen lassen. Es seien die beiden Faktoren des eingewandten Produktes M und N, B stelle ihr nächstumfassendes System dar; dann werden sich M und N als eingewandte auf das Hauptsystem der Abschattung bezügliche Produkte in den Formen AB und BC darstellen lassen*); und zwar muss dann ABC als eingewandtes auf das Hauptsystem der Abschattung bezügliches Produkt einen geltenden Werth haben, weil AB und C von keinem niederen Systeme als dem Hauptsysteme umfasst werden können**); denn würden sie von einem solchen Systeme umfasst, so würden auch M und N, wie leicht zu sehen ist***), von einem Systeme niederer Stufe umfasst werden, als B ist, gegen die Voraussetzung. Nun ist

$$M . N = AB . BC = ABC . B,$$

indem B und BC einander eingeordnete Faktoren sind, welche man daher bei der fortschreitenden Multiplikation nach § 136 vertauschen kann. Wir haben nun vorausgesetzt, dass die Abschattung durchweg eine eingewandte sei, sowohl für die Faktoren M und N, als auch für deren Produkt, d. h. für ihr nächstumfassendes System B und ihr gemeinschaftliches ABC. Sind nun A′, B′, C′, M′,

---

*) In der That, wenn D ein System darstellt, welches das System von B zum Hauptsysteme der Abschattung ergänzt, so wird man nur $A = \frac{DM}{DB}$ und $C = \frac{ND}{BD}$ zu setzen haben.

**) Hier tritt die Analogie in dem Wortausdrucke nicht so klar hervor. Sollte sie klar hervortreten, so müsste man im ersten Falle sagen: „weil das System, welches AB und C gemeinschaftlich haben, von keiner höheren Stufe als der nullten sein kann“ und im letzteren Falle „weil das System, welches AB und C umfasst, von keiner niederen Stufe als der h-ten sein kann“, indem nämlich h die Stufe des Hauptsystems bezeichnet.

***) Nämlich wenn D jenes System darstellte, was AB oder M und C umfassen sollte, und doch niedriger wäre als das Hauptsystem, so würde sich C als eingewandtes, auf das Hauptsystem bezügliches Produkt in der Form D . E darstellen lassen, und es würde $N = B . C = B . (D . E)$, oder da dies Produkt ein reines ist, $= (B . D) . E$ sein; wo das nächstumfassende System zu B und D das Hauptsystem sein muss; es wird also das den Grössen B und D gemeinschaftliche System die Grösse N umfassen, und auch die Grösse M, da diese sowohl von B als von D umfasst wird. Das gemeinschaftliche System von B und D umfasst also M und N, ist aber von niederer Stufe als B, da D nicht das Hauptsystem ist, und B und D als nächstumfassendes System das Hauptsystem haben.

N' beziehlich die eingewandten Abschattungen von A, B, C, M, N, so sind (nach § 153) $A'B'$, $B'C'$, $A'B'C'$ die Abschattungen von AB, BC, ABC. Ferner da $M.N$ gleich $ABC.B$ ist, so ist nach der in § 150 aufgestellten Definition die Abschattung von $M.N$ gleich dem Produkt der Abschattungen von ABC und B, also gleich $A'B'C'.B'$ Ferner ist

$$M'.N' = A'B'.B'C' = A'B'C'.B',$$

also das Produkt der Abschattungen $M'.N'$ gleich der Abschattung des Produktes $M.N$. Somit ist auch für diesen Fall die Gültigkeit des obigen Gesetzes nachgewiesen. Wir setzten in beiden Fällen noch voraus, dass das abzuschattende Produkt einen geltenden Werth habe, und die Faktoren reine Grössen seien. Ist das abzuschattende Produkt null, so ist, um die Geltung jenes Gesetzes auch für diesen Fall zu erweisen, nur zu zeigen, dass das Produkt aus den Abschattungen der beiden Faktoren auch null sei. Wenn einer der ursprünglichen Faktoren null ist, so ist auch seine Abschattung null, also auch das Produkt der Abschattungen null. Wenn aber die beiden Faktoren geltende Werthe haben, und das Produkt dennoch null ist, so muss, da

$$M.N = ABC.B$$

ist, und B nicht null ist, $ABC.B$ als Produkt in der Form der Einordnung aber nicht anders null werden kann, als wenn einer der Faktoren null wird, nothwendig ABC null sein, also auch seine Abschattung, d. h.

$$A'B'C' = 0;$$

also muss auch $A'B'C'.B'$, d. h. $M'.N'$ oder das Produkt der Abschattungen null sein. Es bleibt also auch noch in diesem Falle die Abschattung des Produktes gleich dem Produkt aus den Abschattungen der Faktoren. Es ist nun, um das Gesetz in seiner ganzen Allgemeinheit darzustellen, nur noch die Beschränkung aufzuheben, dass die Faktoren des abzuschattenden Produktes reine Grössen sind. Sind dieselben Beziehungsgrössen, deren Beziehungssystem (K) identisch ist mit dem Beziehungssysteme des eingewandten Produktes und sind μ und ν die Gradzahlen jener Beziehungsgrössen, M und N ihre eigenthümlichen Werthe in Bezug auf das Mass K, so wird sich das Produkt in der Form

$$K^{\mu}M . K^{\nu}N$$

darstellen lassen. Dies Produkt ist nun nach § 138 gleich $K^{\mu+\nu}M.N$ oder, wenn $M.N$ gleich $K.I$ ist, gleich $K^{\mu+\nu}K.I$. Bezeichnen wir die Abschattungen mit Accenten und nehmen dieselben entweder durchweg als äussere oder durchweg als eingewandte an, so ist die Abschattung des obigen Produktes

$$= K'^{\mu+\nu}K'.I',$$
$$= K'^{\mu+\nu}M'.N',$$
$$= K'^{\mu}M'.K'^{\nu}N',$$

d. h. gleich dem Produkte der Abschattungen. Also gilt nun das Gesetz auch noch, wenn die Faktoren Beziehungsgrössen sind, deren Beziehungssystem mit dem Beziehungssysteme des eingewandten Produktes zusammenfällt. Daraus folgt nun auch, dass es für reine eingewandte Produkte aus beliebig vielen Faktoren gilt. Nachdem wir nun alle überflüssigen Beschränkungen aufgehoben haben, können wir das Gesetz in seiner ganzen Allgemeinheit hinstellen:

> „Die Abschattung des Produktes ist gleich dem Produkte aus den Abschattungen seiner Faktoren, wenn für alle abzuschattenden Grössen sowohl der Sinn der Abschattung als auch das Beziehungssystem dasselbe ist.“

Wir sagen nämlich, dass der Sinn der Abschattung mehrerer Grössen derselbe sei, wenn nicht nur Grundsystem und Leitsystem dieselben sind, sondern auch die Abschattungen entweder sämmtlich äussere, oder sämmtlich eingewandte sind.

§ 154. Daraus, dass jede Gleichheit, welche zwischen den Vielfachensummen einer Reihe von Grössen stattfindet, auch bestehen bleibt, wenn man statt der Grössen ihre Abschattungen setzt, oder mit andern Worten, dass die Abschattungen in derselben Zahlenrelation stehen wie die abgeschatteten Grössen, folgt, dass die Verwandtschaft zwischen den Abschattungen und den abgeschatteten Grössen eine besondere Art einer allgemeineren Verwandtschaft ist, welche darin besteht, dass die zwischen einer Reihe von Grössen herrschenden Zahlenrelationen auch für die entsprechenden Grössen der zweiten Reihe gelten; und wir wollen daher diese allgemeinere Verwandtschaft der Betrachtung unterwerfen. Es tritt jedoch diese Verwandtschaft erst in ihrer ganzen Einfachheit hervor, wenn die Beziehung eine gegenseitige ist, d. h. wenn jede Zahlenrelation, welche zwischen Grössen der einen

Reihe, welche von beiden es auch sei, statt findet, auch zwischen den Grössen der andern Reihe herrscht; und zwei solche Vereine von entsprechenden Grössen, welche in dieser gegenseitigen Beziehung zu einander stehen, nennen wir affin*). Diese Gegenseitigkeit der Beziehung führt das Gesetz herbei, welches überall jede einfache Beziehung auszeichnet, dass nämlich, wenn zwei Vereine von Grössen A und B mit einem dritten C affin sind, sie es auch unter sich sind. In der That, da dann jede Relation in A auch in C statt findet, und jede Relation, die in C statt findet, auch in B herrscht, so muss auch jede Relation in A zugleich in B statt finden, und aus demselben Grunde jede Relation, die in B herrscht, zugleich in A statt finden, d. h. A und B sind einander affin. — Es fragt sich nun, wie man zu einem beliebigen Vereine von Grössen überhaupt einen andern Verein bilden kann, welcher mit jenem in derselben Zahlenrelation stehe, und ins Besondere einen solchen, bei welchem diese Beziehung eine gegenseitige ist, d. h. welcher dem ersteren affin sei. Hat man in dem gegebenen Vereine n Grössen (derselben Stufe), zwischen denen keine Zahlenrelation statt findet, als deren Vielfachensummen sich aber die übrigen Grössen jenes Vereins darstellen lassen, so lässt sich zeigen, dass man, um zu einem zweiten Vereine zu gelangen, welcher dieselben Zahlenrelationen darbietet, die in dem ersten Vereine herrschen, in dem zweiten Vereine n beliebige Grössen, welche unter sich von gleicher Stufe sind, als jenen n Grössen entsprechende annehmen kann, dann aber zu jeder andern Grösse des ersten Vereins die entsprechende im zweiten findet, indem man die erste als Vielfachensumme jener n Grössen der ersten Reihe darstellt und dann in dieser Vielfachensumme statt jener n Grössen die entsprechenden der zweiten setzt, dass aber diese Beziehung nur dann und immer dann eine gegenseitige ist, die Vereine also einander affin sind, wenn zugleich die n Grössen des zweiten Vereins keine Zahlenrelation unter sich zulassen. Die Richtigkeit

---

*) Der Begriff der Affinität, wie wir ihn hier aufstellten, stimmt mit dem gewöhnlichen Begriff derselben in sofern überein, als er auf dieselben Grössen angewandt, auch dieselbe Beziehung darstellt; ihr Begriff ist hier nur in sofern allgemeiner gefasst, als er sich auch auf andere Grössen übertragen lässt.

dieser Behauptung beruht darauf, dass, wenn n Grössen in keiner Zahlenrelation stehen, d. h. keine derselben sich als Vielfachensumme der übrigen darstellen lässt, und dennoch eine Vielfachensumme dieser Grössen gleich null sein soll, nothwendig alle Koefficienten dieser Vielfachensumme einzeln genommen gleich null sein müssen; denn hätte einer von ihnen einen geltenden Werth, so würde die Grösse, der er zugehört, sich als Vielfachensumme der übrigen darstellen lassen, was gegen die Voraussetzung ist. Aus diesem Satze nun ergiebt sich die Richtigkeit der obigen Behauptung sogleich. Denn sind a, b, c... irgend welche Grössen des ersten Vereins, zwischen denen eine Zahlenrelation

$$\alpha a + \beta b + \ldots\ldots = 0$$

statt findet, und man drückt a, b, ... als Vielfachensumme jener n Grössen des ersten Vereins $r_1 \ldots\ldots r_n$ aus, so wird sich jene Gleichung in der Form

$$\varrho_1 r_1 + \varrho_2 r_2 + \ldots\ldots = 0$$

darstellen lassen, in welcher nach dem so eben erwiesenen Satze alle Koefficienten null sein müssen; also

$$\varrho_1 = 0, \ \varrho_2 = 0, \ \ldots$$

Diese Grössen $\varrho_1, \varrho_2, \ldots\ldots$ sind nur von den Koefficienten $\alpha, \beta, \ldots.$ und von den Koefficienten der Vielfachensumme, in welcher a, b,.... dargestellt sind, abhängig. Sind nun a′, b′..... und $r'_1, r'_2, \ldots\ldots$ die entsprechenden Grössen des zweiten Vereins, so müssen a′, b′,..... aus a, b,... dadurch hervorgehen, dass man in den Vielfachensummen, welche a, b... darstellen, statt $r_1, r_2, \ldots$ die entsprechenden Grössen $r'_1, r'_2, \ldots.$ setzt. Folglich wird der Ausdruck

$$\alpha a' + \beta b' + \ldots\ldots = \varrho_1 r'_1 + \varrho_2 r'_2 + \ldots\ldots$$

sein, und also da $\varrho_1, \varrho_2, \ldots.$ einzeln genommen null sind, selbst gleich null sein müssen, also

$$\alpha a' + \beta b' + \ldots = 0,$$

d. h. zwischen den Grössen des zweiten Vereins bleibt jede Zahlenrelation bestehen, welche zwischen denen des ersten besteht. Sind nun die Grössen $r'_1 \ldots r'_n$ gleichfalls von der Beschaffenheit, dass zwischen ihnen keine Zahlenrelation statt findet, so lässt sich ebenso der Rückschluss machen, die Beziehung ist also dann eine gegenseitige, und die beiden Vereine von Grössen sind einander affin. Hingegen herrscht zwischen diesen Grössen $r'_1 \ldots. r'_n$ eine Zahlenrelation, so ist klar, dass man, da diese Relation zwischen den entsprechenden Grössen des ersten Vereins nicht statt findet, auch nicht von dem Herrschen einer Relation innerhalb des zweiten Vereins einen Schluss auf das Fortbestehen derselben im ersten machen darf, dass vielmehr die Beziehung dann nur eine einseitige ist.

§ 155. Wenn nun zwei Vereine entsprechender Grössen einander affin sind, so werden auch die Produkte aus den Grössen des einen Vereins den entsprechend gebildeten Produkten des andern Vereins affin sein, wenn nur die Multiplikationsweise, durch welche diese entsprechenden Produkte gebildet sind, in beiden Vereinen in dem Sinne genommen ist, dass das Produkt dann, aber auch nur dann als null erscheint, wenn die Faktoren in einer Zahlenrelation zu einander stehen. Ist nämlich die Multiplikation in dieser Weise angenommen, so kann zuerst zwischen den verschiedenen Produkten, welche sich aus den n Grössen $A_1 \ldots\ldots A_n$ des einen Vereins, die in keiner Zahlenrelation zu einander standen, bilden lassen, gleichfalls keine Zahlenrelation statt finden; d. h. es kann keins dieser Produkte sich als Vielfachensumme der übrigen darstellen lassen. Denn gesetzt es wäre dies der Fall, so könnte man in der Gleichung, welche jenes Produkt z. B. $A_1\ A_2\ A_3$ als Vielfachensumme der übrigen darstellt, jedes Glied mit den sämmt-Faktoren $A_4 \ldots A_n$ multipliciren, die jenes Produkt nicht enthält; durch diese Multiplikation werden dann alle übrigen Produkte mit Ausnahme dessen, was als Vielfachensumme der übrigen erscheinen soll, null, weil in ihnen wenigstens einer von den hinzutretenden Faktoren schon unter den vorhandenen Faktoren vorkommt, also nun zwischen den Faktoren Gleichheit, also auch eine Zahlenrelation statt findet; man erhält daher die Gleichung

$$A_1 . A_2 \ldots\ldots A_n = 0,$$

d. h. zwischen $A_1 \ldots\ldots A_n$ würde eine Zahlenrelation statt finden müssen, was wider die Voraussetzung ist. Betrachtet man nun ferner ein Produkt $P . Q . R$, dessen Faktoren Grössen jenes Vereins, also als Vielfachensummen von $A_1 \ldots\ldots A_n$ darstellbar sind, so wird auch dies Produkt, wenn man die einzelnen Faktoren als Vielfachensummen darstellt, gliedweise durchmultiplicirt und die Faktoren der einzelnen Glieder gehörig ordnet, als Vielfachensumme der aus den Faktoren $A_1 \ldots . A_n$ gebildeten Produkte erscheinen. Sind nun in dem andern Vereine $A'_1 \ldots . A'_n$ als die den Grössen $A_1 \ldots . A_n$ entsprechenden angenommen, und werden als die ihren Produkten $A_1\ A_2\ A_3$, etc. entsprechenden Grössen die Produkte der entsprechenden Faktoren $A'_1\ A'_2\ A'_3$ angenommen (was verstattet ist, da zwischen jenen Produkten des ersten Vereins keine Zahlenrelation statt findet), so wird dem Produkte $P . Q . R$ das Produkt $P' . Q' . R'$ der entsprechenden Faktoren gleichfalls entsprechen. Denn man erhält aus $P . Q . R$ das Produkt $P' . Q' . R'$, wenn man, nachdem P, Q, R als Vielfachensummen von $A_1 \ldots . A_n$ dargestellt sind, statt $A_1 \ldots A_n$ die entsprechenden Grössen $A'_1 \ldots A'_n$ setzt. Das Gesetz des Durchmultiplicirens ist nun für beide Produkte dasselbe, jedes Produkt ferner zwischen $A_1 \ldots . A_n$, was gleiche Faktoren enthält und somit null wird, hat auch zum entsprechenden Produkte ein solches, was null wird; und darin liegt, dass auch dasselbe Vertauschungsgesetz herrscht, indem $(A+B)\ (A+B)$ oder $AB+BA$ in beiden Fällen null ist, also die Faktoren nur mit Zeichenwechsel vertauschbar sind. Daraus nun folgt, dass, wenn PQR als Vielfachensumme der aus den Faktoren $A_1 \ldots A_n$ gebildeten Produkte erscheint, man daraus $P'Q'R'$ erhält, indem man statt $A_1 \ldots A_n$ die entsprechenden Grössen $A'_1 \ldots A'_n$, oder statt der aus den ersteren gebildeten Produkte die aus den letzteren gebildeten setzt. Hierin liegt nun vermittelst des obigen Gesetzes, dass die Produkte des zweiten Vereins in derselben Zahlenrelation stehen, wie die entsprechenden des ersten, und dass also, wenn die beiden Vereine einander affin sind, auch die Produkte des einen Vereins den entsprechenden des andern affin sind.

§ 156. Es giebt unter den bisher betrachteten Multiplikationsweisen nur zwei, welche der im vorigen Paragraphen ausgesprochenen Bedingung genügen, dass nämlich das Produkt dann und nur dann als null erscheinen soll, wenn zwischen den Faktoren eine Zahlenrelation herrscht, das sind nämlich erstens die äussere Multiplikation von Grössen erster Stufe und zweitens die eingewandte Multiplikation von Grössen $(n-1)$ter Stufe in einem Hauptsysteme n-ter Stufe und in Bezug auf dasselbe. Dass die übrigen Multiplikationsweisen, welche wir bisher kennen gelernt haben, nicht den Bedingungen des vorigen § genügen, leuchtet sehr bald ein. Zwar würde das in jenem Paragraphen dargestellte Verwandtschaftsgesetz ein vortreffliches Mittel darbieten, um in die Bedeutung des formalen Produktes, welches wir bisher nicht der Betrachtung unterworfen hatten, hineinzudringen; doch wollen wir uns durch solche Betrachtungen, welche uns jedenfalls in schwierige und weitläuftige Untersuchungen verwickeln würden, nicht den Raum für andere wichtigere Gegenstände verkürzen; und wir bleiben daher bei den beiden Fällen stehen, auf welche unser Gesetz direkte Anwendung erleidet.

§ 157. Wir gelangen durch Anwendung des in § 155 dargestellten Gesetzes auf die beiden in § 156 aufgeführten Multiplikationsweisen zu zwei Hauptgattungen der Affinität, nämlich der direkten und der reciproken, indem eines Theils den Grössen erster Stufe des einen Vereins Grössen erster Stufe des andern entsprechen; und andern Theils den Grössen erster Stufe des einen Vereins Grössen (n—1)ter St. des andern entsprechen, wenn jeder Verein ein System n-ter Stufe als Hauptsystem darbietet. Wir können daher folgenden Hauptsatz der Affinität aussprechen:

„Wenn man zu n von einander unabhängigen Grössen erster Stufe n gleichfalls von einander unabhängige Grössen erster Stufe oder n Grössen (n—1)ter Stufe, welche einem System n-ter Stufe angehören, deren eingewandtes Produkt aber einen geltenden Werth hat, als entsprechende nimmt, so bilden die aus den entsprechenden Grössen durch dieselben Grundverknüpfungen gebildeten Grössen zwei einander affine Vereine von Grössen, und jede Grundgleichung, welche zwischen den Grössen des einen Vereins besteht, bleibt auch bestehen, wenn man statt dieser Grössen die entsprechenden des andern setzt. Im ersten Falle heissen beide Vereine direkt affin, im zweiten reciprok affin.“

Dieser Satz ist von so allgemeiner Geltung, dass er, wie wir späterhin zeigen werden, die allgemeinsten linearen Verwandtschaften, wie die Kollineation und Reciprocität unter sich begreift, und den vollständigen Begriff dieser Verwandtschaften, welche bei der gewöhnlichen Auffassungsweise nur in unvollkommener Gestalt hervortreten, darstellt. Namentlich liegt in diesem Satze, dass, wenn m Grössen des einen Vereins irgend einem System angehören, dann auch die entsprechenden Grössen des andern Vereins bei der direkten

Affinität einem System derselben Stufe angehören, bei der reciproken einem System von ergänzender Stufe, weil nämlich das Produkt derselben gleichzeitig null wird.

§ 158. Wir haben nun die Abschattung als besondere Art der konstanten Zahlenrelation und der Affinität darzustellen, und anzugeben, in welchem Falle die allgemeine Verwandtschaft in diese besondere übergeht.

Wenn zuerst zwischen den Grössen erster Stufe eines Vereins A dieselben Zahlenrelationen statt finden, welche zwischen den entsprechenden Grössen erster Stufe eines andern Vereines B herrschen, so fragt sich, welcher Bedingung beide Vereine unterworfen sein müssen, wenn der erste Verein A zugleich die Abschattung des zweiten B sein soll. Nennen wir das System, welches einen Verein von Grössen erster Stufe zunächst umfasst, das System dieses Vereins, so leuchtet ein, dass A nur dann die Abschattung von B sein könne, wenn in demjenigen Systeme C, welches den Systemen beider Vereine gemeinschaftlich ist, die entsprechenden Grössen beider Vereine zusammenfallen, d. h. einander gleich sind, wie dies unmittelbar aus der Idee der Abschattung hervorgeht. Wir können aber auch zeigen, dass, wenn diese Bedingung eintritt, auch jedesmal der Verein A als Abschattung des Vereines B aufgefasst werden könne, und der Sinn der Abschattung dann bestimmt sei. Um dies zu beweisen, können wir zuerst das System von B als Kombination des gemeinschaftlichen Systemes C mit einem davon unabhängigen Systeme darstellen. Dies System, welches dann zugleich von dem Systeme des Vereines A unabhängig sein wird, sei von m-ter Stufe, d. h. es sei durch das äussere Produkt von m Grössen erster Stufe $b_1 \ldots b_m$ dargestellt, welche alle von einander unabhängig sind. Wird nun vorläufig L als das Leitsystem angenommen, und sind $a_1 \ldots a_m$ die den Grössen $b_1 \ldots b_m$ entsprechenden Grössen des ersten Vereins A, so erhält man, wenn zugleich $a_1 \ldots a_m$ die Abschattungen von $b_1 \ldots b_m$ nach dem Leitsysteme L sein sollen, die Gleichungen:

$$L . a_1 = L . b_1 , \ldots\ldots L . a_m = L . b_m ,$$

oder

$$L . (a_1 - b_1) = 0 , \ldots\ldots\ldots L . (a_m - b_m) = 0 ;$$

d. h. die Grössen $(a_1 - b_1), \ldots (a_m - b_m)$ sind dem Leitsysteme untergeordnet. Es sind aber diese Grössen sowohl von einander als von dem Systeme des Vereins A unabhängig. Denn fände eine solche Abhängigkeit statt, so würde auch eine Vielfachensumme von $a_1 \ldots a_m$ und den andern Grössen erster Stufe, die dem Vereine A angehören, als gleich erscheinen einer Vielfachensumme der Grössen $b_1 \ldots b_m$, d. h. es würde in dem Systeme $b_1 . b_2 \ldots . b_m$ eine Grösse geben, welche den Systemen beider Vereine gemeinschaftlich wäre, d. h. dem Systeme C angehörte, was wider die Voraussetzung ist, indem jenes Produkt von C unabhängig angenommen ist. Da nun die Grössen $(a_1 - b_1) \ldots (a_m - b_m)$ von einander unabhängig und dem Systeme L untergeordnet sind, so ist auch ihr äusseres Produkt diesem Systeme untergeordnet; und wenn wir annehmen, dass das Leitsystem nicht von höherer als m-ter Stufe ist, so folgt, dass es durch jenes Produkt dargestellt, also vollkommen bestimmt ist, oder mit andern Worten, es ist dann der Sinn der Abschattung bestimmt. Setzen wir daher L jenem Produkte gleich, so folgt auch umgekehrt die Gültigkeit der Gleichungen

$$L . a_1 = L . b_1 \text{ u. s. w.,}$$

und da L von dem Systeme von A unabhängig ist, so folgt, dass $a_1 \ldots a_m$ in der That die Abschattung von $b_1 \ldots b_m$ auf das System von A nach dem Leitsysteme L sind. Nimmt man nun in dem Systeme von B irgend eine andere Grösse erster Stufe b an, so wird sich dieselbe als Vielfachensumme von den Grössen $b_1 \ldots b_m$ und von Grössen, die dem Systeme C angehören, darstellen lassen. Dann wird die entsprechende Grösse a des ersten Vereins sich als entsprechende Vielfachensumme von den entsprechenden Grössen ihres Vereins darstellen lassen; d. h. als entsprechende Vielfachensumme von den Abschattungen jener Grössen erscheinen, oder sie selbst ist die Abschattung jener ersteren. Wir haben somit den Satz gewonnen:

„Wenn zwischen den Grössen erster Stufe eines Vereins (A) dieselben Zahlenrelationen stattfinden, welche zwischen den entsprechenden Grössen erster Stufe eines andern Vereins (B) herrschen: so ist der erste Verein (A) dann und nur dann als Abschattung des zweiten (B) aufzufassen, wenn in dem gemeinschaftlichen Systeme beider Vereine die entsprechenden Grössen zusammenfallen; und zwar ist dann der Sinn der Abschattung vollkommen bestimmt.“

Als unmittelbare Folgerung aus diesem Satze geht hervor, „dass von zwei affinen Vereinen dann und nur dann der eine als Abschattung des andern erscheint, wenn in dem gemeinschaftlichen Systeme beider Vereine je zwei entsprechende Grössen zusammenfallen, und dass dann jeder von beiden Vereinen als Abschattung des andern aufgefasst werden kann.“

§ 159. Um die gewonnenen Resultate durch geometrische Anschauungen zu verdeutlichen, wird es genügen, affine Vereine beiderlei Art in der Ebene zu betrachten. Es ist klar, wie man dann zu drei nicht in gerader Linie liegenden Punktgrössen (die aber auch in Strecken übergehen können) drei beliebige ebenfalls nicht in gerader Linie liegende Punktgrössen als entsprechende annehmen, und daraus zwei einander direkt affine Vereine ableiten kann, indem man die aus jenen entsprechenden Grössen auf gleiche Weise gebildeten Vielfachensummen, oder deren auf gleiche Weise gebildeten Produkte als entsprechende Grössen setzt. Eben so erhält man zwei reciprok affine Vereine, wenn man zu drei Elementargrössen erster Stufe, die nicht in gerader Linie liegen, drei Liniengrössen, deren Linien ein Dreieck begränzen, als entsprechende annimmt, und ausserdem je zwei durch dieselben Grundverknüpfungen aus ihnen erzeugten Grössen als entsprechende setzt. Es ist aus dem Früheren klar, wie im ersten Falle dreien Punktgrössen des einen Vereins, die in gerader Linie liegen, auch drei des andern entsprechen, die gleichfalls in gerader Linie liegen, und eben so dreien Liniengrössen des einen, die durch Einen Punkt gehen, drei des andern entsprechen, welche gleichfalls durch Einen Punkt gehen; wie ferner im zweiten Falle dreien Punktgrössen des einen Vereins, die in Einer geraden Linie liegen, drei Liniengrössen des andern entsprechen, die durch Einen Punkt gehen und umgekehrt. Dabei ist jedoch festzuhalten, dass die Punktgrössen auch in Strecken, die Liniengrössen in Flächenräume umschlagen können.

§ 160. Unsere bisherige Betrachtungsweise unterscheidet sich von der gewöhnlichen geometrischen Anschauungsweise dadurch, dass wir die Punkte nicht für sich, sondern behaftet mit gewissen Zahlenkoefficienten, die wir Gewichte nannten, auffassten; und dies war nothwendig, damit sie eben als Grössen erscheinen konnten. Der Punkt selbst erschien entweder als solche Grösse mit dem

Gewichte 1, oder als System, dem die Grösse angehörte. Eben so mussten die Linie, die Ebene, der Raum, wenn sie als Grössen erscheinen sollten, einen bestimmten Masswerth darbieten, und so als Liniengrösse, Plangrösse und begränzter Körperraum aufgefasst werden. Es ist besonders die erste Betrachtungsweise (der Punkte als Grössen), welche von der gewöhnlichen gänzlich abweicht. Es bleibt uns daher jetzt noch besonders übrig, für die in diesem Kapitel dargestellten Gesetze jene Differenz auszugleichen. Wir knüpfen diese Betrachtung an die allgemeine Verwandtschaft der Affinität, und nennen zunächst die entsprechenden Systeme zweier affiner Vereine, lineär verwandt, und zwar wenn jene Vereine direkt affin sind, so nennen wir die Vereine ihrer Systeme kollinear verwandt, und wenn sie reciprok affin sind, reciprok verwandt; oder um diese Begriffe sogleich auf die Geometrie zu übertragen, wenn zwei Vereine von Grössen (Elementargrössen, Liniengrössen, Plangrössen) in direkter oder reciproker Affinität stehen, so nennen wir die Vereine der ihnen zugehörigen Systeme (Punkte, Linien, Ebenen) kollinear oder reciprok verwandt. Wir haben nun nachzuweisen, dass diese Begriffe mit den sonst unter den aufgeführten Namen verstandenen Begriffen zusammen fallen. Möbius, der Begründer dieser allgemeinen Verwandtschaftstheorie, stellt als den Begriff der Kollineation auf*), dass bei zwei ebenen oder körperlichen Räumen, welche in dieser Verwandtschaft stehen, jedem Punkte des einen Raumes ein Punkt in dem andern Raume dergestalt entspricht, dass wenn man in dem einen Raume eine beliebige Gerade zieht, von allen Punkten, welche von dieser Geraden getroffen werden, die entsprechenden Punkte des andern Raumes gleichfalls durch eine Gerade verbunden werden können. Hieraus folgt vermöge der in den vorigen Paragraphen dargelegten Gesetze, dass in der That die Systeme, welche den entsprechenden Grössen zweier direkt affiner Vereine zugehören, zwei kollineare Vereine in dem von Möbius dargestellten Sinne bilden; aber auch umgekehrt lässt sich zeigen, dass, wenn zwei Räume in diesem Sinne als kollinear verwandt erscheinen, die entsprechenden Punkte auch mit solchen Gewichten behaftet werden können, dass die Vereine

*) in seinem barycentrischen Kalkül § 217.

der so gebildeten Grössen einander affin sind; oder mit andern Worten, dass zwei Räume, welche nach dem Princip der gleichen Konstruktionen einander kollinear sind, es auch nach dem Princip der gleichen Zeiger sind.

§ 161. Um dies zuerst für die Ebene zu beweisen, nehme man irgend vier Punkte in der einen Ebene an, von denen keine drei in gerader Linie liegen, und eben so in der andern auch vier solche Punkte, und setze sie einander entsprechend, was nach dem Princip der gleichen Konstruktionen verstattet ist, weil der vierte Punkt von den drei ersten durch keine lineäre Konstruktion abhängt: Nun kann man in jeder Ebene dreien von den Punkten solche Gewichte hinzufügen, dass der vierte Punkt als Summe der so gebildeten 3 Elementargrössen erscheint; denn wenn man nur jene 3 Punkte als Richtelemente annimmt, so sind die 3 Richtstücke des vierten Punktes die verlangten Elementargrössen; nimmt man nun diese 3 Paare von Elementargrössen als einander entsprechende Grössen zweier affiner Vereine an, so sind auch die beiden vierten Punkte entsprechende Grössen derselben Vereine. Nun erhält man nach dem Princip der gleichen lineären Konstruktion aus 4 entsprechenden Punktenpaaren ABCD und A′B′C′D′ zweier kollinearer ebenen Räume (Fig. 15. u. 16.) ein neues Paar durch das Kreuzen der entsprechenden Linien AB und CD einerseits, und A′B′ und C′D′ andererseits, indem der eine Kreuzpunkt, da er zweien Geraden des einen Vereines angehört, auch als entsprechenden Punkt denjenigen Punkt haben muss, welcher den entsprechenden Geraden des andern Vereines angehört, also den Kreuzpunkt beider Geraden. Sind nun die zu jenen Elementen gehörigen Elementargrössen a, b, c, d und a′, b′, c′, d′ einander affin, so sind es auch die Produkte ab.cd und a′b′.c′d′ (nach § 157), und die Elemente dieser Produkte, d. h. die oben bezeichneten Kreuzpunkte, sind also dann auch nach dem Princip der gleichen Zeiger einander kollinear. Also je zwei Elemente, welche in der Ebene sich als entsprechende nach dem Princip der gleichen Konstruktion nachweisen lassen, sind es auch nach dem Princip der gleichen Zeiger.

§ 162. Entsprechend lässt sich der Satz für Körperräume nachweisen, indem man dann nur statt jener vier Punktenpaare fünf solche nimmt, von denen keine vier in Einer Ebene liegen. Dann zeigt sich, wie nach dem Princip der gleichen Konstruktion jeden vier Punkten des einen Vereins, welche in Einer Ebene liegen, auch vier Punkte des andern entsprechen müssen, welche gleichfalls in Einer Ebene liegen. Denn vier Punkte, welche in derselben Ebene liegen, müssen sich so verbinden lassen, dass ihre Verbindungslinien sich kreuzen; diesem Kreuzpunkte muss dann auch ein Kreuzpunkt der entsprechenden Verbindungslinien des andern Raumes entsprechen, also müssen auch diese Verbindungslinien, also auch die Punkte, welche durch sie verbunden werden, in Einer Ebene liegen. Sind nun A, B, C, D, E und A', B', C', D', E' die fünf entsprechenden Punktenpaare, so wird nach dem Princip der gleichen Konstruktion dem Durchschnitte der Ebene ABC mit der geraden Linie DE der Durchschnitt von A'B'C' mit D'E' entsprechen. Nun können wir ganz auf dieselbe Weise, wie vorher, den fünf Punktenpaaren solche Gewichte geben, dass die so entstehenden Elementargrössen a, b, c, d, e und a', b', c', d', e' einander affin werden, indem man nur in jedem Vereine einen jener Punkte als Vielfachensumme der übrigen desselben Vereins darzustellen, und diese Vielfachen als die entsprechenden Elementargrössen zu setzen braucht. Dann sind nach § 157 auch die Produkte abc.de und a'b'c'.d'e' einander entsprechende Grössen jener affinen Vereine; die Elemente dieser Produkte, d. h. die oben bezeichneten Durchschnittspunkte sind also dann auch nach dem Princip der gleichen Zeiger einander kollinear entsprechend. Somit wieder, wenn irgend 5 Elemente des einen Vereines nach beiden Principien 5 Elementen des andern entsprechen, so wird auch jedes sechste Elementenpaar, was nach dem Princip der gleichen Konstruktion sich als entsprechendes nachweisen lässt, sich auch nach dem Princip der gleichen Zeiger als solches nachweisen lassen.

Es ist also in der That die Identität beider Principien für ebene sowohl als körperliche Räume nachgewiesen. Bei Punkten einer geraden Linie reicht das Princip der gleichen Konstruktionen nur dann aus, wenn man mit den Konstruktionen aus der geraden Linie herausgeht, und also ein entsprechendes Punktenpaar ausserhalb derselben annimmt; das Princip der gleichen Zeiger hat hingegen auch dann noch, wie überhaupt immer, seine direkte Anwendung.

§ 163. Nach dem Princip der gleichen Konstruktion nennen wir zwei Vereine einander reciprok, wenn jedem Punkte des ersten Vereins eine Gerade des andern dergestalt entspricht, dass, wenn man in der Ebene des ersten Vereines eine Gerade zieht, von allen Punkten, welche in dieser Geraden liegen, die entsprechenden Geraden des andern Vereines durch einen Punkt gehen, und umgekehrt zu allen Geraden des zweiten Vereines, welche durch denselben Punkt gezogen werden können, die entsprechenden Punkte des ersten in einer geraden Linie liegen. Eben so werden zwei räumliche Vereine einander nach dem Princip der gleichen Konstruktion reciprok sein, wenn die Ebenen des zweiten Vereins, welche den sämmtlichen Punkten einer Geraden im ersten entsprechen, sich in einer und derselben Geraden schneiden, und umgekehrt die Punkte des ersten Vereins, welche den sämmtlichen Ebenen, die durch dieselbe gerade Linie gehen, und dem zweiten Vereine angehörig gedacht werden, sich durch eine gerade Linie verbinden lassen. Es bedarf kaum noch einer Auseinandersetzung, dass die auf diese Weise reciproken Gebilde es auch nach dem Princip der gleichen Zeiger sind, indem sich dies genau auf dieselbe Weise ergiebt, wie es sich oben für die Kollineation ergab.

§ 164. Setzen wir drei Punkte, die nicht in einer geraden Linie liegen, entsprechend mit drei Punkten, die auch nicht in gerader Linie liegen, und bilden daraus durch gleiche Zeiger zwei Vereine entsprechender Grössen: so wird das Gewicht einer jeden Grösse die Summe ihrer 3 Zeiger, also das Gewicht zweier entsprechender Grössen dasselbe sein; es erscheinen also auch die Punkte selbst überall als entsprechende Grössen, und es herrscht also zwischen den Vereinen der entsprechenden Punkte selbst Affinität. Daraus folgt, dass, wenn a, b, c drei in gerader Linie liegende Punkte, a′, b′, c′ drei ihnen entsprechende Punkte eines affinen Punktgebildes sind, dann nicht nur auch a′, b′, c′ in gerader Linie liegen, sondern auch die zwischen ihnen befindlichen Abschnitte proportional sein müssen, denn wenn

$$ab = mbc,$$

ist, wo m eine Zahl vorstellt, so wird auch nach dem allgemeinen Gesetz der Affinität

$$a'b' = mb'c'$$

sein, und nach der Annahme sollten auch a′, b′, c′ Punkte sein, wenn a, b, c es waren. Es fällt somit unser Begriff der Affinität mit dem sonst üblichen Begriff derselben zusammen, sobald er auf dieselben Grössen, nämlich auf blosse Punkte (mit gleichen Gewichten) angewandt wird. Die Erzeugung affiner Punktvereine tritt noch klarer hervor, wenn wir Parallelkoordinaten zu Grunde legen, oder nach unserer Benennungsweise, wenn wir zu einem Punkt und zwei Strecken des einen Vereins in dem andern Vereine einen Punkt und zwei Strecken als entsprechende setzen; und dann die entsprechenden Grössen durch gleiche Zeiger erzeugen; dann wird das Gewicht dieser Grössen gleich dem zu jenem Punkte gehörigen Zeiger sein, und also gleich 1 erscheinen, wenn jener Zeiger der Einheit gleich wird. Zieht man somit in dem einen Gebilde von einem Punkte aus zwei Strecken, und in dem andern von dem entsprechenden Punkte aus zwei entsprechende Strecken, und setzt diese Strecken als Richtmasse für die Richtstücke der demselben Gebilde zugehörigen Punkte, so haben die entsprechenden Punkte beider Vereine stets gleiche Gewichte; und zugleich sind dadurch aus 3 Paaren entsprechender Punkte alle übrigen entsprechenden Punktenpaare zweier affiner Punktgebilde bestimmt.

§ 165. Was die metrischen Relationen zweier kollinearen Punktgebilde betrifft, so sind diese auf eine höchst einfache Weise dadurch ausgedrückt, dass

> „jede Grundgleichung, welche unabhängig ist von den Masswerthen der darin vorkommenden Grössen, bestehen bleibt, wenn man statt der Grössen die entsprechenden eines kollinearen Vereines setzt.“

Nämlich da man dann diese Masswerthe auch so setzen kann, dass beide Vereine von Grössen affin werden, und für affine Grössenvereine die Geltung dieses Satzes erwiesen ist, so gilt er nun unter jener Voraussetzung auch für kollineare Vereine. Eine specielle Folgerung dieses allgemeinen Satzes, welcher die metrischen Relationen, welche zwischen kollinearen Gebilden herrschen, in ihrer ganzen Vollständigkeit umfasst, ist z. B. die, dass jeder Doppelquotient zwischen vier Grössen A, B, C, D, welcher einen Zahlenwerth darstellt, auch denselben Zahlenwerth behält, wenn man statt ABCD die entsprechenden Grössen A′B′C′D′ eines kollinear verwandten Gebildes setzt; nämlich ein solcher Doppelquotient, da er sich in der Form

$$\frac{AB}{BC} \cdot \frac{CD}{DA} = m$$

darstellen lässt, ist unabhängig von dem Masswerthe der 4 Grössen A, B, C, D, weil jede im Zähler und Nenner einmal vorkommt, folglich wird, wenn man diesen gleich einer Zahl m setzt, diese Gleichung auch fortbestehen, wenn man statt der Grösssen A, B, C, D die ihnen kollinear entsprechenden Grössen A′, B′, C′, D′ setzt, und man hat somit

$$\frac{AB}{BC} \cdot \frac{CD}{DA} = \frac{A'B'}{B'C'} \cdot \frac{C'D'}{D'A'}.$$

Namentlich hat man, wenn a, b, c, d Punkte einer geraden Linie sind, und a′, b′, c′, d′ die entsprechenden,

$$\frac{ab}{bc} \frac{cd}{da} = \frac{a'b'}{b'c'} \frac{c'd'}{d'a'}.$$

Eben so ist, wenn A eine Linie, b, c, d aber Punkte sind, welche mit A in derselben Ebene liegen und selbst unter einander in derselben geraden Linie liegen

$$\frac{bA}{Ac} \frac{cd}{db} = \frac{b'A'}{A'c'} \frac{c'd'}{d'b'}.$$

Ferner wenn A und C gerade Linien, b und d Punkte sind, und A, C, b, d in derselben Ebene liegen, so ist

$$\frac{Ab}{bC} \cdot \frac{Cd}{dA} = \frac{A'b'}{b'C'} \cdot \frac{C'd'}{d'A'}.$$

Ferner wenn A und C Ebenen, b und d Punkte sind, so ist

$$\frac{Ab}{bC} \cdot \frac{Cd}{dA} = \frac{A'b'}{b'C'} \cdot \frac{C'd'}{d'A'}.$$

Endlich wenn A, B, C, D Linien im Raume sind, so ist

$$\frac{AB}{BC} \frac{CD}{DA} = \frac{A'B'}{B'C'} \frac{C'D'}{D'A'}.$$

Die hinzugefügten Bedingungen entsprechen nämlich der in dem allgemeineren Satze hinzugefügten Bedingung, dass der Doppelquotient eine Zahl darstellen soll.

§ 166. Wie sich nun die Kollineation zur Affinität verhält, so verhält sich die Projektion zur Abschattung, indem, wie wir oben zeigten, bei Elementargrössen das System der Abschattung die Projektion darstellte. Es werden also auch alle Grundgleichungen, welche von dem Masswerthe ihrer Grössen unabhängig sind, bestehen bleiben, wenn man statt der Grössen ihre Projektionen setzt; namentlich werden auch jene Doppelquotienten bei der Projektion denselben Werth beibehalten. Wie ferner die durch Abschattung aus einander erzeugbaren Vereine eine besondere Art der Affinität darstellten, so werden nun auch die durch Projektion aus einander erzeugbaren Vereine eine besondere Art der Kollineation darstellen, und zwar können wir, wenn wir die durch Projektion aus einander erzeugbaren Vereine perspektivische nennen, den Satz aufstellen:

„Zwei kollineare Vereine sind dann und nur dann perspektivisch, wenn in dem Durchschnitte der beiden Systeme, dem jene Vereine angehören, je zwei entsprechende Punkte zusammenfallen, und der Sinn der Projektion ist dann bestimmt.“

Dieser Satz ist eben nur eine Uebertragung des in § 158 für die Abschattung aufgestellten Satzes. Namentlich folgt daraus auch, dass zwei kollineare Linien, welche nicht in Einer Ebene liegen, stets perspektivisch sind, weil sie sich nicht schneiden. Endlich wird in demselben Falle, in welchem die kollinearen Vereine zugleich affin werden, die Projektion mit der Abschattung identisch werden; nämlich wenn die Abschattung und die abgeschattete Grösse Punkte oder überhaupt Elementargrössen erster Stufe mit gleichen Gewichten darstellen. Dies wird der Fall sein, wenn das Leitsystem ein Ausdehnungssystem ist (oder anders ausgedrückt, als Elementarsystem ins Unendliche fällt). Dieser Fall trat im ersten Abschnitte (§ 82) ein, weshalb dort Projektion und Abschattung zusammenfielen.

§ 167. Fragen wir überhaupt danach, welche Gleichungen unabhängig sind von dem Masswerthe der Grössen geltender Stufe, die darin vorkommen, und welche also in der Projektion und überhaupt in der Kollineation bestehen bleiben, so sind es diejenigen, bei welchen jede Grösse von geltender Stufe in demselben Gliede eben so oft als Faktor des Nenners vorkommt, wie als Faktor des Zählers, und nur diejenigen Faktoren, welche sämmtlichen Zählern oder Nennern gemeinschaftlich sind, können in den Gliedern beliebig oft vorkommen, wenn nur in allen gleich oft. Die einfachste Form einer solchen Gleichung ist daher

$$\frac{\alpha QA}{PA} + \frac{\beta QB}{PB} + \ldots . = 0,$$

wo α, β,... Zahlengrössen vorstellen, und wobei wir, damit die Gleichung einen bestimmten Sinn gewinne, annehmen müssen, dass die Nenner PA, PB, ... einander gleichartig sind, ohne null zu werden. Setzen wir dies voraus, und nehmen wir Q gleich der Einheit, wodurch die Gleichung übergeht in

$$\frac{\alpha A}{PA} + \frac{\beta B}{PB} + \ldots . = 0,$$

so nennen wir dieselbe eine harmonische Gleichung, α, β,... die harmonischen Koefficienten (harm. Gewichte), die Systeme von A, B, ... die harmonischen Systeme, P das Polsystem. Verstehen wir unter A, B,... blosse Systeme, so schreiben wir die Gleichung auch so:

$$\alpha A + \beta B + \ldots . \overset{P}{=} 0,$$

und sagen, der Ausdruck $\alpha A + \beta B + \ldots$ sei in Bezug auf P gleich null. Die Bedingung, dass die Grössen PA, PB.... alle einander gleichartig sein müssen, ohne null zu werden, können wir auch so ausdrücken, dass für alle diese Produkte das nächstumfassende System und das gemeinschaftliche System der Faktoren dieselben sein müssen. Wenn das nächstumfassende System in allen dasselbe sein soll, so heisst das, es muss dasselbe zusammenfallen mit demjenigen Systeme, was die sämmtlichen Grössen P, A, B,.... zunächst umfasst, d. h. mit dem Hauptsysteme der Gleichung. Wenn das gemeinschaftliche System in einem jener Produkte, also auch in allen von nullter Stufe ist, so sind die Produkte äussere, und dann, aber auch nur dann sind die Werthe der Quotienten $\frac{\alpha A}{PA}$ u. s. w. bestimmte Grössen (§ **141**). In diesem Falle nennen wir die harmonische Gleichung eine harmonische von reiner Form. Aber obgleich in dem andern Falle die Quotienten $\frac{\alpha A}{PA}$ nur partiell bestimmte Werthe darstellen, so behält die harmonische Gleichung dennoch auch dann ihre bestimmte Bedeutung, welche wir nun aufsuchen wollen. Da PA, PB, ... einander gleichartig sind, ohne null zu werden, so müssen sich solche Masswerthe von A, B.... annehmen lassen, dass

$$PA = PB = \ldots.$$

ist; dann wird die Gleichung in der Form

$$\frac{\alpha A + \beta B + \ldots.}{PA} = 0$$

erscheinen, woraus man durch Multiplikation mit PA die absolute Gleichung

$$\alpha A + \beta B + \ldots.. = 0$$

erhält. Multiplicirt man diese Gleichung mit P, so erhält man

$$(\alpha + \beta + \ldots.)\,AP = 0, \text{ d. h.}$$

$$\alpha + \beta + \ldots. = 0$$

oder

„in einer harmonischen Gleichung ist die Summe der harmonischen Koefficienten auf beiden Seiten gleich."

Zugleich erhält man hierdurch ein Mittel, um den Werth σS, welcher der Gleichung

$$\alpha A + \beta B + \ldots.. \overset{P}{=} \sigma S$$

genügt, zu konstruiren, d. h. den harmonischen Koefficienten und das harmonische System dieses Gliedes zu finden; nämlich erstens ist

$$\sigma = \alpha + \beta + \ldots,$$

zweitens ist, wenn A, B, ... so gross gemacht sind, dass die Produkte mit P einander gleich sind, und auch S in solcher Grösse angenommen wird, nach dem vorigen

$$\alpha A + \beta B + \ldots = \sigma S$$

oder

$$S = \frac{\alpha A + \beta B + \ldots.}{\sigma}$$

wodurch S selbst, wenn nicht etwa σ null ist*), bestimmt, also

---

*) Ist σ null, und auch $\alpha A + \beta B + \ldots = 0$, so ist S gänzlich unbestimmt, wie dies auch in der Idee der harmonischen Gleichung liegt. Ist σ null und $\alpha A + \beta B + \ldots$ stellt einen geltenden Werth dar, so giebt es keinen (endlichen) Werth von S, welcher der Gleichung genügt; da dann auch $(\alpha A + \beta B + \ldots.)\,P$

auch das System von S bestimmt, die Bedeutung der harmonischen Gleichung somit nachgewiesen ist. Wir nennen das System von S die harmonische Mitte zwischen den Systemen A, B, ... in Bezug auf die zugehörigen Koefficienten α, β, ... und das Polsystem P, und dies System verbunden mit dem harmonischen Koefficienten $(\alpha+\beta+\ldots)$ nennen wir die auf P bezügliche harmonische Summe von αA, βB, ...

§ **168.** Im vorigen Paragraphen haben wir gezeigt, dass eine harmonische Gleichung auch als absolute besteht, wenn man den Systemen solche Masswerthe beilegt, dass ihre Produkte mit dem Polsysteme einander gleich werden. Wir können nun auch umgekehrt schliessen und sagen, „eine Gleichung zwischen Vielfachensummen von Grössen, deren Produkte mit einer und derselben Grösse P gleichen Werth liefern, sei eine harmonische, wenn man die Koefficienten jener Grössen als harmonische Koefficienten der durch sie dargestellten Systeme, das System von P aber als Polsystem setzt.“ In der That ist

$$\alpha A + \beta B + \ldots\ldots = \sigma S$$

die gegebene Gleichung, und ist

$$PA = PB = \ldots\ldots = PS,$$

so erhält man, indem man mit PS dividirt, und links statt die Summe zu dividiren die Stücke dividirt, indem man dann statt PS die ihm gleichen Ausdrücke setzt, die harmonische Gleichung

$$\frac{\alpha A}{PA} + \frac{\beta B}{PB} + \ldots\ldots = \frac{\sigma S}{PS},$$

oder

$$\alpha A + \beta B + \ldots\ldots \overset{P}{=} 0,$$

wo A, B, ... nur noch blosse Systeme vorstellen. Durch diese Sätze ergeben sich nun leicht die Umwandlungen, welcher eine harmonische Gleichung, welche in reiner Form erscheint, fähig ist. Zuerst leuchtet unmittelbar ein, dass man einestheils die sämmtlichen harmonischen Systeme, anderntheils das Polsystem mit einem Systeme L äusserlich kombiniren darf, welches von dem Haupt-

gleich null ist, so ist klar, dass das System, was jener Summe entspricht, auch nicht der Bedingung mit P ein Produkt von geltendem Werthe zu liefern genügt.

systeme der ursprünglichen Gleichung unabhängig ist, ohne dass die Gleichung aufhört eine harmonische zu sein. Denn wenn

$$\alpha A + \beta B + \dots = 0$$

und

$$PA = PB = \dots$$

ist, so ist klar, dass, wenn L von PA unabhängig ist und PA, wie wir voraussetzten, ein äusseres Produkt ist, auch

$$LPA = LPB = \dots$$

sei, also auch LP als Polsystem angenommen werden könne, dass ferner

$$\alpha AL + \beta BL + \dots = 0$$

und

$$PAL = PBL = \dots$$

sei, also diese mit L kombinirte Gleichung noch in Bezug auf dasselbe Polsystem P eine harmonische sei. Ohne Vergleich wichtiger als diese Umwandlungen sind diejenigen, bei welchen man nicht aus dem Hauptsysteme der ursprünglichen Gleichung herausgeht. Setzt man nämlich P gleich Q.R, sei es nun, das Q.R ein äusseres, oder dass es ein auf das Hauptsystem der Gleichung bezügliches eingewandtes Produkt darstelle, so wird, da P.A als äusseres oder auch als eingewandtes Produkt nullter Stufe betrachtet werden kann, das Produkt Q.R.A (nach § 139) ein reines, also gleich Q.(R.A) sein. Multiplicirt man daher die ursprüngliche Gleichung

$$\alpha A + \beta B + \dots = 0,$$

zu welcher die Bedingungsgleichungen

$$P.A = P.B = \dots,$$

oder

$$Q.(R.A) = Q.(R.B) = \dots\dots$$

gehören, mit R, so erhält man

$$\alpha RA + \beta RB + \dots = 0,$$

welche vermöge der Bedingungsgleichungen in Bezug auf Q harmonisch ist. Also

„Stellt man das Polsystem einer reinen harmonischen Gleichung als Kombination dar, sei es als äussere, oder als eingewandte auf das Hauptsystem der Gleichung bezügliche: so bleibt die Gleichung eine reine harmonische, wenn man das eine Glied jener Kombination mit den harmonischen Systemen kombinirt, das andere als Polsystem setzt, alles übrige aber unverändert lässt."

Um die Allgemeinheit dieses Satzes und den Reichthum der Beziehungen zu übersehen, welchen er in sich fasst, haben wir auch diejenigen harmonischen Gleichungen in Betracht zu ziehen, welche nicht in reiner Form erscheinen.

§ **169.** Ist die Gleichung

$$\alpha A + \beta B + \ldots. = 0$$

mit den Bedingungsgleichungen

$$PA = PB = \ldots.$$

gegeben, und sind die Produkte PA u. s. w. eingewandte: so lässt sich die harmonische Gleichung, welche daraus hervorgeht, in reiner Form darstellen. In der That, wenn E das System darstellt, welches den Faktoren eines jeden dieser Produkte gemeinschaftlich ist, so wird P sich als äusseres Produkt in der Form QE darstellen lassen, und man hat

$$PA = QE \, . \, A = QA \, . \, E;$$

also gehen die Bedingungsgleichungen über in

$$QA \, . \, E = QB \, . \, E = \ldots$$

oder, da E dem QA etc. untergeordnet ist, in

$$QA = QB = \ldots,$$

wo QA u. s. w. äussere Produkte sind; und die Gleichung ist also auch harmonisch in Bezug auf Q, d. h.

$$\alpha A + \beta B + \ldots. \overset{Q}{=} 0,$$

und sie ist nun in reiner Form dargestellt. Also „eine unreine harmonische Gleichung bietet stets ein System (E) dar, welches den sämmtlichen harmonischen Systemen und dem Polsysteme derselben (P) gemeinschaftlich ist, und man kann die Gleichung in reiner Form darstellen, indem man als Polsystem irgend ein System (Q) setzt, dessen äussere Kombination mit jenem gemeinschaftlichen Systeme (E) das ursprüngliche Polsystem (P) liefert."

Da man nun aus den zuletzt gefundenen Bedingungsgleichungen

$$QA = QB = \ldots$$

für den Fall, dass A, B, ... das gemeinschaftliche System E haben, und wenn E_1 dem E untergeordnet ist, die neuen Bedingungsgleichungen

$$QA . E_1 = QB . E_1 = \ldots$$

oder, da E_1 auch dem A, B,... untergeordnet ist, die Bedingungsgleichungen

$$QE_1 . A = QE_1 . B = \ldots$$

ableiten kann, so folgt, dass dieselbe Gleichung auch noch harmonisch ist in Bezug auf QE_1. Daraus folgt, dass man in einer reinen harmonischen Gleichung das Polsystem mit einem Systeme, welches allen harmonischen Systemen untergeordnet ist, kombiniren, und diese Kombination als Polsystem setzen kann, oder allgemeiner

„Wenn die harmonischen Systeme einer Gleichung ein System von geltender Stufe gemeinschaftlich haben, so kann man das Polsystem beliebig ändern, wenn nur dasjenige System, welches jenes gemeinschaftliche System und dieses Polsystem zunächst umfasst, dasselbe bleibt."

Nehmen wir ferner an, dass in einer reinen harmonischen Gleichung das Polsystem demjenigen Systeme R, was die sämmtlichen harmonischen Systeme zunächst umfasst, nicht untergeordnet sei, sondern mit ihm nur ein System E gemeinschaftlich habe, und sich also in der Form QE darstellen lasse, wo Q von jenem nächstumfassenden Systeme unabhängig ist, so kann man statt der Bedingungsgleichungen

$$QEA = QEB = \ldots$$

auch, da Q von dem Systeme, welches die Faktoren EA, EB,... zunächst umfasst, unabhängig ist, nach § 81 mit Weglassung des Faktors Q die Gleichungen

$$EA = EB = \ldots .$$

setzen, d. h. die Gleichung ist auch harmonisch in Bezug auf E, da man nun nach § 138 auch E wieder mit jedem von R unabhängigen Systeme äusserlich kombiniren darf, so haben wir den Satz:

„Man kann in einer reinen harmonischen Gleichung das Polsystem beliebig in der Art ändern, dass dasjenige System, welches es mit dem alle harmonischen Systeme zunächst umfassenden Systeme gemeinschaftlich hat, dasselbe bleibt."

Dieser Satz entspricht dem vorhergehenden, und lässt sich, wenn man will, in die ganz entsprechende Form kleiden. Auch übersieht man leicht, wie man durch Kombination dieser beiden Gesetze ein allgemeineres Gesetz ableiten könnte, welches jedoch wegen seiner verwickelten Form von geringerer Bedeutung ist *).

§ **170.** Vermittelst dieser Sätze nun können wir den Satz aus § **168** noch in einer etwas einfacheren und für die Anwendung bequemeren Form darstellen. Nämlich wenn wir die dort gewählte Bezeichnung wieder aufnehmen, so können wir in der harmonischen Gleichung

$$\alpha RA + \beta RB + \ldots . \overset{Q}{=} 0$$

nach dem ersten Satze des vorigen Paragraphen statt Q auch QR, d. h. P setzen, und haben somit den Satz:

„In einer reinen harmonischen Gleichung kann man ohne Aenderung des Polsystems die harmonischen Glieder mit jedem dem Polsystem eingeordneten Systeme kombiniren.“

In diesem Satze liegen die sämmtlichen Sätze über die harmonischen Mitten (*centres de moyennes harmoniques*), welche Poncelet aufgestellt hat**). In der That hat man z. B. in einer Ebene die harmonische Mitte mehrerer Linien in Bezug auf gewisse harmonische Koefficienten und einen Punkt der Ebene als Pol; und man zieht durch diesen Punkt eine gerade Linie, so wird zwischen den Durchschnittspunkten dieser Linie mit den ersteren nach dem zuletzt angeführten Satze in Bezug auf denselben Pol auch dieselbe harmonische Gleichung herrschen; oder, anders ausgedrückt, wenn

---

*) Es würde dies Gesetz etwa so ausgedrückt werden können: Wenn man ein veränderliches Polsystem mit dem die harmonischen Systeme zunächst umfassenden Systeme kombinirt, und dabei dasjenige System, welches diese Kombination und das allen harmonischen Systemen gemeinschaftliche System zunächst umfasst, konstant bleibt, so bleibt die harmonische Gleichung als solche in Bezug auf jenes veränderliche Polsystem bestehen.

**) In seinem *Memoire sur les centres de moyennes harmoniques*, welches im dritten Bande des Crelle'schen Journals abgedruckt ist. — Eine Erweiterung dieser Poncelet-schen Theorie habe ich in einer Abhandlung „Theorie der Centralen“, welche im 24-ten Bande desselben Journals abgedruckt ist, versucht.

man durch einen festen Punkt eine veränderliche Gerade zieht, welche eine Reihe von n festen Geraden derselben Ebene schneidet und man bestimmt in Bezug auf jenen Punkt als Pol die harmonische Mitte zwischen den mit konstanten harmonischen Koefficienten behafteten Durchschnittspunkten, so liegt dieselbe in einer festen Geraden, und zwar ist diese Gerade die harmonische Mitte jener n Geraden in Bezug auf denselben Pol und dieselben harmonischen Koefficienten. Hat man auf der andern Seite in Bezug auf eine Axe die harmonische Mitte zwischen einer Reihe von n Punkten derselben Ebene, und man legt durch irgend einen Punkt der Axe und jene n Punkte gerade Linien, so findet zwischen ihnen nach dem angeführten Satze in Bezug auf die Axe dieselbe harmonische Gleichung statt, wie zwischen jenen n Punkten. Oder verbindet man einen in einer festen Geraden liegenden veränderlichen Punkt mit n festen Punkten derselben Ebene, so geht die harmonische Mitte dieser Verbindungslinien in Bezug auf jene Gerade als Axe und in Bezug auf eine Reihe konstanter Koefficienten, welche jenen Punkten zugehören, durch einen festen Punkt, und zwar ist dieser Punkt die harmonische Mitte der gegebenen n Punkte in Bezug auf dieselbe Axe. — Wollen wir die zweite Ausdrucksform in ihrer ganzen Allgemeinheit darstellen, so gelangen wir zu folgender neuen Form des oben aufgestellten Satzes:

> „Kombinirt man ein veränderliches System R, welches einem festen Systeme P als Polsysteme eingeordnet ist, mit n festen Systemen A, B, ..., deren jedes mit dem Polsysteme kombinirt das Hauptsystem liefert: so ist die harmonische Mitte jener n Kombinationen in Bezug auf n zugehörige feste Koefficienten α, β, ..., deren Summe nicht null ist, und auf jenes Polsystem P einem festen Systeme Q eingeordnet, und zwar ist dies feste System Q die harmonische Mitte der n festen Systeme A, B, ... in Bezug auf dieselben Koefficienten α, β, ... und auf dasselbe Polsystem P."

Diese Ausdrucksform ergiebt sich aus der ersteren (im vorigen Paragraphen aufgestellten) mit vollkommener Schärfe, wenn man von dem Satze Gebrauch macht, dass wenn das Polsystem, die harmonischen Systeme, deren jedes mit dem Polsysteme kombinirt das Hauptsystem liefert, und die zugehörigen harmonischen Koefficienten, deren Summe aber nicht null sein darf, gegeben sind, die harmonische Mitte jedesmal bestimmt ist. — Die letzte Bestimmung in diesen Sätzen, dass nämlich das feste System Q, dem jene harmonischen Mitten eingeordnet sind, selbst als harmonische Mitte erscheint, fehlt in der Poncelet-schen Darstellung, und es bieten daher die hier gefundenen Ausdrucksformen, da die harmonische Mitte nach § 167 leicht konstruirt werden kann, zugleich neue und einfache geometrische Beziehungen dar.

§ 171. Ich will diese Darstellung mit einer der schönsten Anwendungen schliessen, die sich von der behandelten Wissenschaft machen lässt, nämlich mit der Anwendung auf die Krystallgestalten. Doch will ich mich hier auf die Mittheilung der Resultate beschränken, indem ich die Ableitung derselben dem Leser überlasse. Bekanntlich stellen die Krystallgestalten jede ein System von Ebenen dar, welche ihrer Lage nach veränderlich, ihren Richtungen nach aber konstant sind, d. h. statt jeder Ebene, die an einer Krystallgestalt hervortritt, kann auch die ihr parallele hervortreten, ohne dass dadurch die Krystallgestalt als solche geändert wird. Die Abhängigkeit, in welcher die Richtungen dieser Ebenen unter einander stehen, können wir vermittelst der durch unsere Wissenschaft festgestellten Begriffe so ausdrücken:

> „Wenn man vier Flächen eines Krystalles ohne Aenderung ihrer Richtungen so legt, dass sie einen Raum einschliessen*), und die Stücke, welche dadurch von dreien derselben abgeschnitten werden, zu Richtmassen macht, so lässt sich jede andere Fläche des Krystalles als Vielfachensumme dieser Richtmasse rational ausdrücken.“

Darin, dass der Ausdruck ein rationaler ist, liegt, dass die Zeiger sich als rationale Brüche, und also, da es nur auf ihr Verhältniss ankommt, sich als ganze Zahlen darstellen lassen. Hierbei bemerken wir noch, dass im Allgemeinen diejenigen Ebenen am häufigsten am Krystalle hervorzutreten pflegen, deren Zeiger sich durch die kleinsten ganzen Zahlen ausdrücken lassen, und dass es schon äusserst selten ist, wenn die Zeiger einer Krystallfläche sich nur

---

*) Hierin liegt schon, dass die Flächen keine parallelen Kanten haben dürfen.

durch ganze Zahlen ausdrücken lassen, unter denen grössere als 7 vorkommen. Namentlich lässt sich die abschneidende Ebene, da ihre 3 Projektionen im Sinne des Richtsystemes die 3 Richtmasse geben, als Summe derselben darstellen, d. h. ihre Zeiger sind 1, 1, 1.

Aufgabe. Es sind in Bezug auf 4 Ebenen A, B, C, D, von denen die letztere die abschneidende ist, die Zeiger von vier anderen Ebenen Q_1, Q_2, Q_3, Q und die Zeiger einer Ebene P gegeben, man soll die Zeiger x, y, z von P suchen, wenn Q_1, Q_2, Q_3 und Q als die ursprünglichen Ebenen, und zwar Q als die abschneidende betrachtet werden sollen.

Auflösung. Es ist, wenn x, y, z sich auf $Q_1\ Q_2\ Q_3$ beziehen

$$x=\frac{P\,.\,Q_2\,.\,Q_3}{Q\,.\,Q_2\,.\,Q_3},\quad y=\frac{Q_1\,.\,P\,.\,Q_3}{Q_1\,.\,Q\,.\,Q_3},\quad z=\frac{Q_1\,.\,Q_2\,.\,P}{Q_1\,.\,Q_2\,.\,Q}.$$

Diese Auflösung, welche sich durch die Gesetze unserer Analyse auf's leichteste ergiebt*), erscheint in höchst einfacher Gestalt,

---

*) Sind nämlich $P_1\ P_2\ P_3$ die durch Q von $Q_1\ Q_2\ Q_3$ abgeschnittenen Stücke, so hat man die Zeiger x, y, z zu suchen, welche der Gleichung

$$P=xP_1+yP_2+zP_3$$

genügen. Ist nun $P_1=uQ_1$, $P_2=rQ_2$, $P_3=wQ_3$, also

$$1)\quad Q=uQ_1+rQ_2+wQ_3,$$

und ist ferner

$$2)\quad P=x'Q_1+y'Q_2+z'Q_3,$$

so ist auch

$$P=\frac{x'}{u}P_1+\frac{y'}{v}P_2+\frac{z'}{w}P_3,$$

also $x=\frac{x'}{u}$, etc.

Nun ist aus 1)

$$u=\frac{Q\,.\,Q_2\,.\,Q_3}{Q_1\,.\,Q_2\,.\,Q_3}$$

und aus 2)

$$x'=\frac{P\,.\,Q_2\,.\,Q_3}{Q_1\,.\,Q_2\,.\,Q_3},$$

also $x=\frac{x'}{u}=\frac{P\,.\,Q_2\,.\,Q_3}{Q\,.\,Q_2\,.\,Q_3}$, etc.

während bei der gewöhnlichen analytischen Methode, sowohl die Endformel als auch die Mittelglieder in sehr verwickelten Formen erscheinen. Aus dieser Auflösung fliesst sogleich der Satz:

„Wenn sich eine Reihe von Ebenen aus 4 Ebenen, die einen Raum einschliessen, auf die angegebene Weise rational ableiten lässt, so lässt sich auch dieselbe Reihe von Ebenen aus jeden vier andern Ebenen dieser Reihe, welche einen Raum einschliessen, gleichfalls rational ableiten.“

Jede Kante der Krystallgestalt erscheint als Produkt der Flächen, welche sie bilden, und dadurch ergiebt sich die Lösung der Aufgabe: „Wenn die Zeiger zweier Flächen P, P_1 in Bezug auf vier Ebenen A, B, C, D, von denen die letzte die abschneidende ist, gegeben sind, dann ihre Kante als Vielfachensumme der von den Ebenen A, B, C gebildeten und durch D begränzten Kanten zu finden.“ Man erhält, wenn A, B, C die durch D begränzten Flächenräume darstellen, als die Zeiger dieser Kante die Ausdrücke

$$\frac{P.P_1.C}{A.B.C}, \frac{A.P.P_1}{A.B.C}, \frac{P_1.B.P}{A.B.C},$$

welche sich auf die durch die Produkte AB, BC, CA dargestellten Kanten beziehen*). Hieraus fliesst, da man beliebige 4 raumbegränzende Krystallflächen als Fundamentalflächen annehmen kann, der Satz:

„Wenn man 3 Kanten eines Krystalles, welche nicht in derselben Ebene liegen, ohne Aenderung ihrer Richtung an einen gemeinschaftlichen Anfangspunkt legt, und als ihre Endpunkte

---

*) Nämlich es ist

$$\frac{P.P_1.C}{A.B.C}A.B$$

die Projektion von $P.P_1$ auf $A.B$ nach C u. s. w. und daraus folgt

$$P.P_1 = \frac{P.P_1.C}{A.B.C}AB + \frac{A.P.P_1}{A.B.C}BC + \frac{P_1.B.P}{A.B.C}CA;$$

nun stellen AB, BC, CA jene 3 Kanten dar, welche zwischen A, B, C liegen und durch die Ebene D begränzt werden, denn es seien c, a, b diese 3 Kanten, so werden die Flächenräume bc, ca, ab den 3 Flächenräumen A, B, C proportional sein (da diese die Hälften von jenen sind), und also AB, BC, CA den Produkten bc.ca, ca.ab, ab.bc, d. h. den Produkten abc.c, abc.a, abc.b oder den Grössen c, a, b proportional sein, und diese Grössen können also statt jener Produkte gesetzt werden.

ihre Durchschnitte mit irgend einer Krystallfläche setzt, so lässt sich jede andere Kante des Krystalles als Vielfachensumme dieser Strecken rational ausdrücken."

Da die hindurchgelegte Ebene D mit den drei Kanten a, b, c gleiche Produkte liefert, so wird man auch jede Grösse p, welche als Vielfachensumme von a, b, c dargestellt ist, als harmonische Vielfachensumme von a, b, c in Bezug auf D darstellen können. Somit hat man den Satz:

„Nimmt man 3 Kanten einer Krystallgestalt und eine Fläche desselben, (ohne dass die Kombination der 3 Kanten, oder der Fläche mit einer derselben null giebt), so lässt sich jede andere Kante des Krystalles als harmonische Vielfachensumme jener Kanten in Bezug auf jene Ebene rational ausdrücken."

Dies Gesetz ist dadurch interessant, dass es die Beziehung der Richtungen (ohne Rücksicht auf hypothetische Masswerthe) rein ausdrückt. Eben so ergiebt sich leicht, da die Flächen ab, bc, ca mit der Kante $a + b + c$ gleiches Produkt liefern, der Satz:

„Nimmt man drei Flächen einer Krystallgestalt und eine Kante desselben (ohne dass die Kombination der 3 Flächen oder der Kante mit einer derselben null giebt), so lässt sich jede andere Fläche des Krystalles als harmonische Vielfachensumme jener Flächen in Bezug auf jene Kante rational darstellen."

Da die sämmtlichen Ausdehnungsgrössen im Raume als Elementargrössen, die der unendlich entfernten Ebene angehören, aufgefasst werden können, so werden die Abschattungen auf irgend eine Grundebene nach irgend einem Leitpunkte, ein dem ersteren affines System darstellen, und also zwischen ihnen genau dieselben Gleichungen stattfinden, wie zwischen den abgeschatteten Grössen, und umgekehrt jede Gleichung, welche zwischen den Abschattungen stattfindet, wird auch zwischen den abgeschatteten Grössen stattfinden; und der Verein dieser Abschattungen wird daher alle in der Krystallgestalt herrschenden Beziehungen vollkommen treu darstellen; die Krystallflächen werden durch Liniengrössen, die Krystallkanten durch Punktgrössen, oder sofern beide bloss ihren Richtungen nach gegeben waren, durch Linien und Punkte dargestellt sein. Diese Darstellung in der Ebene, da sie alles, was bei den Krystallgestalten als wesentliches vorkommt, rein und treu abbildet, ohne das zufällige mit aufzunehmen, eignet sich besonders schön, um die Krystallgestalten in der Ebene zu entwerfen.

Diese Andeutungen mögen genügen, um die Fruchtbarkeit der neuen Analyse auch nach dieser Seite hin nachzuweisen.

Anmerkung über offne Produkte.

Ich habe mich in der obigen Darstellung hauptsächlich auf solche Produkte beschränkt, in denen sich die Faktoren ohne Werthänderung des ganzen Produktes beliebig zu besonderen Produkten zusammenfassen lassen (§ 143); und es schien mir diese Beschränkung nothwendig, damit der schon überdies so mannigfaltige Stoff mehr zusammengehalten werde, und der Leser nicht durch die immer wieder neu hervortretenden Begriffe ermüde. Ueberdies erfordern die Produkte, für welche jene Bedingung nicht mehr gilt, eine ganz differente Behandlung, neue und verwickeltere Grössen treten in ihnen hervor, und wenn gleich dieselben eine reiche Anwendung namentlich auf die Mechanik und Optik gestatten, so kann doch diese Anwendbarkeit hier nicht ganz zur Anschauung gebracht werden, indem dazu erst die in dem folgenden Theile zu entwickelnden Gesetze erforderlich sein würden. Doch will ich die Art ihrer Behandlung hier wenigstens an einem Beispiele erläutern, und zugleich auf die interessanten Grössenbeziehungen hindeuten, welche sich dadurch aufschliessen. Es war bisher nur das gemischte Produkt (§ 139), welches jenem Zusammenfassungsgesetze nicht unterlag, obgleich die allgemeine multiplikative Beziehung zur Addition, vermöge welcher man statt eines zerstückten Faktors die einzelnen Stücke setzen, und die so entstehenden einzelnen Produkte addiren kann, für dasselbe ihre Geltung behielt. Aber auch diese Beziehung erscheint hier noch als eine einseitige, insofern zwar gemischte Produkte, in welchen Ein Faktor verschieden ist, während die übrigen gleichartig sind, danach zu Einem Produkte vereinigt werden können, aber nicht solche, in welchen mehr als Ein Faktor verschiedenartig ist, es müsste denn sein, dass diese verschiedenartigen Faktoren schon zu einem Produkte zusammengefasst seien. In der Aufhebung dieser Einseitigkeit nun liegt das Princip der Behandlung jener Produkte. Es sei $A_1P.B_1 + A_2P.B_2$ eine solche Summe zweier gemischten Produkte, in welchen P der gemeinschaftliche Faktor ist, und die beiden letzten Faktoren nicht zu Einem Produkt vereinigt werden dürfen; so kann man statt dessen auch nicht $\mp(A_1B_1 + A_2B_2).P$ setzen; sondern wenn wir einen solchen Ausdruck, wie es die Analogie der Multiplikation fordert, einführen wollen, so müssen wir die Stelle des Produktes, in welche P einrücken soll, bezeichnen. Es sei diese Stelle durch eine leer gelassene Klammer bezeichnet, so dass

$$[A().B]P = AP.B$$

und

$$[A_1().B_1 + A_2().B_2 + \ldots.]P = A_1P.B_1 + A_2P.B_2 + \ldots.$$

sei, und es werde ein solches Produkt mit leer gelassener Stelle ein offnes genannt. Treten mehrere Faktoren hinzu, von denen nur Einer in die Lücke eintreten soll, so kann dieser durch dieselbe Klammer ausgezeichnet werden, durch welche die Lücke bezeichnet ist. Sind zwei oder mehr Lücken in dem Produkte, so müssen die Klammerbezeichnungen verschieden sein, wenn verschiedene Faktoren in dieselben eintreten sollen. Wir betrachten hier indessen nur die Produkte mit Einer Lücke, deren Summe formell dadurch bestimmt ist, dass die multiplikative Beziehung bestehen bleibt. Wir werden daher zwei Summen von offnen Produkten, da sie nur durch ihre Multiplikation mit andern Grössen ihrem Begriffe nach bestimmt sind, dann und nur dann als gleich zu setzen haben, wenn sie mit jeder beliebigen, aber beide mit derselben Grösse multiplicirt, gleiches Produkt liefern.*) Es kommt also darauf an, die konstanten Beziehungen zwischen den in jenem Summenausdrucke vorkommenden Grössen, die wir als veränderlich setzen können, auszumitteln, wenn eben der Summenwerth konstant bleiben soll. Je einfacher und anschaulicher diese konstanten Beziehungen aufgefasst sein werden, desto einfacher und anschaulicher wird der Begriff jener Summe sein, welcher eben als die Ge-

*) Wenn auch nur mit jeder Grösse von gegebener Stufe, wobei dann jener Summenwerth zugleich von der Stufenzahl abhängig bleibt.

sammtheit jener konstanten Beziehungen selbst aufgefasst werden kann. Es lassen sich sehr leicht diese konstanten Beziehungen als Zahlenbeziehungen in Bezug auf irgend ein zu Grunde gelegtes Richtsystem darstellen. Nämlich man hat dann nur die sämmtlichen Grössen in jenem Summenausdruck S, so wie auch die Grösse P, mit welcher multiplicirt werden soll, als Vielfachensummen der Richtmasse von gleicher Stufe darzustellen, dann das Produkt SP gleichfalls als Vielfachensumme von Richtmassen zu gestalten, so wird in diesem Produkte der Koefficient eines jeden Richtmasses (nach § 89) konstant sein, wie sich auch die Grössen in S ändern mögen, wenn eben jenes Produkt oder jene Vielfachensumme, auf welche dasselbe zurückgeführt ist, konstant bleiben soll. Ein jeder solcher Koefficient kann wiederum als Vielfachensumme von den Zeigern der Grösse P dargestellt werden; und da für jeden bestimmten Werth dieser Zeiger jene Vielfachensumme konstant bleiben soll, so muss auch in ihr der Koefficient eines jeden Zeigers von P konstant sein. Es ist nun sogleich einleuchtend, dass hierdurch die konstanten Beziehungen zwischen den Grössen in S vollständig dargestellt sind, indem aus ihnen die Beständigkeit des Summenausdruckes mit Nothwendigkeit hervorgeht. Wir erläutern dies an einem Beispiele. Es sei die Summe

$$S = e_1\,()\,.\,e_1 + e_2\,()\,.\,e_2 + \ldots\ldots = \Sigma[e\,()\,.\,e]$$

zu behandeln, in welchen e, e_1, e_2 .... Strecken im Raume vorstellen und wo bei der letzteren Bezeichnung das Summenzeichen sich auf die verschiedenen Anzeiger **1**, **2**... bezieht. Es ist klar, dass wenn die Strecken e nicht etwa Einer Ebene angehören, die Grösse P, welche mit jener Summe multiplicirt werden soll, von zweiter Stufe, d. h. ein Flächenraum sein muss, sobald die Produkte der einzelnen Glieder summirbar bleiben sollen, ohne null zu werden. Es seien nun a, b, c die Richtmasse erster Stufe des zu Grunde gelegten Richtsystems, bc, ca, ab also die Richtmasse zweiter Stufe, und $e = \alpha a + \beta b + \gamma c$,

$$P = xbc + yca + zab,$$

so hat man

$$PS = \Sigma(eP\,.\,e) = \Sigma(eP\,.\,(\alpha a + \beta b + \gamma c)).$$

Hier müssen die zu den Richtmassen a, b, c gehörigen Zeiger des ganzen Ausdrucks konstant sein; d. h. es müssen

$$\Sigma(\mathrm{eP}\,.\,\alpha),\ \Sigma(\mathrm{eP}\,.\,\beta),\ \Sigma(\mathrm{eP}\,.\,\gamma)$$

konstant sein für jeden Werth von x, y, z, wobei

$$\mathrm{eP} = \mathrm{abc}\,(\alpha \mathrm{x} + \beta \mathrm{y} + \gamma \mathrm{z})$$

ist. Daraus ergeben sich folgende 6 konstante Grössen:

$$\left.\begin{array}{l}\Sigma(\alpha^2),\ \Sigma(\beta^2),\ \Sigma(\gamma^2)\\ \Sigma(\beta\gamma),\ \Sigma(\gamma\alpha),\ \Sigma(\alpha\beta).\end{array}\right\}\ldots\ldots\ldots\ldots 1$$

Bezeichnen wir diese 6 Gsössen beziehlich mit

$$\begin{array}{c}\mathrm{A},\ \mathrm{B},\ \mathrm{C}\\ \mathrm{A}',\ \mathrm{B}',\ \mathrm{C}':\end{array}$$

so ist

$$\left.\begin{array}{l}\mathrm{PS} = \mathrm{abc}\,(\mathrm{Ax} + \mathrm{C'y} + \mathrm{B'z})\,\mathrm{a}\\ \quad + \mathrm{abc}\,(\mathrm{C'x} + \mathrm{By} + \mathrm{A'z})\,\mathrm{b}\\ \quad + \mathrm{abc}\,(\mathrm{B'x} + \mathrm{A'y} + \mathrm{Cz})\,\mathrm{c}.\end{array}\right\}\ldots\ldots\ldots\ldots 2$$

Es hat demnach jene Summe S dann und nur dann einen konstanten Werth, wenn in Bezug auf irgend ein festes Richtsystem diese 6 Zahlengrössen konstant sind. So haben wir nun zwar die konstanten Beziehungen, welche zwischen den in jener Summe vorkommenden Grössen herrschen müssen, wenn die Summe konstant bleiben soll, bestimmt; allein der einfache Begriff jener Summe ist dadurch noch nicht gefunden, weil in diese Bestimmungen ein ganz fremdartiges, mit dem Begriffe jener Summe in keinerlei Beziehung stehendes Element, nämlich das zu Grunde gelegte Richtsystem eingeführt ist. Es dienen daher jene 6 Grössen nur zur Uebertragung auf gegebene Richtsysteme, während der einfache Begriff der Summe noch zu realisiren ist. Wir können, um uns der Lösung dieser Aufgabe zu nähern, zuerst versuchen, jene Summe auf eine möglichst geringe Anzahl von Gliedern zurückzuführen. Da jede Strecke 3 Zeiger darbietet, so scheint für den ersten Anblick jene Summe auf zwei Glieder reducirbar, in sofern zur Bestimmung der 6 Zeiger jener Strecken 6 Gleichungen erscheinen; allein es erhellt leicht, dass, wenn nicht etwa sämmtliche Grössen in S derselben Ebene angehören, jene 6 Zeiger nicht so gewählt werden können, dass diesen 6 Gleichungen genügt wird. Denn da das Richtsystem willkührlich ist, so kann es auch so genommen werden, dass jene zwei Strecken mit zweien der Richtmasse etwa mit a und b zusammenfallen; dann ist klar, wie

$$\mathrm{SP} = \mathrm{aP}\,.\,\mathrm{a} + \mathrm{bP}\,.\,\mathrm{b}$$

stets eine Strecke der Ebene ab darstellt; es müsste also das Glied von SP, was der dritten Axe c angehört, stets null sein, d. h. B', A', C müssten null sein. C aber, was die Summe der Quadrate von γ vorstellt, kann nicht null werden, als wenn sämmtliche Werthe von γ null sind, d. h. sämmtliche Werthe e der Ebene ab angehören. Es lässt sich daher die Summe S auf keine geringere Anzahl reeller Glieder zurückführen als auf drei. Da aber drei Strecken neun Zeiger darbieten, so werden dieselben durch jene 6 Gleichungen nicht bestimmt sein, sondern noch für drei Zahlenbestimmungen Raum lassen. — Um nun eine gegebene Summe S von der Form $\Sigma[e\,()\,e]$, in welcher die verschiedenen Grössen e nicht derselben Ebene angehören sollen, d. h. A, B, C stets geltende (positive) Werthe darstellen, auf 3 Glieder zu reduciren, gehen wir auf die Gleichungen 2 zurück. Setzen wir hier

$$P = ab; \text{ d. h. } x = y = 0,\ z = 1,$$

so ist

$$PS = (ab)\,S = abc\,(B'a + A'b + Cc).$$

Da hier C nicht null werden kann, so ist (ab) S nie der Ebene ab parallel. Also können wir, da die Annahme des Richtsystems willkührlich ist, wenn nur die drei Richtaxen von einander unabhängig sind, die dritte Richtaxe c parallel (ab) S annehmen. Dann wird

$$A' = B' = 0$$

und (ab) S gleich abc . Cc. Da auch der Masswerth c willkührlich ist und C positiv ist, so kann man c so annehmen, dass C gleich 1 ist*); dann ist

$$(ab)\,S = abc\,.\,c$$

Nimmt man nun ferner

$$P = ca,\ z = x = 0,\ y = 1,$$

so ist

$$(ca)\,S = abc\,(C'a + Bb)^{**}),$$

was nothwendig in der Ebene ab liegen muss, aber da B nicht null werden kann, von a unabhängig ist. Da nun b innerhalb der Ebene

---

*) Man hat zu dem Ende nur statt c zu setzen $\frac{c}{C}$, dann verwandelt sich γ^2 in $\frac{\gamma^2}{C^2}$ und $\Sigma(\gamma^2)$ in $\frac{\Sigma(\gamma^2)}{C^2}$, d. h. in 1.

**) Da A' gleich null ist.

ab willkührlich angenommen werden kann, wenn es nur von a unabhängig bleibt, so kann man b selbst diesem Ausdrucke (ca.)S parallel setzen. Man hat dann noch

$$C' = 0, \text{ also } A' = B' = C' = 0,$$

und ca.S wird gleich abcB.b, oder wenn man wieder den Masswerth von b so annimmt, dass B gleich eins wird,

$$(ca).S = abc.b.$$

Endlich wird (bc).S gleich abcA.a, oder bei einer solchen Annahme von a, dass A gleich eins wird,

$$(bc).S = abc.a.$$

Die Bedingungsgleichungen, die wir auf solche Weise realisirt haben, sind also

$$\left.\begin{array}{l} A' = B' = C' = 0 \\ A = B = C = 1; \end{array}\right\} \quad \ldots\ldots\ldots\ldots\ldots \quad 3$$

woraus folgt

$$S = a()a + b()b + c()c \quad \ldots\ldots\ldots \quad 4$$

Es ist also auf die angegebene Weise jene Summe in der That auf drei reale Glieder zurückgeführt; und für die Grössen c, b, a haben wir die Gleichungen

$$\left.\begin{array}{l} (ab).S = abc.c \\ (ca).S = abc.b \\ (bc).S = abc.a. \end{array}\right\} \quad \ldots\ldots\ldots\ldots\ldots \quad 5$$

Zu diesen Gleichungen 5 würde man direkt gelangen, wenn man einmal voraussetzt, dass sich jene Summe auf 3 Glieder zurückführen lässt. Denn sind a, b, c die diesen Gliedern zugehörigen Strecken, so hat man aus 4 sogleich durch Multiplikation mit ab, ca, bc die Gleichungen 5. Betrachtet man eine dieser Gleichungen z. B. die erste, so ist sie von dem Masswerthe des Faktors (ab), mit welchem S multiplicirt ist, unabhängig; setzt man daher irgend eine mit ab parallele Grösse gleich Q, so hat man

$$QS = Qc.c = (c()c)Q, \quad \ldots\ldots\ldots\ldots \quad 6$$

und da Q ursprünglich willkührlich angenommen werden konnte, so wird jede Grösse c, welche dieser Gleichung für irgend ein Q genügt, als eine der drei Strecken betrachtet werden können, auf welche sich S zurückführen lässt; dann ist Q selbst die Ebene der beiden andern, und in ihr kann dann noch die eine der beiden andern Strecken von willkührlicher Richtung angenommen werden, wodurch dann alles bestimmt ist. Jene willkührliche Annahme der Richtung der Ebene Q und der Richtung der einen Strecke in ihr vertritt die Stelle der 3 willkührlich anzunehmenden Zahlenbestimmungen, von denen oben die Rede war. Um nun den Begriff zu vollenden, haben wir die Beziehung zwischen je drei solchen Strecken aufzustellen; dies wird geschehen, indem wir die Gleichung der Oberfläche, deren Punktträger jene Strecken sind, wenn sie an denselben Anfangspunkt gelegt sind, aufstellen, und zwar in Bezug auf je 3 beliebige Strecken, auf die S zurückgeführt werden kann. Man hat, wenn p dieser Träger ist, und in die Gleichung 6 p statt c gesetzt wird,

7 . . . . $QS = Qp \, . \, p.$

Ist nun

$$p = xa + yb + zc$$
$$S = a()a + b()b + c()c$$
$$Q = x'bc + y'ca + z'ab,$$

so ist

$$QS = abc \, . \, (x'a + y'b + z'c).$$

Aus (7) folgt also, dass $x'a + y'b + z'c$ parallel p ist, d. h. dass $x' : y' : z' = x : y : z$ ist. Da nun in der Gleichung (7) statt Q jede mit Q parallele Grösse gesetzt werden kann, so können wir nun

$$Q = xbc + yca + zab$$

setzen, dann erhalten wir aus (7)

$$abc = Qp = (x^2 + y^2 + z^2) \, abc,$$

d. h.

(8) . . . . $x^2 + y^2 + z^2 = 1$

Dies ist aber die Gleichung eines Ellipsoides, in welchem die Grundmasse a, b, c konjugirte Halbmesser sind.*) Nennen wir einen Ausdruck wie $a()a$ ein offenes Quadrat von a, so können wir die gewonnenen Resultate in folgendem Satze darstellen:

---

*) Wenn man unter x', y', z' die Koordinaten selbst versteht, welche zu den Zeigern x, y, z gehören, so hat man $x' = xa$ u. s. w., oder $x = \frac{x'}{a}$ u. s. w. und die Gleichung (8) wird dann

$$\frac{x'^2}{a^2} + \frac{y'^2}{b^2} + \frac{z'^2}{c^2} = 1,$$

was die gewöhnliche Form der Gleichung eines Ellipsoids ist.

Eine Summe von offnen Quadraten im Raume ist gleich der Summe aus den offnen Quadraten von je drei beliebigen Halbmessern, welche einem konstanten Ellipsoid angehören.

Da dies Ellipsoid demnach der vollkommen treue Ausdruck jener Summe ist, so können wir auch sagen, diese Summe sei eine solche Grösse, die ein Ellipsoid darstellt, und selbst als Ellipsoid gedacht werden könne. Auf diese Weise nun ist der Begriff jener Summe, welcher Anfangs bloss formell auftrat, auf seine reale Bedeutung zurückgeführt. Wir stellen uns die Aufgabe, die Gleichung des Ellipsoids, welche zu einem gegebenen Summenausdruck

$$S = \Sigma(e\,()\,e)$$

gehört, zu finden. Wir haben zu dem Ende in der Gleichung (8)

$$SQ = pQ\,.\,p$$

nur entweder p oder Q zu eliminiren, indem p der Träger eines Punktes der Oberfläche ist, Q aber, da es die Ebene der zu p gehörigen konjugirten Halbmesser darstellt, der Tangentialebene parallel ist; um im ersteren Falle (wenn p eliminirt ist) das Ellipsoid als Umhüllte darzustellen, können wir uns der in § 144 erwähnten Methode bedienen, wonach der Masswerth von Q so angenommen wurde, dass, wenn Q in die Lage der Tangentialebene versetzt wird, seine Abweichung vom Ursprung der Träger eine konstante Grösse ist, die wir der Einheit gleich setzen können. Es ist aber jene Abweichung gleich p . Q, also pQ gleich der Einheit. Multiplicirt man daher obige Gleichung mit Q, so hat man

$$S\,.\,Q\,.\,Q = pQ\,.\,pQ = 1,$$

was die geometrische Gleichung jenes Ellipsoids als umhüllter Fläche ist. Es ist aber

$$S\,.\,Q\,.\,Q = \Sigma(eQ\,.\,e)\,.\,Q = \Sigma(eQ)^2,$$

und die Gleichung des Ellipsoids ist also

$$\Sigma(eQ)^2 = 1 \quad \ldots\ldots\ldots\ldots\ldots (9)$$

Will man diese Gleichung auf ein gegebenes Richtsystem a, b, c zurückführen, so nehme man

$$Q = xbc + yca + zab$$

an und

$$e = \alpha a + \beta b + \gamma c,$$

also

$$eQ = (\alpha x + \beta y + \gamma z),$$

wenn abc (das Hauptmass) der Einheit gleich gesetzt ist und man hat also

$$\Sigma(\alpha x + \beta y + \gamma z)^2 = 1,$$

oder mit Beibehaltung der obigen Bezeichnung

$$Ax^2 + By^2 + Cz^2 + 2A'yz + 2B'zx + 2C'xy = 1.$$

Wir haben bisher nur die Summe von offenen Quadraten betrachtet. Nehmen wir auch die Differenzen in die Betrachtung auf, so können die Ellipsoide auch übergehen in Hyperbeloide, und wir gelangen dann zu dem allgemeinen Begriffe einer Grösse, die im Raume durch eine Oberfläche, in der Ebene durch eine Kurve zweiter Ordnung dargestellt wird, und die wir, da sie ursprünglich als Ellipsoid oder Ellipse erscheint, eine elliptische Grösse nennen könnten. Doch scheint es kaum nöthig, dies noch weiter auszuführen, indem der Gang der weitern Entwickelung keine Schwierigkeiten mehr darbietet. Auch übersieht man leicht, wie die ganze Entwickelung so hätte geführt werden können, dass gar nicht auf willkührliche Koordinatensysteme zurückgegangen wäre, und ich habe den eingeschlagenen Weg nur darum gewählt, um zugleich die Behandlungsweise für die offenen Produkte überhaupt hindurchblicken zu lassen.

I n h a l t.

Zweites Kapitel.

Drittes Kapitel.

Viertes Kapitel.

Fünftes Kapitel.

Zweiter Abschnitt. Die Elementargrösse.

Erstes Kapitel.

Zweites Kapitel.

Drittes Kapitel.

Viertes Kapitel.

Druck von Bernh. Tauchnitz jun.

Druckfehler.

Seite	XI	Zeile	12 v. u.	statt	a lies α
,,	XIII	,,	15 v. o.	,,	$\left(\frac{c}{a}\right)^m$ lies $\left(\frac{b}{a}\right)^m$
,,	XVII	,,	3 v. o.	,,	stückenweise lies stückweise
,,	,,	,,	5 v. o.	,,	lebendiger Hauch lies belebender Hauch
,,	,,	,,	9 v. o.	,,	Gebieto lies Gebiete
,,	XIX	,,	5 v. u.	,,	aus gehen lies ausgehen
,,	XXII	,,	6 v. u.	,,	einfliessender lies ein fliessender
,,	XXIII	,,	4 v. o.	,,	einen lies einem
,,	XXIV	,,	2 v. o.	,,	als gleichgesetzten lies als gleich gesetzten
,,	,,	,,	11 v. o.	,,	gegeben lies gegebenen
,,	XXVIII	,,	1 v. o.	,,	abstraktc lies abstrakte
,,	,,	,,	19 v. o.	,,	jenem lies einem
,,	,,	,,	6 v. u.	,,	zu den lies zu drei
,,	XXIX	,,	9 v. u.		zwischen ,,ursprüngliche" und ,,in" schalte ein ,,die Besonderheit das Abgeleitete"
,,	XXX	,,	9 v. o.	,,	Geradewohl lies Gerathewohl
,,	,,	,,	8 v. u.	,,	Auf die lies Auf dem
,,	XXXII	,,	14 v. u.	,,	das nun lies dass nun
,,	177	,,	8 v. u.	,,	Elementargrössen dritter St. in einem Systeme vierter St. lies Ausdehnungen zweiter St. in einem Systeme dritter St.
,,	276	,,	5 v. o.	,,	bereitende lies vorbereitende
,,	277	,,	12 v. o.	,,	wenn lies wann
,,	,,	,,	14 v. o.		lasse weg ,,Ausdruck"
,,	278	,,	2 v. o.	,,	eingeordneter lies eingeordneten
,,	279	,,	4 v. o.	,,	In lies Division in

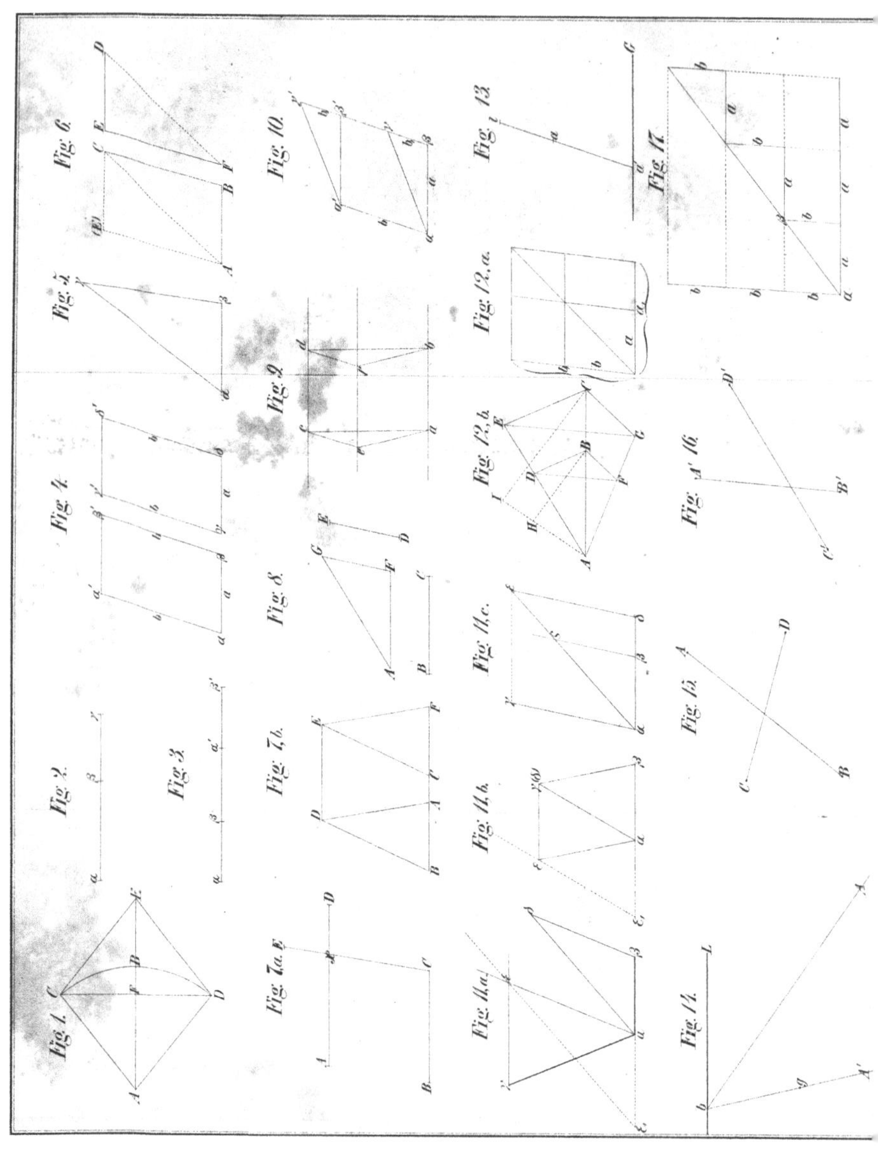

The material originally positioned here is too large for reproduction in this reissue. A PDF can be downloaded from the web address given on page iv of this book, by clicking on 'Resources Available'.

Printed in the United States
By Bookmasters